博碩文化

博碩文化

博碩文化

博碩文化

台灣第一本聚焦 Nuxt 框架的入門與實戰指南

想要SSR？
快使用 Nuxt 吧！

Nuxt 讓 Vue.js 更好處理
SEO 搜尋引擎最佳化

簡明旋（Ryan） 著

從 Vue 到 Nuxt 就靠這一本

高效全端開發與 SEO 搜尋引擎最佳化實戰

快速入門
結構化的章節脈絡
帶領讀者快速上手

特性介紹
循序漸進講述特性
實際操作加深印象

實戰範例
豐富的程式碼範例
實作部落格網站

駕馭 SEO
分享爬蟲檢索原理
實戰搜尋引擎最佳化

2023 iThome 鐵人賽 冠軍

iThome 鐵人賽

作　　者：簡明旋（Ryan）
責任編輯：林楷倫、魏聲圩

董　事　長：曾梓翔
總　編　輯：陳錦輝

出　　版：博碩文化股份有限公司
地　　址：221 新北市汐止區新台五路一段 112 號 10 樓 A 棟
　　　　　電話 (02) 2696-2869　傳真 (02) 2696-2867

發　　行：博碩文化股份有限公司
郵撥帳號：17484299　戶名：博碩文化股份有限公司
博碩網站：http://www.drmaster.com.tw
讀者服務信箱：dr26962869@gmail.com
訂購服務專線：(02) 2696-2869 分機 238、519
（週一至週五 09:30 ～ 12:00；13:30 ～ 17:00）

版　　次：2025 年 8 月初版一刷

博碩書號：MP22430
建議零售價：新台幣 780 元
Ｉ Ｓ Ｂ Ｎ：978-626-333-975-0
律師顧問：鳴權法律事務所 陳曉鳴律師

國家圖書館出版品預行編目資料

想要 SSR? 快使用 Nuxt 吧！：Nuxt 讓 Vue.
js 更好處理 SEO 搜尋引擎最佳化 / 簡明旋
(Ryan) 著 . -- 初版 . -- 新北市：博碩文化股
份有限公司, 2025.08
　面；　公分. -- (iThome鐵人賽系列書)

ISBN 978-626-333-975-0(平裝)

1.CST: 網頁設計 2.CST: 電腦程式設計

312.1635　　　　　　　　　　　113014564

Printed in Taiwan

本書如有破損或裝訂錯誤，請寄回本公司更換

博碩粉絲團　歡迎團體訂購，另有優惠，請洽服務專線
(02) 2696-2869 分機 238、519

商標聲明

本書中所引用之商標、產品名稱分屬各公司所有，本書引用
純屬介紹之用，並無任何侵害之意。

有限擔保責任聲明

雖然作者與出版社已全力編輯與製作本書，唯不擔保本書及
其所附媒體無任何瑕疵；亦不為使用本書而引起之衍生利益
損失或意外損毀之損失擔保責任。即使本公司先前已被告知
前述損毀之發生。本公司依本書所負之責任，僅限於台端對
本書所付之實際價款。

著作權聲明

本書著作權為作者所有，並受國際著作權法保護，未經授權
任意拷貝、引用、翻印，均屬違法。

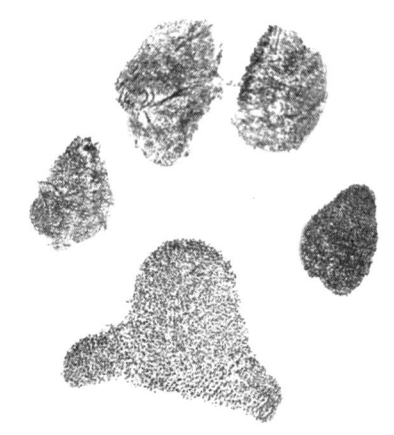

JuJu x Miru

推薦序

很高興看到 Ryan 將他在 iThome 鐵人賽期間每日實作與記錄的 Nuxt 3 系列文章，進一步整理、編修並系統化後，集結成冊出版這本《想要 SSR？快使用 Nuxt 吧！》。這些內容原本已在社群中獲得不少關注，而透過紙本書的形式呈現、加入最新的 Nuxt 4 與 Nitro 內容，也讓這些技術筆記蛻變為一部實用的教學書籍，能夠以更完整且長久的方式，傳遞給有需要的開發者，作為學習與實作上的重要參考。

身為 Nuxt 核心團隊成員，我一直關注這個框架在不同開發者社群中的實際應用與落地情況。Nuxt 的設計初衷之一，就是希望讓 Vue 開發者能更輕鬆地進入 SSR 與全端開發的領域，讓開發者能將更多心力放在產品本身的內容與價值上，而非繁瑣的架構整合。本書正好回應了這樣的需求，涵蓋的面向廣泛且貼近實務，能有效降低入門門檻，也幫助讀者建立系統性的理解。能看到這樣一本以實戰為基礎的 Nuxt 書籍問世，感到非常激動和開心。

本書條理清晰地整理了 Nuxt 的核心功能與應用技巧，介紹了諸多例如 Pinia、SEO、i18n、DevTools、Icon、ESLint 等實務開發中常見且重要的模塊。從建立專案、整合資料、狀態管理、路由設計，到部署與 SEO 優化，內容全面而實用。

我特別欣賞本書強調「實作導向」的寫作方式。許多章節都是從實際開發中會遇到的問題切入，透過清晰的範例與說明逐步拆解，讓讀者能夠快速套用於自身的專案情境中。即使對 Nuxt 已有使用經驗的開發者，也可以從中發現許多最佳實踐與細節處理技巧，是一本值得回頭翻閱的工具型書籍。

如果你正評估是否導入 Nuxt，或希望進一步掌握其開發流程與工具鏈，那麼這本書會是個非常適合的起點。它不僅提供實作層面的解答，也幫助你更深入理解 Nuxt 的設計理念與生態系運作方式。希望這本書能成為你學習 Nuxt 路上的好夥伴，協助你打造出穩定、易維護且具擴展性的現代化應用。

anthony fu

Nuxt 核心團隊成員

推薦序

嗨，正在閱讀此書的朋友你們好，我是 Kuro Hsu，很榮幸能為 Ryan 所著的這本《想要 SSR？快使用 Nuxt 吧！Nuxt 讓 Vue.js 更好處理 SEO 搜尋引擎最佳化》撰寫推薦序。本書是 Ryan 在參與 iThome 鐵人賽時，以【Nuxt 3 實戰筆記】為主題所集結而成，這本書不僅呈現了他在比賽中的努力與經驗分享，更是他多年來累積的實戰技巧與心得的結晶。這本書的內容從基礎概念到高階技術，全面覆蓋了使用 Nuxt 框架進行網頁開發的方方面面，是一本無論新手或資深開發者都能受益的佳作。

鐵人賽中的實戰經驗

如同大家所熟知的，iThome 鐵人賽是一個技術推廣與分享的大型活動，參賽者需要在 30 天內每天發表一篇技術文章，這不僅考驗了參賽者的技術實力，同時也挑戰作者們在高壓情況下將內容系統性整理和分享知識的能力。

去年的 iThome 鐵人賽新增了 Vue.js 的社群組別，Ryan 的【Nuxt 3 實戰筆記】正是在這樣的背景下誕生的。他將 Nuxt 3 的特性與應用場景，透過每天的記錄進行了詳盡的講解和總結，而本書即是基於這些高品質的技術文章進一步精編整理而成。系列文中的每個章節都可以看作是一個個實戰中的解題過程，從問題的發現，到解決方案的思考與實踐，Ryan 都為讀者提供了系統化的詳盡解說。

Nuxt 專業技術與開發者體驗

Nuxt 是 Vue.js 生態系中一個強大且靈活的全端框架，無論是前端頁面渲染還是後端 API 開發，都能勝任。Ryan 在鐵人賽中的每日文章，已經展示了他如何運用 Nuxt 進行伺服器端渲染（SSR）、靜態網站生成（SSG）等現代化開發技術。這些實戰記錄幫助讀者掌握如何最大化來利用 Nuxt 的特性進行開發，並有效提升網站的性能與網站的 SEO。

在本書中，Ryan 更是將這些實戰筆記進一步系統化解說，除了 Nuxt 框架的基礎外，也介紹了 Nitro 引擎、Hydration 的概念，甚至也包括了專案部署配置與上線後的 SEO 調校等相關知識，方便讀者們可以在閱讀的過程中，根據需要運用到專案當中，讓技術不僅僅是停留在技術上，而是真正能夠將這些技巧應用在實際專案上。

從實戰到理論的全面指導

Ryan 在這本書中不僅僅是展示 Nuxt 的功能，他更注重如何讓開發者理解每一個技術背後的設計理念。從 iThome 鐵人賽中累積的實戰經驗，讓他有了更深層次的思考，如何將複雜的問題簡化，如何選擇最佳的開發策略，這些都是開發者在項目中不可或缺的能力。

Ryan 特別重視開發者的體驗，無論是如何配置開發環境，還是如何使用 Nuxt CLI 進行快速專案建置的步驟，他都有簡明易懂的步驟教學，讓讀者能夠迅速進入狀況。這些內容對於初學者來說尤為友善，也對於有經驗的開發者則提供了更多最佳實踐的參考。

集結成冊：鐵人賽精神的延續

Ryan 參加鐵人賽的精神，不僅僅在於技術的實踐，更在於他對於技術分享的熱忱。本書是他參賽的延續，也是一個完整的知識體系的呈現。書中的內容不僅僅是技術細節的講解，更展示了他作為開發者不斷探索、學習、精進的過程。

推薦序

Vue.js 的資源豐富，但是 Nuxt 作為一個全端框架，其特性和應用場景比起純前端的 Vue.js 來說更加多樣，因此也需要更多的實戰經驗和技術指導。Ryan 的這本書，正是為了填補這個空白而生，它讓我們看到了 Nuxt 的巨大潛力，同時也讓我們更加了解在現代網站開發如何有效地運用這些技術。

Ryan 的這本書，既是他在 iThome 鐵人賽中的實戰總結，也是他長期開發經驗的心血，無論你是剛開始接觸 Vue.js 或 Nuxt 的初學者，或是已經有經驗的開發者，我相信都能從本書中獲得啟發與收穫。

如果你正在尋找一本能夠帶你全面掌握 Nuxt 的書籍，那麼我認為 Ryan 的這本《想要 SSR？快使用 Nuxt 吧！Nuxt 讓 Vue.js 更好處理 SEO 搜尋引擎最佳化》絕對值得一讀。希望這本書能幫助你在 Nuxt 的學習和實戰中更加得心應手，也期待正在閱讀本書的你能使用 Vue.js 與 Nuxt 創造出更多優秀的作品！

Kuro Hsu

Vue.js Taiwan 社群主辦人

推薦序

在沒有 Nuxt 等框架之前，實現伺服器端渲染（SSR）的確是一項繁瑣且複雜的任務。開發者必須自行撰寫伺服器端與客戶端的渲染邏輯，這不僅增加開發成本，還容易導致程式碼冗長、結構複雜。而 Nuxt 的出現，為開發者解決了這些問題，簡化了流程，讓開發者可以專注於業務邏輯。

作為一本工具書，作者將章節分得非常細緻，讓讀者能快速跳到所需的內容。書中的範例程式碼設計精簡，顯示出作者的用心。每段程式碼都簡潔明了，易於理解與消化。此外，書中的排版與圖片設計精美，配色清新舒適，讓學習過程變得更加愉快。

除了介紹 Nuxt 的基礎知識外，本書還補充了不少實戰內容，包括實戰部落格網站、視覺化開發工具 Nuxt DevTools、搜尋引擎最佳化實戰、多國語系以及部署等章節，涵蓋範圍廣泛。

在「實戰部落格網站」章節中，作者選用了 Neno 作為範例。Neno 是 Serverless 的 PostgreSQL 資料庫服務，剛正式上線不久，這也展現了作者對於新技術的敏銳度，因此你不必擔心書中的內容會過時。

「視覺化開發工具 Nuxt DevTools」這一章節也讓我印象深刻。即使在官網文件，對 Nuxt DevTools 的介紹篇幅有限，但作者在這一章中詳盡說明，這點值得讚賞。

對於想自學 Nuxt 的開發者來說，這本書無疑是一部不可錯過的實用指南。透過這本書，讀者不僅能夠掌握 Nuxt 的基礎知識，還能學習到多種實戰技巧，為未來的專案開發奠定厚實的基礎。

劉艾霏

iThome 鐵人賽評審

序

Vue 是我在使用過 Angular 和 React 後，一直持續使用到現在的主流前端框架，相較之下 Vue 對於新手更加友善，在工作上我也積極將 Vue 導入團隊使用，直至今日我仍非常推薦 Vue 做為前端框架的學習入門，當瞭解 Vue 的模板、響應式狀態、狀態綁定、資料的傳遞和元件的封裝等特性後，在踏入其他前端框架也會更快的上手。

傳統的 Vue 作為單頁式應用程式（SPA）的網頁開發框架，擁有非常不錯的效能與較低的開發成本，隨著 Vue 生態系統的不斷擴展和成熟，它已經發展成為一個強大的前端解決方案，但 SPA 也並非能解決所有場景的需求，尤其是對於首次載入的效能和資料的完整性上，SPA 多依賴 JavaScript 動態請求和內容構成，這不僅對於首次進入網站時的體驗不佳外，也對於搜尋引擎爬蟲不夠友善，進而導致 SEO 搜尋引擎最佳化難以落實。

2022 年 11 月 16 日基於 Vue 3 的 Nuxt 3 正式發布，官網的標語「The Intuitive Vue Framework」，直至現在仍貫徹整個框架，Nuxt 讓 Web 開發變得直觀且強大，也讓 Vue 擁有更多樣的渲染模式和功能。透過 Nuxt，開發者可以輕鬆地實現後端渲染，對於 SEO 搜尋引擎最佳化的配置也更加容易且友善，使得 Vue 開發者想實踐 SEO 時，通常會傾向使用 Nuxt 框架。

在 Nuxt 3 準備釋出的那年，我一頭栽入了這個框架，也將學習的過程與框架特性撰寫成了 iThome 鐵人賽系列《Nuxt 3 學習筆記》，很高興這個系列能獲得不錯的迴響。經過了一年的版本迭代與使用經驗，再次參與 2023 鐵人賽，參賽主題《Nuxt 3 進階筆記》將實務上的經驗和工具做更進階的整理，也針對剛入門的開發者拍攝《Nuxt 3 快速入門》的系列影片，非常幸運的獲得了讀者與評審們賞識。

今年有幸的能與博碩文化合作推出這本書，將從 Nuxt 的使用方式、功能特性帶領讀者逐步踏入 Nuxt 的世界，讓開發過程中的每一步都能夠幫助讀者瞭解其原理與特性，全書豐富的程式碼範例，讓學習過程能更好掌握要點與同步功能特性呈現的效果。這本書不僅整理了 Nuxt 的核心概念和使用技巧，還能學習到如何將這些知識應用到實際專案中，完整的部落格網站實戰和 SEO 搜尋引擎最佳化範例，讓讀者們開發出的網站不僅功能完善，也具備讓搜尋引擎更容易檢索和解讀網站內容，進而提升網站的自然搜尋排名與曝光，期望這本書籍的內容能幫助到那些想踏入 Nuxt 和實現 SEO 搜尋引擎最佳化的開發者。

最後，我想誠摯地感謝 iThome 鐵人賽、博碩文化、Abby、Sam、小 P、排版設計師，以及所有在背後推動這本書籍順利完成的朋友們。沒有你們的支持與付出，這本書不可能順利問世。也特別感謝我的家人們，他們一直給予我無限的支持和鼓勵。這本書是我們共同努力的成果，感謝大家的一路相伴，我很榮幸能與你們分享這份成就。

前言

公開說明書

在開始閱讀這本書之前,我預期你已經具備一些基礎的網頁開發知識,此外,因為 Nuxt 是基於 Vue.js 的框架,如果你對 Vue 的核心概念(如單一元件檔、模板、指令、路由及響應式狀態)尚不熟悉,建議你可以先學習 Vue 的相關基礎,為此推薦閱讀《重新認識 Vue.js:008 天絕對看不完的 Vue.js 3 指南》或其他 Vue 的入門書籍,這將對你的學習 Nuxt 的過程更加順利。

另外,Vue 和 Nuxt 都支援 TypeScript 來進行開發,為了不增加讀者額外的學習負擔,書中範例會儘量使用 JavaScript 作為範例程式。本書的內容結構為循序漸進設計,因此建議按照章節順序閱讀,書中將透過程式碼範例幫助你理解 Nuxt 的特性與使用方式。請確保搭建好開發環境並實際動手操作,這樣能讓學習更加高效。此外,雖然本書已覆蓋許多 Nuxt 的核心功能,但某些細節可能在 Nuxt 的官方文檔中提供更全面的解釋,建議可以善用官方文檔作為補充資源。希望這本書能成為你掌握 Nuxt 開發的得力工具,幫助你快速上手並構建強大的現代化網站。

本書使用的版本

Nuxt 官方團隊於 2025/07/16 正式釋出 Nuxt v4.0 版本,在這幾年的版本迭代的過程中,也經歷了不少次的破壞性更新(Breaking changes),隨著時間與官方團隊的努力,Nuxt 也越來越穩定,我想多數的 API 與特性基本上也已經確定,多數概念萬變不離其宗,讀者們可以放心服用。

為了避免開發環境的不同，導致執行結果的差異，以下列出本書所使用的開發環境版本：

- Node: v22.17.1 (LTS)
- NPM: v11.4.2
- Nuxt: v4.0.0
- Vue: v3.5.17

目前，Nuxt 使用的是 Vue 3 系列，Nuxt 官方團隊通常也會跟隨 Vue 的新版本。然而，由於前端技術更新迅速，此書可能無法即時反應迭代變化，讀者亦可參考：https://book.nuxt.tw/，筆者將盡力更新最新資訊，同時書中的程式碼範例，也能透過範例網址下載完整專案程式碼。

祝學習愉快！

Nuxt 4 與版本的選擇

Nuxt 版本現況

自 2022 年基於 Vue 3 的 Nuxt 3 發布以來,該框架經歷了無數次更新迭代,持續完善功能與提升效能。在本書交付印刷時,Nuxt 4 已經釋出。如果你已經熟悉 Vue 3,甚至對 Nuxt 3 有過使用經驗,那麼可以放心繼續閱讀這本書。因為相較於 Nuxt 2 升級到 Nuxt 3 的重大架構變更,Nuxt 4 的升級更加注重效能提升和開發者體驗,而非完全的框架革新,因此你現有的知識基礎仍然適用。

值得升級到 Nuxt 4 或更新的版本嗎?

從框架使用者的角度來看,Nuxt 3 和 Nuxt 4 基本上是相同的。你可以將 Nuxt 4 視為 Nuxt 3 的更充實版本,無論是從開發體驗、執行效能,還是未來技術相容性來看,Nuxt 4 都是構建現代化網站的更好選擇。

如果你是初次接觸 Nuxt 並想尋求一個穩定且高效的框架版本,直接選擇 Nuxt 4 或更新的版本會是個明智決定。

Nuxt 4 也是從 Nuxt 3 過渡到未來 Nuxt 5 的關鍵中繼。Nuxt 團隊將主要的框架調整集中在 v4,讓開發者能先適應新版架構與開發模式,而像是底層引擎 Nitro v3,則預計會在 Nuxt 5 中整合,屆時才會帶來更底層的變化。這種分階段設計讓升級過程更穩定、變動更可控,也降低未來遷移的技術成本。簡而言之,現在選擇 Nuxt 4 或更新的版本,不只是立即獲得更好的開發體驗與效能,也是在為未來的 Nuxt 生態做好準備。

對於已有的 Nuxt 3 專案,官方也提供清晰的指引,你僅需進行少量調整,即可無縫遷移到新版本,從而立即享受其更強大的功能與效能。

最重大的變化：Nuxt 4 專案目錄結構

Nuxt 3 升級到 Nuxt 4 後，最明顯的改變莫過於全新的資料夾結構，現在必須將用戶端程式碼放置在 `app` 目錄而不是原本的根目錄中，同時，伺服器程式碼依然維持在原來的 `server` 目錄中，如圖 1 所示。

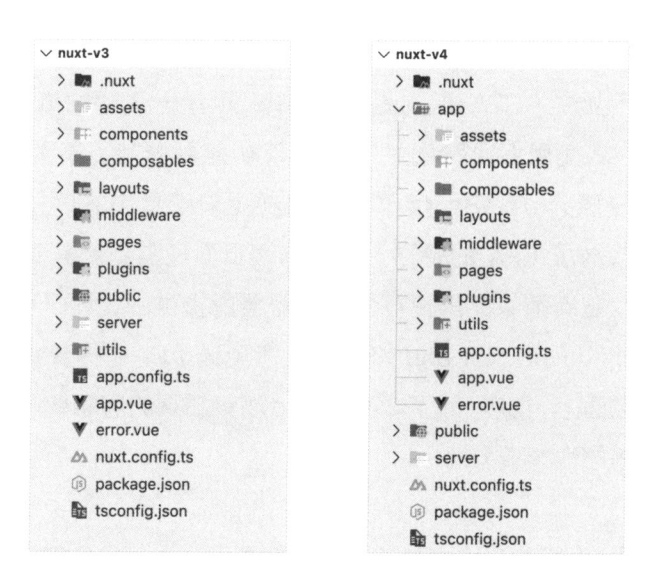

圖 1　Nuxt 專案目錄結構的變化

之所以進行這項調整，首先是因為檔案監視程式不必再監控根目錄下的所有檔案；其次，這也為開發者帶來更佳的使用者體驗，能讓 IDE 在面對用戶端與伺服器端程式碼時提供更完善的支援。例如，伺服器程式碼通常運行在 Node.js 環境下，而用戶端程式碼則運行於瀏覽器。將兩者分置於不同資料夾，可依照各自需求為 IDE 做更精準的設定，大幅提升開發效率。

儘管表面上看來 Nuxt 4 帶來了破壞性的變化，但官方也提供了可選的相容設定，以協助開發者更順利地從舊版本遷移。換言之，你可以放心地採用新版本，並根據實際需求決定是否保留舊功能的相容性。未來，Nuxt 4 與後續版本將持續朝向穩定且高效的使用者體驗發展。更多版本變化與遷移的細節，建議隨時關注官方網站的最新說明。

前端網頁渲染模式簡介

前言

如果你曾經使用過 Vue 或 React 這類前端框架，應該對 SPA（Single-Page Application）不陌生。SPA 指的是整個網站只有一個初始載入頁面，例如 `index.html`，當使用者瀏覽網站需要跳轉功能頁面時，不需要整個網頁重新載入，只需要透過 JavaScript 重新渲染並更新網頁中的部分元素即可，也因為這項特色成為了 SPA 的優點，因為前端頁面僅需更新需要更動的部分頁面元素。如果欲重新渲染元素資料依賴伺服器所提供的資料，可以透過 AJAX（Asynchronous JavaScript and XML）技術發送 API 進行資料交換，最終將新內容更新到畫面上。SPA 除了能讓使用者瀏覽網頁的體驗能更佳順暢以外，也進而實現讓前端與後端分離。

用戶端渲染（Client-Side Rendering, CSR）

像 Vue 這種僅專注於畫面並將前後端分離的框架，大多屬於所謂的用戶端渲染（CSR）亦稱前端渲染。以下範例是使用 Vue CLI 的預設配置，建立一個 Vue 專案並啟動服務後，在 Google Chrome 或 Edge 瀏覽器頁面中點擊右鍵後展開選單的「檢視網頁原始碼」功能後，可以看到如圖 1 的網頁原始碼。

用戶端渲染
(Client-Side Rendering, CSR)

圖 1　用戶端渲染流程

補充說明：這邊並不是瀏覽器的「檢查元素」功能，而是針對伺服器請求首頁後，回傳的網頁 HTML；你也可以透過 cURL 或其他能發送 Request 的工具，嘗試獲取伺服器端回傳的網頁原始碼。

如圖 2 可以發現，由於 CSR 的特性，首頁的網頁原始碼 `<body></body>` 中，僅有 `<div id="app"></div>` 這個元素。通常這個元素就是前端框架要準備 Mount 的根元素或容器，在下載並執行包含 Vue 程式碼的 JavaScript 檔案之前，這個容器依舊是空的，因此在頁面初次載入時會看到一片空白。

前端網頁渲染模式簡介

當進入基於 Vue 所建構的 SPA 網站，需要先等 Vue 程式碼下載並載入完畢後，才能開始請求初始資料和渲染畫面 HTML。如果網路環境不佳，雖然伺服器已回應了如圖 2 的 HTML，但在等待 JavaScript 檔案下載的過程中白畫面依舊會持續一段時間，直到完成下載與執行渲染後觸發畫面更新。

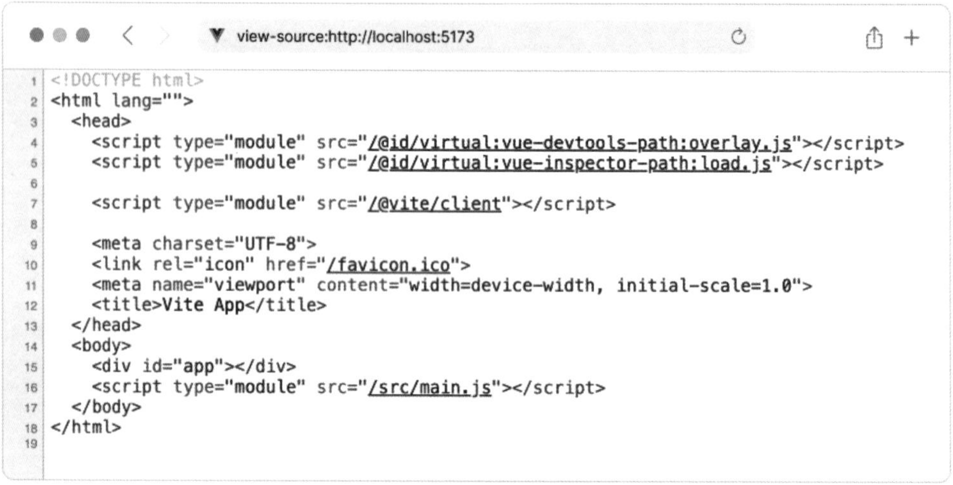

```html
<!DOCTYPE html>
<html lang="">
  <head>
    <script type="module" src="/@id/virtual:vue-devtools-path:overlay.js"></script>
    <script type="module" src="/@id/virtual:vue-inspector-path:load.js"></script>

    <script type="module" src="/@vite/client"></script>

    <meta charset="UTF-8">
    <link rel="icon" href="/favicon.ico">
    <meta name="viewport" content="width=device-width, initial-scale=1.0">
    <title>Vite App</title>
  </head>
  <body>
    <div id="app"></div>
    <script type="module" src="/src/main.js"></script>
  </body>
</html>
```

圖 2　SPA 網站回傳的網頁原始碼

用戶端渲染，指的「渲染」就是在用戶端渲染 HTML，這個渲染的動作，也可以理解為產生或變動 HTML，瀏覽器再依據變動後的 HTML 進行畫面的繪製更新需要變動的地方，由於只渲染局部元素，從而讓瀏覽器僅更新部分的畫面，達到更好的效能與體驗。

然而 CSR 最常為人詬病的一項缺點就是搜尋引擎最佳化（Search Engine Optimization, SEO）方面，一個網站上線後為了能在搜尋引擎上能有更好的排名與曝光，其中一個方式就是要為網站進行搜尋引擎最佳化的配置。SEO 配置與優化在 CSR 上比較難去實現，是因為 CSR 是在用戶端進行資料請求後渲染 HTML 再由瀏覽器做畫面更新，導致搜尋引擎的爬蟲所蒐集與索引到的網站網頁的 HTML 通常只會抓取到如圖 2 初始回傳的 HTML，並不包含用戶端所需要即時請求的資料，進而導致爬蟲無法解析到這些資料可能含有關鍵字等索引。雖然現今搜尋引擎的爬蟲遇到 CSR 類型的網站有部分能解決首次資料載入的問題且能收錄到資料，但仍有一些小細節仍不夠友好，綜觀來說 SPA 及 CSR 特性並不方便也不利於做 SEO 配置。

要解決 SEO 的問題，可以採用預渲染（Pre-rendering）的方式，讓網頁請求送達伺服器端後，回傳的頁面是已經包含資料的網頁 HTML，常見的有伺服器端渲（Server-Side Rendering, SSR）和靜態網站生成（Static Site Generation, SSG）等技術來改善 SEO 搜尋引擎最佳化的問題。

用戶端渲染優點

1. 切換頁面時，不再需要由伺服器重新渲染整個頁面，前端框架會完成部分局部畫面元素的更新，使用者體驗較佳。

2. 渲染工作皆在用戶端完成，伺服器負擔也較小。

3. 實現前後端分離，讓前端能更專注 UI 開發，後端專注 API。

用戶端渲染缺點

1. 首次進入網站時，可能需要等待下載 JavaScript 才能渲染畫面，容易會有白畫面問題。

2. 不利於 SEO，搜尋引擎爬蟲蒐集資料時多數不執行 JavaScript 或頁面過於複雜，而導致無法獲得初始頁面資料；搜尋引擎對於 CSR 雖有解決方案，但是仍不夠友善。

伺服器端渲染（Server-Side Rendering, SSR）

伺服器端渲染（SSR）亦稱後端渲染，並不是專為解決 CSR 缺點而生，也不是什麼新概念，而是早已存在的技術。

在網際網路與瀏覽器剛起步時，使用者的用戶端（Client）是與伺服器（Server）直接請求網頁檔案，例如 `index.html`，伺服器回傳的便是完整的 HTML 網頁原始碼，瀏覽器再將此 HTML 繪製到畫面上。如果不考慮 JavaScript 與動態互動部分，基本上使用者接收到的 HTML 就是最終渲染後的網頁，由後端伺服器回傳最終的 HTML，雖然不是靠後端語言渲染 HTML，但這不就也是伺服器端產生 HTML 的一種嗎！

隨著程式語言的發展，PHP、JSP 與 ASP/ASP.NET 等後端語言所建立的網站服務，在接收前端請求後，會在伺服器端透過程式碼執行運算、存取資料庫等操作都在伺服端執行運算和 HTML 渲染完成後，再將產生好的最終 HTML 回傳給前端使用者的瀏覽器進行畫面的繪製，這就是一般所說的伺服器端渲染（SSR）或後端渲染。

因為搜尋引擎的出現，網站在實務上往往需要強化關鍵字的能見度與搜尋排名，因為搜尋引擎的排名能越靠前，被點擊進入網站的機會就更高也就有更多的流量。因此 SSR 的渲染方式能在基礎上幫助搜尋引擎爬蟲蒐集更多可解析的內容。

可以參考如圖 3 的流程，觀察 SSR 和 CSR 的不同之處，當使用者請求瀏覽頁面時，後端伺服器可能就已經包含了從資料庫或其他 API 獲取資料的動作，並在後端運算渲染完最終的初始頁 HTML 後，才回應至用戶端的瀏覽器，所以瀏覽器就可以依照 HTML 繪製出初始畫面，並同時等待 JavaScript 下載完畢後執行後續需要進行網頁互動的流程。

伺服器端渲染
(Server-Side Rendering, SSR)

輸入網址連結或進入網站
請求發送至伺服器端

伺服器端執行獲取資料等邏輯，並開始進行頁面元件渲染，再回傳 HTML 至用戶端

回傳頁面為一個有資料的網頁，所以瀏覽器已經可以依據 HTML 繪製出畫面，同時瀏覽器背景下載 HTML 內包含的 JS 檔案

僅能瀏覽，無法互動

JS 下載完後，開始執行 Vue 的邏輯並根據頁面元件來重新渲染和綁定元素和事件

瀏覽器依據渲染的 HTML 重新繪製和綁定元素，一切都完成後網頁便可以開始互動

圖 3　伺服器端渲染流程

SSR 所產生的初始頁面就包含了資料而非空頁面，所以搜尋引擎的爬蟲就能更好的蒐集並建立索引資料或關鍵字，根據 SEO 最佳化規則，進而讓網站在搜尋引擎的排名能越靠前，被點擊進入網站的機會就更高，也就會有更多的流量；看看現在的部落格、網路新聞等這類的追求高曝光高流量的網站，多數都有使用到 SSR 的技術。

伺服器端渲染優點

1. 有利於 SEO，首次進入網站時，網頁 HTML 就已經在伺服器端渲染生成完畢，搜尋引擎爬蟲便能更容易蒐集網頁內的資料。
2. 因為程式邏輯多於伺服器端執行，對於權限或敏感的商業邏輯便適合於伺服器端執行，同時也對用戶端的執行運算需求變更低。

伺服器端渲染缺點

1. 切換頁面時，網頁都需要再重新載入，導致使用者體驗變差。
2. 因為渲染工作皆在伺服端完成，所以每次都需要重新取得整個頁面的 API 的資料與渲染，對於伺服器負擔也相對大。

靜態網站生成（Static Site Generation, SSG）

SSG（Static Site Generation）顧名思義就是產生靜態頁面的技術，使用 SSG 技術的網站通常在建構打包階段就產生出一系列的靜態網頁檔案，這些檔案能搭配內容傳遞網路（CDN）進行快取，對於內容變化不大的網站非常合適。然而，若網站內容經常變動，每次更新就得重新編譯產生，並且在網站規模龐大時編譯時間也會拉長，所以缺乏像 CSR 或 SSR 那樣的動態彈性。雖然 SSG 有一些缺點，不過，如 ISR（Incremental Static Regeneration）等技術也能在一定程度上解決 SSG 的劣勢。

靜態網站生成優點

1. 打包編譯時產生出網頁原始碼 HTML 檔案，即靜態資源檔案，因此能很好的搭 CDN 緩存來減輕伺服器負擔。
2. 有利於 SEO，因為建構打包時產生出網頁原始碼 HTML 檔案，正是可以讓搜尋引擎爬蟲解析的完整網頁資料。

靜態網站生成缺點

1. 一旦內容需要更新，就得再一次打包編譯，重新產生出一份新的網頁原始碼 HTML 檔案。

後端渲染再加上前端渲染行不行？

綜合上述，如果採用 SSR 渲染出首次進入富含資訊的網頁 HTML，再讓前端載入 Vue 做 CSR 讓其後續可以動態的取得資料更新畫面，那不就可以完美解決 SPA 常見的首頁白畫面或 SEO 優化問題了嗎？

沒有錯！這就是所謂的 SSR + SPA，這種組合技也是目前常見的解決方案，而且透過前端 SSR 框架如 React 的 Next.js 或是本書要介紹的 Nuxt 框架，就能同時兼具 SPA 的使用者體驗與 SSR 的優點。

網站運作的流程就會變成：

1. 使用者透過瀏覽器首次進入網站，瀏覽器向伺服器發出請求。
2. Nuxt 接收請求，從資料庫或打 API 取得該頁面需要的資料，如文章的標題、內容。
3. 根據瀏覽的頁面，將資料與頁面元件結合並渲染出 HTML，最後將網頁 HTML 回傳給前端。
4. 前端瀏覽器收到的請求回應 HTML，開始繪製出網頁畫面，完成後從 SSR 切換成 SPA 讓前端接手渲染工作。
5. 使用者與網頁進行互動，如切換頁面需要載入更多資料時，網頁從前端以 AJAX 發送 API 請求，再僅針對部分元素進行渲染 HTML 與觸發瀏覽器畫面更新。

雖然採用 SSR 的框架進行開發，勢必會有更耗費伺服器端資源與效能的代價，但針對實務上的需求，這種方式仍是多數人所採納的解決方案。

Nuxt 不只是 Vue 的 SSR 框架

Nuxt 不只是 SSR，而是一個完整的 Vue 解決方案

許多人在初次接觸 Nuxt 時，很容易將其簡單定位為 Vue.js 的 SSR（Server-Side Rendering）框架。但實際上 Nuxt 提供了更全面且靈活的解決方案，當深入了解 Nuxt 就能發現，Nuxt 團隊一直以「簡化開發者的前端體驗」為目標，也希望 Nuxt 的定位能更全面。隨著前端技術和使用者需求的不斷演進，Nuxt 不再僅僅是一個「Vue 的 SSR 框架」，而是能夠滿足多種渲染模式的 Vue.js 解決方案和生態體系。無論是 SSR（Server-Side Rendering）、SPA（Single-Page Application）、SSG（Static Site Generation），開發者皆能根據需求自由選擇渲染模式。

同時，Nuxt 也支援混用不同的渲染模式，也就是不同的路由頁面可以使用不同的渲染方式。舉例來說，可以將著陸頁（Landing Page）和部落格文章使用 SSR 或 SSG，登入後的管理介面使用 SPA 等來實現混合渲染（Hybrid Rendering），使得網站兼顧 SEO、動態功能或後台管理等複雜情境。這種方案對於初學者來說，代表不需要維護多份程式碼或切換不同的專案架構，只要在同一套程式碼基礎上就能根據實際需求進行調整或部署。透過這樣彈性且靈活的配置方式，無論網站要一次性生成全部頁面，抑或需要即時獲取資料並動態渲染，都能在 Nuxt 框架中根據需求自由選擇渲染模式，讓開發者能輕鬆應對各種場景。

為什麼使用 Nuxt？ Vue 開發者的痛點？

當 Vue 開發者著手建立中大型專案時，即便有 Vue CLI 這樣成熟的工具來協助初始化專案，仍然會遇到幾個常見痛點。雖然基礎配置已經由 Vue CLI 提

供，但在專案規模擴大時，開發者仍需要花費心力在路由管理、狀態管理，以及建立統一的專案架構標準上，開發者都需要投入額外的心力來實踐，不僅開發成本提高，複雜度也隨之上升。此外，專案的可維護性與擴充性也是一大考驗，許多團隊在追求敏捷開發的同時，往往忽略了良好的專案結構規劃，導致後期隨著業務需求成長，不得不面臨重新架構或大規模調整的困境。當然，無論是選擇 Vue 或 Nuxt，在進階使用時都可能需要調整 Vite 或 Webpack 等編譯部署的配置，但 Nuxt 的優勢在於它提供了一個更完整的框架結構和開發規範，Nuxt 也正是為了降低這些開發過程的複雜度而誕生，透過約定優於配置（Convention over configuration）的方式，在不用寫太多設定檔的情況下，就能享有良好的架構與友好的開發體驗。

一位我深感敬佩的 Nuxt 開發者所分享的觀點與目標，讓我更深入理解到 Nuxt 很重視的核心概念正是開箱即用（Out-of-the-box）和最小化配置（Minimal Configuration）的開發體驗。你可以只需要建立一個 `package.json` 和一個 `app.vue` 檔案，就能做一個 Nuxt 網站，後續再根據業務需要慢慢導入新的功能，稱之為漸進式的引導（Progressive Onboarding），讓初學者的入門學習曲線盡可能平滑。

為什麼這樣的概念很重要？

Nuxt 為的就是打造最佳的開發者體驗，並提供建立具有最佳使用者體驗的應用程式和網站，透過 Nuxt 可以大幅降低入門門檻，不用額外學習複雜的 Vite 等設定，因為 Nuxt 已經處理好大多數的事情，開發者只需關注 Vue 的基本開發模式。Nuxt 不會一次給予過多的選項或設定，而是需要時再慢慢導入，當需要更多功能（如路由、SEO 最佳化等），只要依照官方文件或 Nuxt 的約定式檔案結構，加入對應的檔案或設定即可。目標是讓新手或熟悉 Vue 的開發者可以在逐步導入 Nuxt 特性的同時，理解背後的運作方式，降低學習曲線的陡峭程度。

如果曾經對專案初始化感到頭痛，或者需要手動處理各種複雜的 SSR、SEO 與路由配置，現在不妨試試看 Nuxt，感受它帶來的便捷與高效。同時，也可以利用它的延伸功能（Plugins、Middleware 等）一步一步在專案中增加更多價值，讓整個網站在成長茁壯的同時依然維持高可維護性與清晰的結構。

目錄

01 CHAPTER　Nuxt 介紹

1.1　Nuxt 簡介 1-1

1.2　Nuxt 特性 1-2

1.3　Nitro 1-3

1.4　水合（Hydration）..1-4

02 CHAPTER　建置第一個專案

2.1　使用 Nuxt CLI 建立 Nuxt 專案 2-1

2.2　設置 TypeScript + ESLint 環境 2-5

　　2.2.1　TypeScript 2-5

　　2.2.2　ESLint 2-8

　　2.2.3　ESLint Stylistic 2-14

2.3　設置 Tailwind CSS 環境 2-16

　　2.3.1　安裝與配置 Nuxt Tailwind 2-17

　　2.3.2　開始感受 Tailwind CSS 的魅力 2-17

03 CHAPTER　Nuxt 基礎入門

3.1　Nuxt 目錄結構 3-1
3.1.1　Nuxt 預設的目錄結構 3-2
3.1.2　Nuxt 完整的目錄結構 3-3
3.1.3　Nuxt 的自動匯入（Auto Imports）..................................... 3-8
3.1.4　關閉自動匯入 3-10
3.1.5　顯式匯入（Explicit Imports）.. 3-10
3.1.6　小結 3-11

3.2　頁面（Pages）與路由（Routing）... 3-11
3.2.1　基於檔案的路由（File-based Routing）............................ 3-11
3.2.2　約定式路由中的 index 3-12
3.2.3　建立第一個頁面 3-12
3.2.4　建立多個路由頁面 3-15
3.2.5　自動產生的路由 3-17
3.2.6　建立路由連結 3-18
3.2.7　帶參數的動態路由匹配 3-19
3.2.8　匹配所有層級的路由 3-22
3.2.9　處理 404 Not Found 找不到頁面的路由............................. 3-24
3.2.10　建立多層的目錄結構 3-26
3.2.11　巢狀路由（Nested Routes）... 3-32
3.2.12　導航至具名路由 3-38
3.2.13　自定義路由 3-40
3.2.14　自定義頁面路由路徑的別名（Alias）............................. 3-42

3.3　布局模板（Layouts）... 3-44
3.3.1　建立一個預設的布局模板 3-44

	3.3.2	布局模板中的插槽 <slot />	3-46
	3.3.3	在布局模板中建立多個插槽（Slots）	3-47
	3.3.4	布局模板與路由頁面	3-50
	3.3.5	多個路由頁面共用預設布局模板	3-53
	3.3.6	建立更多不同的布局模板	3-55
	3.3.7	動態變更布局模板	3-58
	3.3.8	更進階的布局模板變更方法	3-59
	3.3.9	小結	3-62
3.4	元件（Components）		3-62
	3.4.1	元件自動匯入（Auto Imports）	3-63
	3.4.2	元件直接匯入（Direct Imports）	3-64
	3.4.3	元件名稱約定	3-65
	3.4.4	元件名稱的命名規則	3-67
	3.4.5	動態元件（Dynamic Components）	3-68
	3.4.6	動態匯入（Dynamic Imports）	3-71
	3.4.7	僅限用戶端渲染元件 <ClientOnly>	3-74
	3.4.8	控制伺服器端或用戶端渲染元件	3-77
	3.4.9	小結	3-81
3.5	組合式函式（Composables）		3-82
	3.5.1	Options API 與 Composition API	3-82
	3.5.2	建立組合式函式	3-85
	3.5.3	組合式函式的名稱	3-87
	3.5.4	組合式函式自動匯入的規則	3-90
	3.5.5	小結	3-92
3.6	通用函式（Utils）		3-93
	3.6.1	Utils 目錄的自動匯入	3-94

3.6.2	組合式函式與通用函式建立的時機	3-95
3.6.3	小結	3-95

3.7 插件（Plugins）...3-95

3.7.1	插件目錄與自動匯入	3-96
3.7.2	如何建立插件	3-96
3.7.3	在插件中使用組合式函式（Composables）	3-98
3.7.4	透過插件提供輔助函式（Providing Helpers）	3-99
3.7.5	僅限伺服器端或用戶端中使用	3-101
3.7.6	建立自訂插件來整合支援 Vue 套件或插件	3-101
3.7.7	建立自訂插件來使用 Vue3-Toastify 套件	3-103
3.7.8	使用插件建立 Vue 的自訂指令（Custom Directive）	3-108

3.8 模組（Modules）...3-110

3.8.1	插件與模組的差異	3-110
3.8.2	如何安裝與使用模組	3-111
3.8.3	探索 Nuxt 第三方模組	3-113
3.8.4	安裝與使用 Nuxt Icon 模組	3-114
3.8.5	小結	3-121

3.9 中介層目錄（Middleware Directory）....................................3-121

3.9.1	Vue Router 的導航守衛（Navigation Guards）	3-121
3.9.2	Nuxt 路由中介層	3-125
3.9.3	路由中介層的種類與使用方式	3-127
3.9.4	動態添加路由中介層	3-131

3.10 Assets 與 Public 資源目錄..3-132

3.10.1	Public 目錄	3-133
3.10.2	Assets 目錄	3-134
3.10.3	路徑別名	3-137

	3.10.4	建構打包出來的差異 3-138
	3.10.5	小結 3-140

04 CHAPTER Nuxt 建立後端 Server API

4.1	Nitro Engine	 4-1
4.2	建立後端 Server API	 4-2
4.3	Server API 的請求方法與路由	 4-6
	4.3.1	基於檔案的路由 4-6
	4.3.2	匹配 HTTP 請求方法（HTTP Request Method）................. 4-7
	4.3.3	匹配路由參數 4-9
	4.3.4	匹配包羅萬象的路由（Catch-all Route）......................... 4-10
	4.3.5	處理 HTTP 請求中的 Body 4-12
	4.3.6	處理 URL 中的查詢參數（Query Parameters）................. 4-13
	4.3.7	解析請求中所夾帶的 Cookie 4-15
	4.3.8	解析請求中所夾帶的請求標頭（Request Header）............ 4-16
	4.3.9	伺服器中介層 4-17
	4.3.10	伺服器插件 4-18

05 CHAPTER Nuxt 資料獲取（Data Fetching）

5.1	前言	 5-1
5.2	$fetch 是什麼？	 5-2
	5.2.1	組合式函式 useAsyncData 5-3
	5.2.2	組合式函式 useLazyAsyncData 5-10

xxix

		5.2.3 組合式函式 useFetch 5-15
		5.2.4 組合式函式 useLazyFetch 5-19
		5.2.5 重新獲取資料 5-19

06 CHAPTER Nuxt 狀態管理（State Management）

6.1	Hydration Mismatch 6-1
6.2	組合式函式 useState 6-6
	6.2.1 useState 使用方法 6-7
	6.2.2 useState 狀態保留 6-8
	6.2.3 useState 共享狀態 6-10
	6.2.4 使用組合式函式建立共享狀態 6-13
6.3	狀態管理 - Pinia & Store 6-15
	6.3.1 前言 6-15
	6.3.2 安裝與使用 Pinia 6-16
	6.3.3 Pinia Store 的狀態（State）... 6-22
	6.3.4 Pinia Store 的 Getters 6-23
	6.3.5 Pinia Store 的 Actions 6-25
	6.3.6 Pinia Store 的解構和參考 6-25
	6.3.7 Pinia 持久化插件 – Pinia Plugin Persistedstate 6-26

07 CHAPTER Nuxt Runtime Config & App Config

7.1	Runtime Config 7-1
	7.1.1 配置 Runtime Config 7-2

	7.1.2	用戶端使用 Runtime Config 7-3
	7.1.3	使用 .env 建立環境變數 7-6
	7.1.4	環境變數的覆蓋 7-7
7.2	App Config 7-11
	7.2.1	在 Nuxt Config 配置 App Config 7-11
	7.2.2	app.config 檔案 7-12
	7.2.3	具有響應式的設定 7-13
7.3	Runtime Config 及 App Config 特性與差異 7-16

08 Cookie 設置與應用

8.1	Nuxt 管理 Cookie 的方式 8-1
	8.1.1 組合式函式 useCookie 8-1
	8.1.2 設置 Cookie 8-3
	8.1.3 伺服器端使用 getCookie 與 setCookie 8-5
8.2	Google OAuth 與 JWT Cookie 的搭配 8-7
	8.2.1 串接 Google OAuth 登入 8-8
	8.2.2 伺服器端驗證 8-11
	8.2.3 產生 JWT 搭配 Cookie 做使用者驗證 8-15

09 動態調整網頁標題與頭部標籤

9.1	組合式函式 useHead 9-1
	9.1.1 頁面 Head 管理 9-1
	9.1.2 網頁標題模板 9-2

	9.1.3	使用外部函式庫檔案 9-3
	9.1.4	標籤渲染位置 9-5
	9.1.5	頁面中的 Meta Tags 9-6
9.2	組合式函式 useHeadSafe 9-8

10 實戰部落格網站

10.1	建立部落格網站的框架與開發環境 10-1
	10.1.1 初始化 Nuxt 專案 10-1
	10.1.2 導入 Nuxt Icon 模組 10-2
	10.1.3 建立預設布局模板 10-2
10.2	建立登入與驗證相關 API 10-3
	10.2.1 安裝與配置 JWT 套件 10-4
	10.2.2 建立登入 API 並產生 JWT（JSON Web Token）..............10-4
	10.2.3 建立登出 API 10-6
	10.2.4 建立查詢使用者資訊 API 10-6
	10.2.5 建立伺服器中介層（Server Middleware）........................10-8
10.3	配置 Neon Serverless Postgres 資料庫...10-9
	10.3.1 建立 Neon Serverless Postgres 資料庫..........................10-9
	10.3.2 建立專案 .env 檔案與設定資料庫連線的環境變數 10-10
	10.3.3 建立 Neon Serverless Postgres 資料庫的連線 10-11
10.4	建立文章相關的 Server API 10-12
	10.4.1 建立新增文章 API 10-12
	10.4.2 建立取得指定文章 API 10-14
	10.4.3 建立取得文章列表 API 10-15

目錄

10.4.4 建立刪除指定文章 API	10-16
10.5 建立登入頁面	**10-17**
10.5.1 登入頁面	10-17
10.6 建立文章相關頁面	**10-19**
10.6.1 新增文章頁面	10-19
10.6.2 指定文章頁面	10-22
10.6.3 調整首頁為展示最新文章列表	10-24
10.7 建立網站導覽列	**10-28**
10.7.1 導覽列元件	10-28
10.8 頁面權限判斷	**10-32**
10.8.1 建立路由中介層	10-32
10.8.2 添加建立文章時的路由中介層權限判斷	10-33
10.9 SEO 搜尋引擎最佳化	**10-33**
10.9.1 網站頁面標題和 HTML Head 區塊中的標籤	10-34
10.9.2 首頁套用頁面的標題模板	10-35
10.9.3 指定文章頁面的頁面標題	10-36
10.9.4 添加 SEO 搜尋引擎最佳化相關的 Meta Tags	10-37

11 視覺化開發工具 Nuxt DevTools
CHAPTER

11.1 前言	**11-1**
11.2 起手式	**11-2**
11.2.1 安裝與啟用 Nuxt DevTools	11-2
11.2.2 Nuxt DevTools 迷你面板	11-3
11.2.3 開啟 Nuxt DevTools 面板	11-4

xxxiii

11.3 Pages 11-6
11.3.1 簡介 11-6
11.3.2 All Routes 11-7
11.3.3 Middleware 11-8
11.4 Components 11-8
11.4.1 簡介 11-8
11.4.2 元件自動分類與計數 11-10
11.4.3 元件依賴關係圖 11-10
11.4.4 元件檢查器 11-11
11.5 Imports 11-12
11.5.1 簡介 11-12
11.6 Modules 11-14
11.6.1 簡介 11-14
11.7 Assets 11-16
11.7.1 簡介 11-16
11.8 Render Tree 11-17
11.8.1 簡介 11-17
11.9 Runtime Configs 11-18
11.9.1 簡介 11-18
11.10 Payload 11-19
11.10.1 簡介 11-19
11.11 Plugins 11-21
11.11.1 簡介 11-21
11.12 Timeline 11-22
11.12.1 簡介 11-22

11.13	Open Graph	11-24
	11.13.1 簡介	11-24
11.14	Storage	11-26
	11.14.1 簡介	11-26
	11.14.2 雲端服務的 KV	11-27
11.15	Server Routes	11-28
	11.15.1 簡介	11-28
11.16	Hooks	11-30
	11.16.1 簡介	11-30
11.17	Virtual Files	11-31
	11.17.1 簡介	11-31
11.18	Inspect	11-32
	11.18.1 簡介	11-32
11.19	Module Contributed View	11-33
	11.19.1 簡介	11-33
	11.19.2 VS Code	11-33
	11.19.3 ESLint Config	11-34
	11.19.4 Nuxt Icon	11-35

12 SEO 搜尋引擎最佳化實戰系列

12.1	簡介	12-1
12.2	搜尋引擎最佳化（SEO）入門	12-1
12.3	網站的 Open Graph（OG）	12-3
12.4	Nuxt 提供 SEO 使用的組合式函式	12-6

12.5 組合式函式 useSeoMeta ... 12-7
12.5.1 name 與 property ... 12-7
12.5.2 useSeoMeta 使用方式與屬性標籤的命名 ... 12-9
12.6 組合式函式 useServerSeoMeta ... 12-10
12.7 使用 Nuxt DevTools 來檢查 SEO Meta Tags ... 12-10
12.8 Nuxt SEO 模組 ... 12-12
12.8.1 簡介 ... 12-12
12.8.2 Nuxt SEO 安裝與配置 ... 12-13
12.8.3 自動產生連結縮圖 OG Image ... 12-14
12.8.4 自動產生網站地圖（Sitemap）... 12-24
12.8.5 Nuxt Sitemap 模組的網站地圖快取 ... 12-39
12.8.6 Nuxt 管理 robots.txt 與 Robots Tags ... 12-40
12.8.7 robots.txt 檔案配置與合併規則 ... 12-44
12.8.8 Nuxt 管理網站結構化資料標記（Structured Data Markup）... 12-52
12.8.9 結構化資料的格式與功能 ... 12-55
12.8.10 產生 Schema.org 結構化資料標記模組 ... 12-57

13 多國語系 Nuxt I18n

13.1 簡介 ... 13-1
13.2 多國語系模組 Nuxt I18n 的基礎入門 ... 13-2
13.2.1 安裝與配置 Nuxt I18n ... 13-2
13.2.2 Nuxt I18n 基本使用方法 ... 13-5
13.2.3 路由語系前綴 ... 13-11

13.2.4 根據偏好或預設語系重新導向 13-13
13.2.5 使用 useSwitchLocalePath 產生切換語系的連結 13-16
13.2.6 使用 useLocalePath 產生切換語系的連結 13-17
13.2.7 每個元件中的獨立翻譯 13-19
13.2.8 格式化翻譯 13-22
13.2.9 自訂語系的路由路徑 13-23
13.3 Nuxt I18n 的 SEO 搜尋引擎最佳化 13-25
13.3.1 Nuxt I18n 的 SEO 搜尋引擎最佳化 13-30

14 部署

14.1 簡介 14-1
14.2 Nuxt 的渲染模式 14-1
14.2.1 通用渲染（Universal Rendering）................................... 14-2
14.2.2 靜態網站生成（Static Site Generation）......................... 14-2
14.2.3 SWR (Stale-While-Revalidate) 14-2
14.2.4 ISR (Incremental Static Regeneration) 14-3
14.2.5 混合渲染（Hybrid Rendering）....................................... 14-4
14.3 部署前的準備 14-6
14.3.1 編譯打包與測試 14-6
14.4 部署至具有 Node.js 的執行環境 14-8
14.4.1 編譯打包 14-8
14.4.2 使用 PM2 啟動網站服務 14-8
14.4.3 結合 Docker 使用 PM2 啟動網站服務 14-10
14.5 將 Nuxt 部署至 Vercel 14-12

	14.5.1	Vercel 是什麼？	14-12
	14.5.2	使用 GitHub 作為專案程式碼儲存倉庫	14-13
	14.5.3	透過 Vercel 部署 Nuxt 專案	14-14
14.6	**靜態網站部署 –Cloudflare Pages**		**14-20**
	14.6.1	簡介	14-20
	14.6.2	Nuxt 專案渲染靜態網頁	14-21
	14.6.3	建立 Cloudflare Pages 專案	14-23
14.7	**部署至具有其他執行環境**		**14-27**
	14.7.1	在 Nuxt 專案設定中指定 Preset	14-27
	14.7.2	在環境變數中指定 Preset	14-28

CHAPTER 01　Nuxt 介紹

Nuxt.js 現在稱之為 Nuxt，Nuxt 是一種基於 Vue.js 的網站開發框架，當需要在 Vue.js 導入伺服器端渲染（SSR）技術或進行搜尋引擎最佳化（SEO）時，Nuxt 更是理想的解決方案。

1.1　Nuxt 簡介

Nuxt 是一個強大而靈活的網站開發框架，為 Vue.js 生態系統帶來了全方位的解決方案，這個框架不僅能夠用於建立前端 Vue 應用程式，還可以輕鬆構建後端 REST API，實現全端開發的可能性。

圖 1-1　Nuxt 的 Logo

在僅使用 Vue 所建立的網站，屬於**單頁式應用程式（Single-Page Application，SPA）**，這類 SPA 網站以用戶端渲染（Client-Side Rendering，CSR）來為使用者提供更好的效能與互動體驗，因為資料會在瀏覽器前端執行 JavaScript 獲取資料和重新渲染畫面，然而純 Vue 開發的 SPA 網站，對於**搜尋引擎最佳化（Search Engine Optimization，SEO）**並不友善，因為搜尋引擎檢索器不一定能執行 JavaScript，所以僅依賴首次伺服器所渲染的 HTML，頁面資料可能不夠完整，爬蟲也就不一定能完整檢索和收錄資料。

當然，目前也有一些混合技術可以來搭配 Vue，用以解決不利 SEO 的問題，但是也存在著一些弊端。直到 Nuxt 的出現，網站開發與 SEO 這一切都將變得更容易，除此之外，Nuxt 透過框架與約定的特性，讓開發者可以很快速的建置出具備**伺服器端渲染（Server-Side Rendering，SSR）**的網站，也能使用**靜態網站生成（Static Site Generation，SSG）**來建立全靜態頁面的網站。

Nuxt 作為直觀的全端網站框架，在開發時不僅能擁有很好的開發者體驗，網站的搜尋引擎最佳化也不再是令人頭疼的問題。

1.2 Nuxt 特性

從 Nuxt 官網所提供資訊與實際使用經驗，以下列出幾項 Nuxt 功能與特點：

1. **開發體驗的提升**：全新 Nuxt CLI 工具建立到整合更簡單，視覺化開發者工具提供豐富的除錯資訊、自動化提示和錯誤修復建議，大幅提升開發效率。

2. **支援 TypeScript**：Nuxt 採用 TypeScript 開發，提供更優雅的語法和更強的型別安全性，也確保相容 Vue 新版本，保證長期無痛升級。

3. **現代化建構**：預設使用 Vite 作為打包工具，支援 Vue 3 組合式 API 和更快的 HMR（Hot Module Replacement），讓開發體驗顯著提升。

4. **自動匯入**：無需手動匯入即可使用大部分 Vue 和 Nuxt API 函式，能有效減少重複的程式碼，提高開發一致性；特定目錄下的元件或函式也同樣具有自動匯入的效果。

5. 基於檔案的路由系統：在 `app/pages` 目錄下建立 Vue 檔案，便會自動產生頁面路由，目錄結構直觀反映頁面層級與巢狀關係，更易於維護與管理。

6. 靜態資源最佳化：自動壓縮圖片和字體等靜態資源，整合主流 CSS 預處理器和 CSS-in-JS 方案，無需任何配置即可使用。

7. 伺服器端數據預獲取和注入：在伺服器端就預先獲取所需頁面資料，省去用戶端的等待時間，間接使得搜尋引擎爬蟲可直接爬取到完整的首頁渲染內容，對 SEO 相當友善。

8. 路由中介層：允許在渲染特定頁面前攔截並執行自定義處理邏輯，適用於身份驗證、重新導向等，提升開發靈活性，也能適用於更複雜的業務需求。

Nuxt 為開發者提供了一個現代化、靈活且功能豐富的框架，透過這些功能與特性，能夠顯著提高開發速度和品質。

1.3 Nitro

Nuxt 在 v3 版本發布後，開始使用 **Nitro 引擎**作為核心，為 Nuxt 提供了強大的伺服器端功能，Nitro 引擎具有以下幾個特點：

- 使用 unjs 的 h3 框架，提供簡單而強大的方式來建立 API 路由與伺服器中介層。
- Nitro 負責處理 Nuxt 服務的伺服器端渲染，它能夠高效地渲染 HTML，並與用戶端水合（Hydration）過程無縫配合。
- 提供包括 CSR、SSR、SSG、ISR、SWR 等渲染模式與混合渲染策略。
- 開發伺服器上的 HMR，提高了開發效率和開發體驗。

- 自動程式碼拆分（Code-splitting）與非同步載入區塊（Async-loaded chunks），從而提高了服務的啟動速度和性能。

- 基於 Nitro 引擎使得 Nuxt 支援 Serverless 並可以部署到各種環境，包括 Node.js、Cloudflare Workers 等執行環境，實現跨平台部署。

總歸來說，Nitro 是 Nuxt 包含的全新伺服器引擎，當開始使用 Nuxt 框架，無需再進行配置即可使用。Nitro 的引入是 Nuxt 相比前代版本的一個重大進步，為 Nuxt 提供了現代化、高性能、跨平台的服務能力，它不僅增強了 Nuxt 的功能，還大幅提升了開發體驗和效能，也使得 Nuxt 成為一個更加全面和強大的全端開發框架。

1.4 水合（Hydration）

Nuxt 的通用渲染（Universal Rendering）模式是結合伺服器端渲染（SSR）和用戶端渲染（CSR）的技術，為開發者提供了強大而靈活的網頁渲染策略，其中水合（Hydration）階段是通用渲染流程中的一環。

根據 Nuxt 官網的介紹圖片（圖 1-2），當瀏覽器發送請求至啟用了通用渲染的 Nuxt 網站時，伺服器會回傳一個完整渲染的 HTML 頁面，這個過程中，Nuxt 在伺服器環境中執行 JavaScript 和 Vue.js 的相關程式碼（即請求的頁面與元件），渲染 HTML 原始碼並回傳至用戶端，讓瀏覽器能夠直接繪製完整的網頁內容，使用者也能立即看到完整的網頁。這與傳統的 PHP 網站的伺服器端渲染類似，而 Nuxt 為了保留用戶端渲染的優勢，後續的頁面切換、路由導航或互動操作，便不會再經過伺服器端的渲染和整個頁面的重新整理，而是像純 Vue 網站一樣具有 SPA 與 CSR 的體驗與優點。

完整的網頁 HTML 會在
伺服器端渲染完後回傳至
瀏覽器做顯示

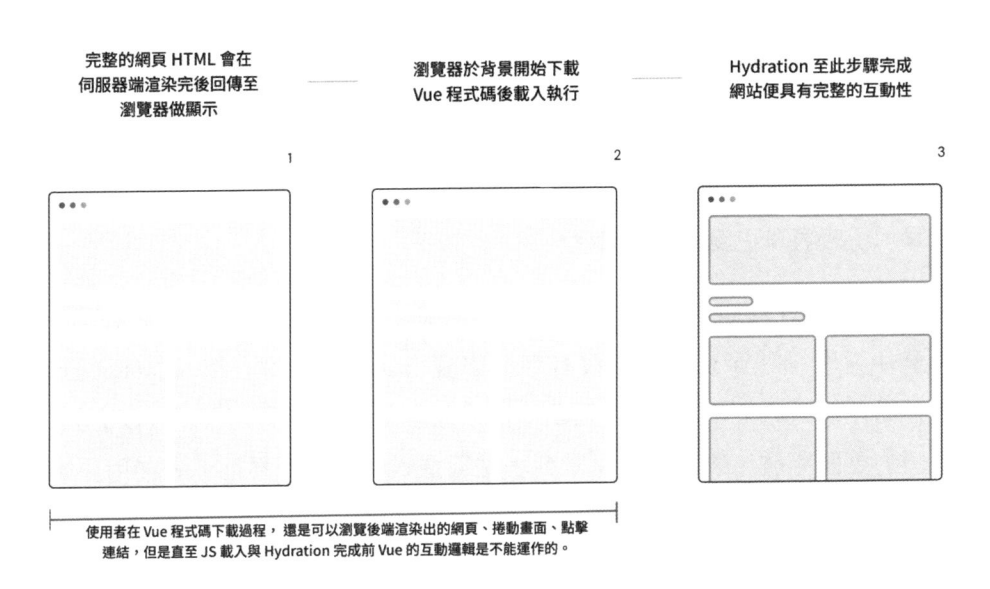

瀏覽器於背景開始下載
Vue 程式碼後載入執行

Hydration 至此步驟完成
網站便具有完整的互動性

使用者在 Vue 程式碼下載過程，還是可以瀏覽後端渲染出的網頁、捲動畫面、點擊連結，但是直至 JS 載入與 Hydration 完成前 Vue 的互動邏輯是不能運作的。

圖 1-2　Nuxt 通用渲染流程

為了讓讀者更好深入理解這個過程，稍作整理並條列這整個通用渲染的過程：

1. **初始請求和 SSR**：當使用者首次瀏覽網站時，Nuxt 在伺服器端接受請求，並渲染完整的 HTML 內容。例如：使用者透過網址進入網站瀏覽一篇文章，伺服器會渲染包含文章內容、標題和圖片的 HTML 原始碼。

2. **快速的完整頁面載入**：瀏覽器接收到 HTML 原始碼後，能立即繪製頁面內容，使用者便可以迅速看到完整的文章頁面，包含內容、標題和圖片。這解決了傳統 SPA 網站首次載入時的白畫面問題。

3. **JavaScript 和 Vue 的載入**：瀏覽器繪製頁面同時，瀏覽器便開始下載必要的 JavaScript 檔案，包括 Vue 框架和頁面元件等程式碼。

4. **水合（Hydration）開始**：一旦 JavaScript 下載完成，便開始了 Hydration 過程。

5. **程式碼重新執行**：這個階段是 Hydration 的核心，用戶端瀏覽器會再次執行與伺服器端相同的 Vue 元件程式碼，不過並不意味著會重新渲染整個 DOM，而是會辨別現有的 DOM 結構將其與虛擬 DOM 進行比對與同步，並添加事件監聽器和 Vue 的響應性系統，這個過程使靜態 HTML 變得動態，例如：文章頁面上的喜歡按鈕在重新執行與事件綁定後才變得可被點擊，留言表單也變得可互動。

6. **接手作 CSR 轉變為 SPA**：Hydration 完成後，頁面上的所有 Vue 功能（如事件處理、計算屬性、觀察者等）都變得可用，後續所有渲染和更新都在用戶端進行（CSR），整個網站變成了一個單頁式應用程式（SPA），後續的頁面導航，例如：從文章列表點擊進入其他文章頁面，將在用戶端完成，無需重新載入整個頁面。

舉個實際的例子

想像使用 Nuxt 開發一個電子商務網站，當首頁載入時，產品列表、熱門商品和價格等資訊透過 SSR 快速呈現，使用者一進入網站就可以立即看到產品資訊，當 JavaScript 載入完成後，「加入購物車」按鈕變得可點擊，產品搜尋的功能變得具有互動性與響應性，實現了接近無縫的使用者體驗。

Nuxt 的通用渲染模式能夠提供快速的頁面載入體驗，同時保留用戶端渲染的優點。此外，由於網頁內容已存在於首次請求所回傳的 HTML 網頁原始碼中，搜尋引擎爬蟲可以更輕易的解析與索引，無需額外開銷，這大幅提升了網站 SEO 友好性。通用渲染方法不僅確保了良好的首次內容呈現速度和 SEO 性能，後續的用戶端渲染實現了豐富的使用者互動體驗，為現代網站開發提供了一個理想的解決方案。

CHAPTER

02 建置第一個專案

Nuxt CLI 是 Nuxt 生態系統中的核心工具之一,為開發者提供了一個強大而便捷的方式來建立、管理和部署 Nuxt 專案,對於 Nuxt 開發者來說,深入了解 Nuxt CLI 的功能和用法是非常重要的。

2.1 使用 Nuxt CLI 建立 Nuxt 專案

Nuxt CLI 是 Nuxt 框架提供的命令列工具,透過一系列內建指令,開發者能夠快速初始化專案、啟動開發伺服器,並執行生產環境的建構與打包。在開發 Nuxt 應用時,這個強大的工具可大幅簡化繁瑣的設定與管理流程,提升開發效率。

首先,在完成 Node.js 的安裝後,即可打開終端機(Terminal),並將目錄切換至習慣的工作區,接著輸入以下命令並執行。

```
npm create nuxt@latest nuxt-app
```

`npm create nuxt@latest` 會執行 Nuxt 官方提供的套件 create-nuxt 來建立專案,而 `nuxt-app` 是想要建立的專案資料夾名稱。create-nuxt 套件背後實際上就是 Nuxt CLI,可以用來快速建立 Nuxt 專案架構。

2-1

執行命令的過程中，儘量選擇安裝最新的版本；套件的管理工具則可以依據個人偏好來選擇 npm 或 pnpm 等；也可以根據開發需要來選擇是否初始化 Git Repository。

命令執行完畢後，如圖 2-1 會提示 Nuxt 專案建立完畢，同時也可以發現目前的工作目錄下多了一個名為 `nuxt-app` 的資料夾，這個資料夾即是 Nuxt 專案的根目錄，也代表著專案已經初始建立成功。

```
> npm create nuxt@latest nuxt-app

> npx
> "create-nuxt" nuxt-app


         .d$b.
       i$$A$$L   .d$b
     .$$F`  `$$L.$$A$$.
    j$$'     `4$$:`  `$$.
   j$$'      .4$:     `$$.
   j$$       .$$:      `4$L
  :$$:____.d$$;    ____.:$$:
  `4$$$$$$$P`  .i$$$$$$$P`

i Welcome to Nuxt!
i Creating a new project in nuxt-app.

✓ Which package manager would you like to use?
npm
◐ Installing dependencies...
✓ Installation completed.

✨ Nuxt project has been created with the v4 template. Next steps:
 › cd nuxt-app
 › Start development server with npm run dev
```

圖 2-1　初始化建立 Nuxt 專案

接下來就可以使用文字編輯器軟體，例如 Visual Studio Code（簡稱 VS Code）開啟這個專案目錄 `nuxt-app`，在 `nuxt-app` 專案目錄下可以看到熟悉的 `package.json`，同時確認專案目錄下已經安裝好相關的依賴套件，以便後續的操作。

因為 Nuxt CLI 如同 Vue CLI 已經在建立專案時幫我們初始完成許多事情，再安裝完專案相關依賴套件後輸入下列命令，就可以在開發環境下啟動 Nuxt。

```
npm run dev
```

執行命令後，如果沒有意外，如圖 2-2 可以看到 Nitro 啟動了 Nuxt 的服務。

```
> npm run dev

> dev
> nuxt dev

Nuxt 4.0.0 with Nitro 2.12.0

  ➜ Local:    http://localhost:3000/
  ➜ Network:  use --host to expose

  ➜ DevTools: press Shift + Option + D in the browser

✔ Vite client built in 22ms
✔ Vite server built in 84ms
✔ Nuxt Nitro server built in 259 ms
```

圖 2-2　使用 npm run dev 指令啟動開發伺服器

根據終端機的提示，打開瀏覽器並輸入網址 `http://localhost:3000/`，如果看到如圖 2-3 的歡迎畫面，表示已經成功建立第一個 Nuxt 網站專案囉！

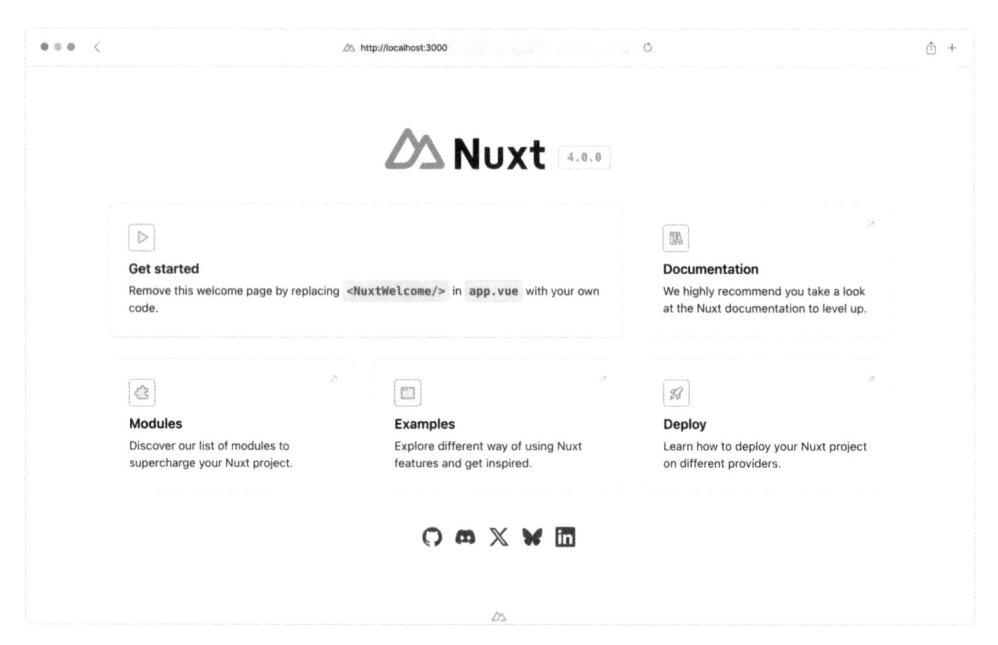

想要 SSR？快使用 Nuxt 吧！
Nuxt 讓 Vue.js 更好處理 SEO 搜尋引擎最佳化

圖 2-3　瀏覽開發伺服器啟動的網站

> **補充說明**
>
> localhost 是指向自己電腦的主機名。它通常對應 IP 位址 127.0.0.1，用於在本機測試網路應用，無需外部網路連接。開發者常用它來運行和測試網站、服務等，而 Nuxt 啟動的開發伺服器預設為本機服務，自然就能夠使用 localhost 或 127.0.0.1 來進行瀏覽與測試。

2.2 設置 TypeScript + ESLint 環境

在建立完專案後，其實就可以開始進行專案的開發，但為後續更好的開發體驗，可以進一步調整來最佳化開發環境，以確保程式碼質量、一致性和可維護性。這個小節將介紹如何設置 TypeScript 和 ESLint，這兩個強大工具的組合可以大幅提升開發體驗。

2.2.1 TypeScript

TypeScript 也稱 TS，是 JavaScript 的嚴格語法超集，提供了可選的靜態型別檢查。Nuxt 已經有內建支援 TypeScript，使用它不僅可以減少執行時的錯誤，還能提供更好的開發體驗，例如自動完成和程式碼提示等功能，所以我也非常推薦使用 TypeScript。

在 Nuxt 專案中，有關 TypeScript 設定都可以在專案根目錄下 `tsconfig.json` 檔案中進行配置，接下來就依據下列步驟來完成 TypeScript 的開發環境配置。

STEP 1 安裝 VS Code 延伸模組

首先，推薦安裝下列 VS Code 延伸模組（VS Code Extension）。

- **Vue - Official**：寫 Vue 強力推薦必裝的延伸模組，包含了上色、語法提示、編輯器快速分割等強大功能，而且也是 Nuxt 推薦的編輯器延伸模組。

STEP 2 安裝套件

使用 Nuxt CLI 或套件管理工具安裝 Vue 型別檢查套件。

```
npm install -D vue-tsc typescript
```

STEP 3 調整 Nuxt Config

根據 Nuxt 官方文件說明，將 `nuxt.config.ts` 檔案中的 `typescript.typeCheck` 選項設定為 `true`，可以來讓開發時期能執行型別檢查。

▲ nuxt.config.ts
```
export default defineNuxtConfig({
  typescript: {
    typeCheck: true,
  },
})
```

STEP 4 重新啟動開發環境服務

關閉開發伺服器並重新啟動。

```
npm run dev
```

STEP 5 撰寫程式碼

嘗試撰寫具有型別錯誤的程式碼。

▼ app/app.vue

```ts
<script setup lang="ts">
const year: number = '2025'
const title: string = `${year} iThome 鐵人賽`
</script>

<template>
  <div>
    {{ title }}
  </div>
</template>
```

這段程式碼中 `year` 變數宣告型別為 **number**，並刻意指派了字串 `'2025'`。

STEP 6 觀察錯誤提示

如圖 2-4，可以發現終端機（Terminal）就指出了一個錯誤的型別指派，並提示有錯誤程式碼的所在位置。

```
Nuxt 4.0.0

  → Local:    http://localhost:3000/
  → Network:  use --host to expose

  → DevTools: press Shift + Option + D in the browser

✔ Vite client built in 22ms
✔ Vite server built in 84ms
✔ Nuxt Nitro server built in 259 ms
ℹ Vite client warmed up in 1ms
ℹ Vite server warmed up in 25ms

ERROR
ERROR(vue-tsc)  Type 'string' is not assignable to type 'number'.
FILE  /Users/ryan/nuxt-app/app/app.vue:2:7

  1 | <script setup lang="ts">
> 2 | const year: number = '2025'
    |       ^^^^
  3 | const title: string = ${year} iThome鐵人賽
  4 | </script>
  5 |

[vue-tsc] Found 1 error. Watching for file changes.
```

圖 2-4　使用 nuxi 指令初始化建立 Nuxt 專案

除此之外，也可以選擇使用 nuxi 的命令來執行型別檢查。

```
npx nuxi typecheck
```

2.2.2 ESLint

ESLint 是一個 JavaScript Linter，它是檢查 JavaScript Coding Style 的工具，主要能用來統一風格提升程式碼質量，例如，建議使用嚴格相等 `===` 而非 `==`，又或是找出宣告的變數未使用等，ESLint 也能用來幫助分析專案內的程式碼並找到語法錯誤，提醒開發者刪除多餘程式碼和遵照最佳的實踐方式，確保程式碼能具有一定的品質。

在團隊協作下 ESLint 更能讓團隊成員撰寫程式碼時，遵照規則約定程式碼風格以確保程式碼品質。而 ESLint 的強大之處不僅在於其豐富的預設規則，更在於其高度的可配置性，除了提供使用如 Google、Airbnb 等的規則配置來作為檢查基準，也可以客製自訂出自己喜好或團隊共識的規則來分析與提醒校正語法，這種靈活性使得 ESLint 可以完美適應各種開發場景。

接下來就依據下列步驟導入 Nuxt 官方推薦的 ESLint 模組。

STEP 1 安裝套件

使用 Nuxt CLI 或套件管理工具安裝 ESLint 模組。

```
npx nuxi@latest module add eslint
```

STEP 2 配置設定檔

安裝完所需套件後，接下來就可以來設定 ESLint 設定檔案，在專案根目錄下配置 `eslint.config.mjs` 檔案，內容如下。

JS eslint.config.mjs

```js
import withNuxt from './.nuxt/eslint.config.mjs'
export default withNuxt()
```

STEP 3 配置編輯器設定

如果使用的編輯器是 Visual Studio Code，可以在專案目錄下建立 `.vscode/settings.json` 檔案，來配置編輯器的 ESLine 設定。

{ } .vscode/settings.json

```json
{
  "eslint.useFlatConfig": true
}
```

STEP 4 配置 ESLint 檢查腳本

在 `package.json` 的 `scripts` 腳本中，新增一個腳本指令 `lint`，如此一來就可以使用 `lint` 指令時，便會執行 `eslint .` 來檢查專案目錄下的檔案，此外，也可以再新增一個腳本指令 `lint:fix` 用來自動修正程式碼。

{ } package.json

```json
{
  "scripts": {
    ...
    "lint": "eslint .",
    "lint:fix": "eslint . --fix"
  }
}
```

2-9

STEP 5 撰寫程式碼

嘗試撰寫具有型別錯誤的程式碼。

▼ app/app.vue

```vue
<script setup lang="ts">
const year: number = 2025
let title: string = `${year} iThome 鐵人賽`
</script>

<template>
  <div>
    {{ title }}
  </div>
</template>
```

STEP 6 執行檢查指令

執行 ESLint 檢查指令，觀察錯誤提示。

```
npm run lint
```

當執行 ESLint 的檢查後，終端機提示出錯誤的檔案與程式碼行數，並指出錯誤的問題，開發者便可以根據這些提示進行修正以符合 ESLint 的規則。

```
> npm run lint

> lint
> eslint .

/Users/ryan/nuxt-app/app/app.vue
  9:5  error  'title' is never reassigned. Use 'const' instead  prefer-const

✖ 1 problem (1 error, 0 warnings)
  1 error and 0 warnings potentially fixable with the `--fix` option.
```

圖 2-5　執行 eslint 檢查結果

在 VS Code 中顯示 ESLint 錯誤或警告

為了在 VS Code 中的編輯程式碼視窗內可以即時顯示 ESLint 錯誤或警告，可以選擇在 VS Code 中安裝 ESLint 延伸模組（Extension）。

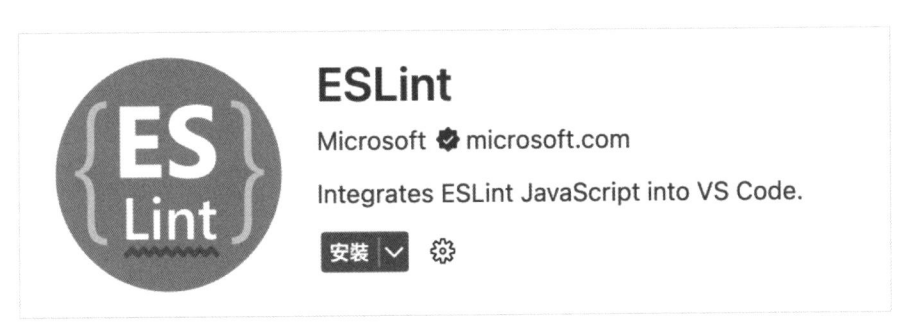

圖 2-6　VS Code 的 ESLint 延伸模組

當初次完成 ESLint 模組的安裝，建議可以重新啟動 VS Code 確保安裝的延伸模組有正確載入。

> 補充說明
>
> ESLint 模組可以在 VS Code 的延伸模組內搜尋與安裝。
> 如果使用的是其他編輯器軟體，也可以嘗試找看看是否有對應的延伸模組能做使用，例如 JetBrains WebStorm，也有 ESLint 插件可以安裝。

VS Code 安裝完 ESLint 延伸模組後，在撰寫程式碼時，如果 ESLint 有檢查到錯誤或建議的程式碼，就會出現紅色或黃色的波浪底線，如圖 2-7，當滑鼠游標移動至波浪底線處，就會發現有個小視窗提示錯誤或警告的原因和資訊。

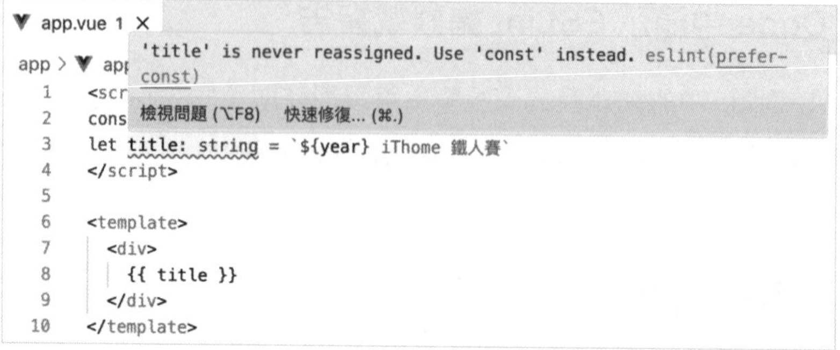

```
▼ app.vue 1 ×
app >  ▼ ap┌ 'title' is never reassigned. Use 'const' instead. eslint(prefer-
  1   <scr│  const)
  2   cons├─────────────────────────────────────
  3   let title: string = `${year} iThome 鐵人賽`
  4   </script>
  5
  6   <template>
  7     <div>
  8       {{ title }}
  9     </div>
 10   </template>
```

圖 2-7　ESLint 提示的錯誤訊息

在 VS Code 中自動修正 ESLint 錯誤或警告

在特定情況，ESLint 可以幫助開發者做自動修正程式碼，甚至在存檔時將錯誤部分直接進行修正，當然，如果想觀察錯誤與警告後再做修復，也可以選擇手動的方式來觸發自動修正。

▷ 手動快速修正

當編輯器出現錯誤或警告時，可以在編輯器將滑鼠游標移動至波浪底線點擊「快速修復（Quick Fix）...」選項，或使用編輯器提示的快捷鍵 `command ⌘` + `.`，此時就能選擇「**Fix this prefer-const problem**」選項來修復這個錯誤，或是選擇「**Disable prefer-const for this line**」選項來禁用這一行程式碼的 prefer-const 規則檢查。

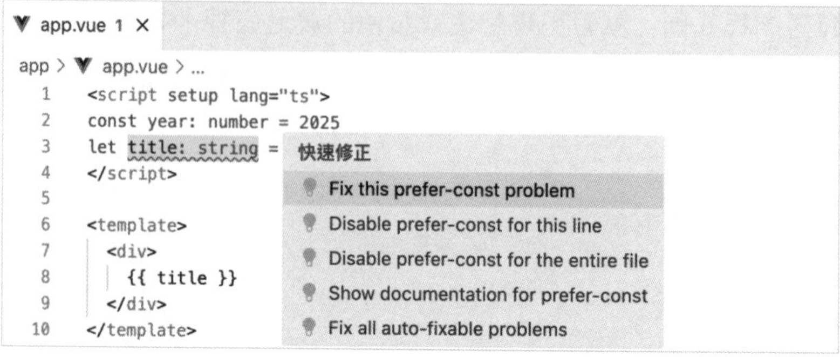

```
▼ app.vue 1 ×
app >  ▼ app.vue > ...
  1   <script setup lang="ts">
  2   const year: number = 2025
  3   let title: string =   快速修正
  4   </script>            ┌──────────────────────────────────────
  5                        │ 💡 Fix this prefer-const problem
  6   <template>           │ 💡 Disable prefer-const for this line
  7     <div>              │ 💡 Disable prefer-const for the entire file
  8       {{ title }}      │ 💡 Show documentation for prefer-const
  9     </div>             │ 💡 Fix all auto-fixable problems
 10   </template>
```

圖 2-8　ESLint 快速修正錯誤

> 補充說明
>
> 快速修復功能，在不同的作業系統下，編輯器提示的快捷鍵可能不大一樣。
> macOS 快捷鍵為 `command ⌘` + `.`
> Windows 快捷鍵為 `control ^` + `.`

當檔案中有較多的錯誤時，快速修正的提示也可能會出現「Fix all auto-fixable problems」的選項，可以根據需求選擇這個選項來修復所有可以被自動修復的問題。

◎ 存檔自動修正

除了手動快速修正外，也可以透過添加 VS Code 的設定檔，如專案目錄下新增 `.vscode/settings.json` 檔案，來配置編輯器的設定。

```json
{} .vscode/settings.json
{
  "eslint.useFlatConfig": true,
  "editor.codeActionsOnSave": {
    "source.fixAll.eslint": "explicit"
  }
}
```

當編輯完程式碼，並儲存檔案或快捷鍵 `command ⌘` + `S` 儲存目前檔案，就能夠觸發 ESLint 檢查與自動修正錯誤的功能。

2-13

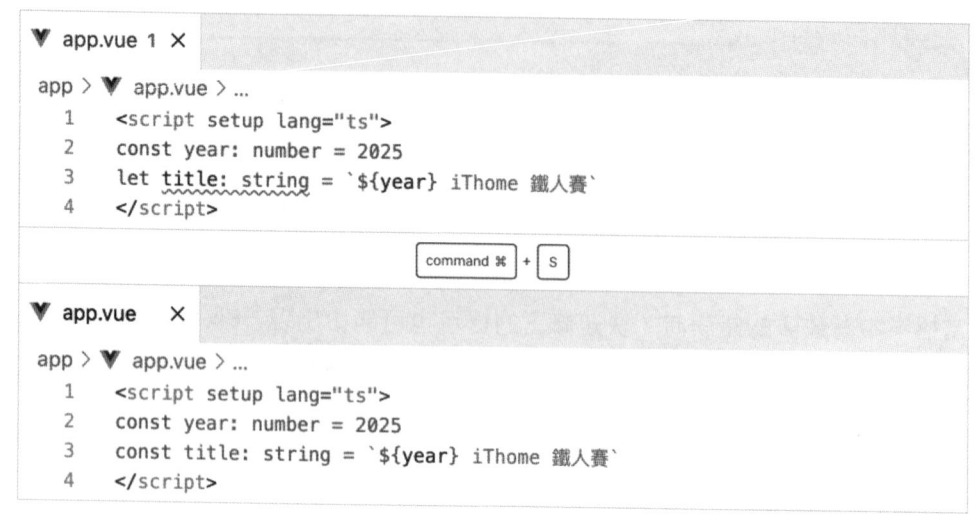

```
▼ app.vue 1 ×
app > ▼ app.vue > ...
  1  <script setup lang="ts">
  2  const year: number = 2025
  3  let title: string = `${year} iThome 鐵人賽`
  4  </script>
```

`command ⌘` + `S`

```
▼ app.vue ×
app > ▼ app.vue > ...
  1  <script setup lang="ts">
  2  const year: number = 2025
  3  const title: string = `${year} iThome 鐵人賽`
  4  </script>
```

圖 2-9　ESLint 存檔自動修正

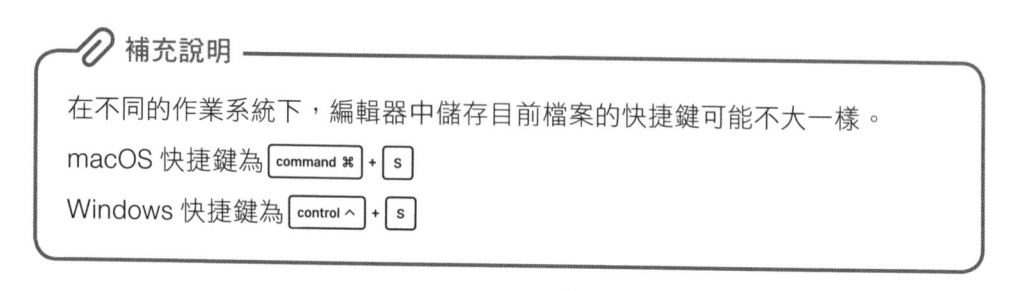

> **補充說明**
>
> 在不同的作業系統下，編輯器中儲存目前檔案的快捷鍵可能不大一樣。
> macOS 快捷鍵為 `command ⌘` + `S`
> Windows 快捷鍵為 `control ^` + `S`

2.2.3　ESLint Stylistic

如果你對於程式碼的排版與格式有一定要求，或許有聽過或使用過 Prettier，它是一個專注於程式碼格式化的工具，可以用來自動調整程式碼的縮排、換行或空格等細節，也可以與 ESLint 進行搭配，並各司其職將 JaveScript 與 Vue 等檔案依照配置進行檢查與排版，確保程式碼風格的一致性。

聽起來 ESLint 和 Prettier 的搭配挺不錯的，但 Prettier 為了更易於使用，固執己見的設計使得程式碼在跨專案時失去了更細粒度的調整能力，甚至這些硬性規則的風格，造成了更多不必要的麻煩。

其實在 ESLint 中不僅可以處理程式碼風格，甚至不依賴 Prettier 也能做到自動格式化與排版的效果。然而，在 2023 年 10 月，ESLint 官方團隊宣佈棄用與格式化相關的規則，將焦點重新鎖定在程式碼錯誤檢測與品質維護。為了延續並維護這些原本已存在的格式化功能，Anthony Fu 決定將這些規則整合到 **ESLint Stylistic**，讓即便不使用 Prettier 的開發者，依然可以透過 ESLint 取得一致且良好的程式碼風格管理。

Nuxt ESLint 模組現已支援 ESLint v9 所帶來的扁平化配置，使其更加彈性、強大，也帶來更好的開發者體驗。此外，Nuxt ESLint 模組亦整合了 ESLint Stylistic，來提供處理程式碼格式相關設定。

接下來就依據下列步驟在 Nuxt 中使用 ESLint Stylistic。

STEP 1 安裝套件

使用 Nuxt CLI 或套件管理工具安裝 ESLint 模組。

```
npx nuxi@latest module add eslint
```

STEP 2 配置設定檔

安裝完所需套件後，接下來就可以來設定 ESLint 設定檔案，在專案根目錄下配置 `eslint.config.mjs` 檔案，內容如下。

JS eslint.config.mjs

```js
import stylistic from '@stylistic/eslint-plugin'
import withNuxt from './.nuxt/eslint.config.mjs'

export default withNuxt(stylistic.configs.customize({
  flat: true,
  indent: 2,
  quotes: 'single',
  semi: false,
  jsx: true,
  braceStyle: '1tbs',
  commaDangle: 'always-multiline',
}))
```

在配置設定的檔案中，可以使用上面所列的參數來做配置，這些配置應該適用大多數情況。當然，你仍然可以完全靈活地根據需求來客製化，甚至針對每個目錄或檔案覆寫更細微的規則。

至此，就完成了 ESLint Stylistic 的配置，雖然配置有些繁瑣，但寫程式的風格有個標準及規則依循，定能協助開發者寫出令人讚嘆的完美程式碼。

2.3 設置 Tailwind CSS 環境

為了後續範例程式在頁面呈現上能有比較好看的樣式，本書會使用近年滿熱門的 CSS 框架 Tailwind CSS 來做網頁的排版與美化，在此不多花篇幅介紹 Tailwind 的語法及指令等，主要針對 Nuxt 如何導入 Tailwind CSS 至專案內使用。

2.3.1 安裝與配置 Nuxt Tailwind

STEP 1 安裝套件

使用 Nuxt CLI 或套件管理工具安裝 Nuxt Tailwind 模組。

```
npx nuxi@latest module add tailwindcss
```

STEP 2 配置使用模組

開啟專案目錄下的 `nuxt.config.ts` 檔案，將 `@nuxtjs/tailwindcss` 模組添加至 `modules` 屬性陣列中，如果已存在其他模組，可以往陣列後做添加即可。

📄 nuxt.config.ts

```
export default defineNuxtConfig({
  modules: ['@nuxtjs/tailwindcss'],
})
```

STEP 3 重新啟動開發環境服務

關閉開發伺服器並重新啟動。

```
npm run dev
```

2.3.2 開始感受 Tailwind CSS 的魅力

編輯 `app/app.vue` 檔案內容，撰寫使用 Tailwind CSS 類別名稱的程式碼。

▼ app/app.vue

```html
<template>
  <div class="flex flex-col items-center py-24">
    <h1 class="text-6xl font-semibold text-blue-600">2025 iThome</h1>
    <p class="mt-4 text-9xl font-bold text-gray-900"> 鐵人賽 </p>
  </div>
</template>
```

接著瀏覽網頁，檢查排版、顏色、字體大小是否都有套用所設定的效果。

圖 2-10　使用 Tailwind CSS 套用 CSS 效果

> 🐰 **小技巧**
>
> 當專案中導入 Tailwind CSS 後，在 VS Code 編輯器中也強烈推薦安裝官方提供的 **Tailwind CSS IntelliSense** 延伸模組，讓開發專案使用到 Tailwind 時，擁有自動提示、語法上色和懸停預覽 CSS 的定義等功能，這些功能不僅提高了開發效率，還能幫助開發者更深入地理解和運用 Tailwind CSS 的類別名稱系統。無論是 Tailwind 新手還是經驗豐富的開發者，這個擴充套件都能顯著改善工作流程，讓開發過程更加直觀與流暢。

> **</> 完整範例程式碼**
>
> Nuxt 基礎環境建置 ↗ https://book.nuxt.tw/r/1

Note

CHAPTER 03 Nuxt 基礎入門

3.1 Nuxt 目錄結構

隨著整個網站專案的開發，目錄與檔案勢必也會越來越多，有效的目錄組織和檔案存放結構變得至關重要，相較於純 Vue 專案，Nuxt 採用了一種更為規範和結構化的方法來組織程式碼和目錄結構，例如 Nuxt 專案下的 `app/components` 目錄用於放置 Vue 元件，這與純 Vue 的專案做法相似，但 Nuxt 框架所實現的諸多特性更近一步加強了開發效率和可維護性。

透過遵循 Nuxt 預先定義的目錄結構和命名約定，開發者便可以充分利用 Nuxt 的自動匯入（Auto Imports）等特性，簡化開發流程並提高效率。雖然 Nuxt 的目錄結構使得開發者要嚴格遵循約定，但這種**約定優於配置（Convention over configuration）**的方法實際上為開發者提供了巨大的便利，這種方法不僅適用於小型專案，對於大型、複雜的專案更是有利，能夠幫助團隊更好地組織和管理程式碼，並確保專案結構的一致性和可維護性。

> **補充說明**
>
> 約定優於配置（Convention over configuration）是一種設計範式（Design paradigm），旨在減少開發者需要做出的決策數量，並在不失去靈活性的前提下，透過使用合理的預設和規範來簡化開發過程。
>
> Nuxt 框架中提供一系列預設行為和配置，開發者遵循這些規範，可以用最少的配置完成基本設置和常見功能，這也意味著開發者可以依據框架的特性來更關注開發，而不是花時間在配置上。

3.1.1 Nuxt 預設的目錄結構

使用 Nuxt CLI 建立專案並啟動開發伺服器後，專案目錄內會長得像圖 3-1 所顯示的結構；如果讀著是依循著本書籍的步驟，安裝了 TypeScript、Linter 及 Tailwind CSS 等套件，那麼專案目錄結構可能會長得像圖 3-2。

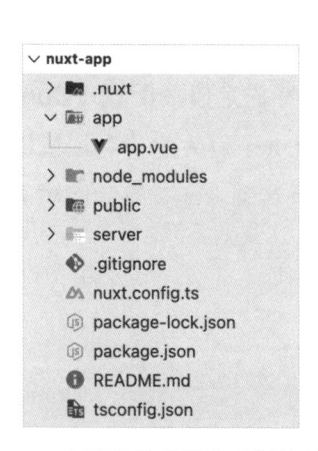

圖 3-1　預設初始化專案的目錄結構 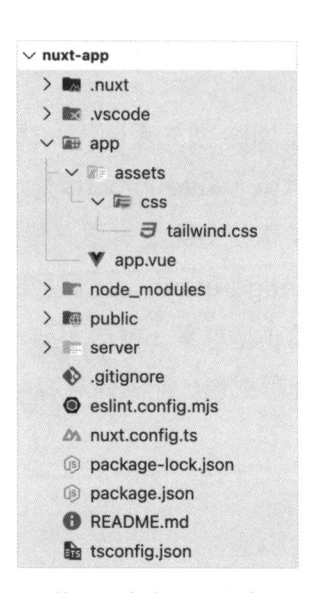　　圖 3-2　導入更多套件的專案目錄結構

雖然在開發上能依照實際需求來建立檔案及目錄，但 Nuxt 在**目錄的結構與命名其實有一定的規則與模式**，下個小節將針對 Nuxt 來講述一下完整的專案目錄結構與遵循的規則。

3.1.2 Nuxt 完整的目錄結構

Nuxt 框架提供了一個經過精心設計的預設目錄結構，一個完整的 Nuxt 專案目錄結構如圖 3-3 所示，對於新手開發者來說，熟悉並採用這種目錄結構是快速上手 Nuxt 開發的關鍵，這種結構不僅是 Nuxt 的最佳實踐，只要遵循標準化的目錄結構，就能使用 Nuxt 框架所提供的多種特性與功能，使得開發者可以大幅減少繁瑣的配置工作，將更多精力集中在實際的網站開發上，也體現了其約定優於配置的核心理念。

1. .nuxt 目錄

在開發環境下啟動開發伺服器後，由 Nuxt 自動產生出包含伺服器所需的臨時檔案與 Vue 的網站，通常不會去任意的調整這個目錄中的檔案，因為開發伺服器啟動或建構時會重新建立整個目錄。

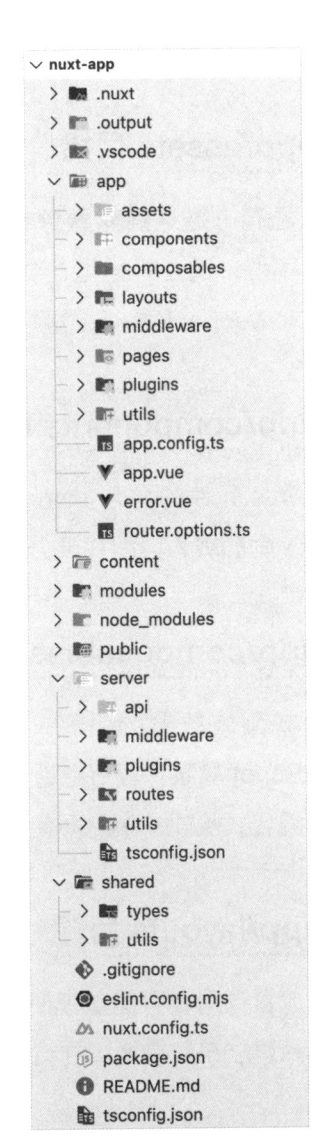

圖 3-3　完整的 Nuxt 專案目錄結構

2. .output 目錄

當 Nuxt 網站準備打包與部署至正式環境時，Nuxt 執行的編譯建構指令後，打包出來的程式碼便會產生在這個目錄中，同時在每次重新編譯打包時，都會重新建立整個目錄，所以不建議開發者擅自調整這個目錄下的檔案結構。

3. app/assets 目錄

顧名思義，這是靜態資源檔案所放置的位置，目錄內通常包含 CSS 樣式檔案、字型、圖片等類型的檔案，這些靜態資源，最終在專案編譯建構時，由 Vite 或 webpack 進行編譯打包。

4. app/components 目錄

放置 Vue 元件的地方，Nuxt 會自動匯入這個目錄中的元件，並支援巢狀目錄結構、動態載入與程式碼分割等功能特性。

5. app/composables 目錄

組合式函式放置的目錄，通常將常用或通用的功能寫成一個共用的函式 JavaScript 檔案，放置在這個目錄的檔案視為組合式函式，Nuxt 將會自動匯入這些組合式函式，讓需要使用的頁面或元件可以直接做使用。

6. app/layouts 目錄

用於放置通用或可能重複使用到的布局模板，提供程式碼的可重複使用性，這個目錄建立布局檔案，在頁面中可以動態選擇來決定頁面的布局方式。

7. app/middleware 目錄

Nuxt 提供了路由中介層的概念，提供了強大的導航控制，用以在導航到下一個頁面之前執行一些程式碼，例如權限驗證、日誌記錄或重新定向等功能，而這個目錄便是放置路由中介層的處理函式。

8. app/pages 目錄

這個目錄主要是用來配置 Nuxt 的路由頁面，如果建立了這個目錄，Nuxt 會自動整合 Vue Router，並會依據目錄及檔案結構規則來自動產生出對應路由，也是 Nuxt 產生路由的方式之一。

9. app/plugins 目錄

這個目錄在 Nuxt 專案中用於放置需要執行的 JavaScript 插件，這些插件可以用來執行全域性的邏輯、註冊全域元件、整合第三方套件、擴充 Vue 實例或 Nuxt 的核心功能。

10. app/utils 目錄

Nuxt 會將這個目錄下的處理函式自動導入並提供給 Nuxt 做使用，也就是說在這裡實作的函式，是來提供給整個網站做全域的共用的函式，這個目錄的自動匯入與掃描的方式與 `app/composables` 目錄幾乎一樣，但 `app/utils` utils 目錄通常放置一些**無狀態**的純函式，而 `app/composables` 目錄放置的共用函式，通常是有使用到 Vue 的組合式 API 或回傳響應式狀態的處理函式。

11. app/app.config.ts 檔案

提供服務啟動時暴露給用戶端使用的設定，因此，請不要在 `app.config.ts` 檔案中添加任何機密資訊。

12. app/app.vue 檔案

Nuxt 網站的入口點元件。

13. app/error.vue 檔案

Nuxt 中可以用來處理錯誤頁面的元件。

14. app/router.options.ts

Nuxt 自訂路由的設定檔。

15. content 目錄

透過使用 Nuxt Content 模組，可以在這個目錄下建立 Markdown、YAML、CSV、JSON 等格式的檔案，Nuxt Content 模組會讀取和解析這些檔案並進行渲染，用來建立基於檔案的 CMS。

16. modules 目錄

Nuxt 在啟動時會掃描並載入這個目錄內的 Nuxt 模組，通常也是用來放置自訂模組的地方。

17. node_modules 目錄

通常有使用 Node.js 的套件管理，例如 NPM，對此目錄應該不陌生，使用 Nuxt 及專案所依賴的套件安裝後，都會存放在這個目錄之中。

18. public 目錄

這個目錄主要用於伺服器根目錄提供的檔案，包含必須固定的檔案名稱如 `robots.txt` 或不太會變動的 `favicon.ico`。

19. server 目錄

主要用來建立 Nuxt 後端的服務邏輯，例如後端 API，這個目錄下還包含了 `api`、`routes` 和 `middleware` 等目錄來建立不同路由的處理函式和伺服器端中介層等功能。

20. shared 目錄

這個目錄允許放置能同時被 Vue 前端應用程式和 Nitro 後端伺服器共用的程式碼。例如：通用函式（utils）、型別定義（types）等通用資源，都適合放在 `shared` 中。

21. .gitignore 檔案

在使用 Git 版本控制時，可以設置一些不需要或忽略關注變動的檔案及目錄。

22. eslint.config.mjs 檔案

用於配置 ESLint 的設定檔。

23. nuxt.config.ts 檔案

用於配置 Nuxt 專案的設定檔。

24. package.json 檔案

這個檔案裡面定義了專案資訊、腳本、相依套件及版本號，通常有使用 Node.js 套件管理工具建置的專案都會包含此檔案。

25. tsconfig.json 檔案

Nuxt 會在 `.nuxt` 目錄下自動產生一個 `tsconfig.json` 檔案，其中已經包含了一些解析別名等預設配置；如果有需要，可以透過調整這個檔案來配置擴展或覆蓋 Nuxt 預設的 TypeScript 設定檔。

3.1.3 Nuxt 的自動匯入（Auto Imports）

在介紹目錄結構時有提到，特定的目錄下的檔案是具有自動匯入（Auto Imports）的功能，意思就是說，當開發者在 `app` 資料夾下的這些特定的目錄（ `components` 、 `composables` 、 `layouts` 、 `plugins` 、 `utils` 等）添加檔案時，Nuxt 會自動匯入這些元件或函式。

Nuxt 的自動匯入具體有以下三種：

- Nuxt 常用元件與函式
- Vue 的 API
- 基於目錄的自動匯入

Nuxt 常用元件與函式的自動匯入

Nuxt 會自動匯入特定目錄的元件或組合式函式，讓開發時可以在全部頁面、定義元件和插件中可以使用這些元件或函式，而不需要再特別的匯入。

Nuxt 自動匯入的元件效果，可以參考預設初始化專案後的 `app/app.vue` 程式碼內，在 `<template>` 就存在的歡迎頁面元件 `<NuxtWelcome />`，這個元件在使用時，可以會發現並沒有明顯的 **import** 的程式碼，而是直接就能夠使用，這就是 Nuxt 預設自動匯入框架內所包含的元件，並提供給整個專案做使用。

其他預設自動匯入的元件還包含了 `<NuxtPage>`、`<NuxtLayout>` 和 `<NuxtLink>` 等，更多資訊也可以參考官方文件。

Nuxt 也提供了許多常用組合式函式和方法，可以在不用 **import** 的情況下直接呼叫使用，例如，下面程式碼中的 `useRequestURL()` 就是 Nuxt 自動匯入的組合式函式，在各個頁面或元件都能做使用。

```
<script setup>
const url = useRequestURL()
</script>

<template>
  <p>URL is: {{ url }}</p>
  <p>Path is: {{ url.pathname }}</p>
</template>
```

Vue API 的自動匯入

在 Nuxt 會自動匯入 Vue 中常使用到的 `ref`、`computed` 等這類的 Helpers、Lifecycle hooks 等 API。

例如在 `<script setup>` 中不需要 import `ref` 或 `computed` 就能直接使用。

```
<script setup>
const count = ref(1)
const double = computed(() => count.value * 2)
</script>
```

基於目錄的自動匯入

Nuxt 會自動匯入定義在特定目錄的檔案，例如 `app/components` 目錄相對於 Vue 的元件；`app/composables` 目錄相對於 Vue 的組合式函式。

3.1.4 關閉自動匯入

如果想關閉 Nuxt 的自動匯入元件或函式的功能，可以調整 Nuxt 設定檔，將 `imports.autoImport` 設定為 `false`。

nuxt.config.ts

```ts
export default defineNuxtConfig({
  imports: {
    autoImport: false,
  },
})
```

3.1.5 顯式匯入（Explicit Imports）

Nuxt 提供一別名為 `#imports`，當需要手動或明確的匯入時，可以使用別名來個別匯入那些具有自動匯入的元件或函式，讓相關依賴關係更透明清晰。

```vue
<script setup>
import { ref, computed } from '#imports'

const count = ref(1)
const double = computed(() => count.value * 2)
</script>
```

3.1.6 小結

Nuxt 的專案目錄與結構已經有一個預設的規則可以遵守，Nuxt 設計的目錄及檔案架構，讓開發者可以不用再煩惱該如何配置，只需要專注在網站開發，當熟悉這些目錄檔案規則與自動匯入的特性，肯定能更快上手 Nuxt。

3.2 頁面（Pages）與路由（Routing）

Nuxt 的頁面（Pages）和路由（Routing）系統是其最強大和便捷的特性之一，Nuxt 的路由頁面是基於檔案系統結構而建立，並且能夠依據頁面目錄結構自動產生頁面路由，只要照著 Nuxt 約定好的方式進行開發，就能更好利用 Nuxt 整合好的許多功能，大幅簡化開發過程。

3.2.1 基於檔案的路由（File-based Routing）

在 Nuxt 專案的 `app/pages` 目錄下，當建立了一個頁面檔案，就會根據該檔案所在目錄結構建立出相對應的路由，也就是說，每建立一個檔案就能對應的產生出一個可以瀏覽的頁面，這個頁面的路由路徑，會根據頁面檔案名稱和所在位置有所變化。

例如，當建立了 `app/pages/about.vue` 頁面檔案，就會自動產生 `/about` 路由提供瀏覽這個 `about.vue` 頁面。

`app/pages` 目錄下可以具有多個頁面檔案、目錄，每一層目錄的頁面檔案，也會讓路由具有層級與巢狀的關係，例如 `app/pages/nuxt/ryan.vue`，便會產生 `/nuxt/ryan` 路由。

Nuxt 基於檔案系統的路由系統，是透過自動整合 Vue Router 並根據 `app/pages` 目錄結構產生對應的路由關係，同時也使用了程式碼拆分將每個頁面需要的程式碼梳理出來，並以動態匯入的方式來最佳化資源的消耗。正是因為 Nuxt 以目錄結構與檔案命名方式來約定路由的產生，所以也稱之為約定式路由。

3.2.2 約定式路由中的 index

基本上在 `app/pages` 目錄下建立的檔案名稱就是對應著路由名稱，但如果檔案名稱為 `index.vue` 會有比較特別的效果，它所對應的是所在目錄下的路由根路徑，例如建立 `app/pages/index.vue` 檔案，產生的路由路徑為 `/`；而 `app/pages/nuxt/index.vue` 產生的路由為 `/nuxt`。

> **補充說明**
>
> 以 index.[ext] 這種檔案名稱格式命名的檔案，例如 `index.ts` 或 `index.vue` 被視為該目錄的入口點或預設檔案。這個效果和特性，其實是與 Node.js 底層核心有關。
>
> Nuxt 巧妙地借鑒了 Node.js 的這一核心特性，並將其應用於前端路由系統架的特性，因此 `app/pages/index.vue` 頁面檔案，自然成為根路由 `/` 的頁面。

3.2.3 建立第一個頁面

Nuxt 專案下的 `app/pages` 目錄，是用來建立頁面並放置這些頁面的資料夾，當專案下有存在這個目錄，Nuxt 將會自動整合 Vue Router 來產生路由與實現路由效果，接下來將開始建立專案中的路由頁面。

首先，建立 `app/pages/index.vue` 檔案，作為路由首頁。

▼ app/pages/index.vue

```vue
<template>
  <div class="flex flex-col items-center">
    <h1 class="my-12 text-6xl font-semibold text-gray-800">
      這裡是首頁
    </h1>
  </div>
</template>
```

如果讀者們記得 Vue Router 中需要使用 `<router-view />` 元件作為頁面路由的呈現容器，同樣的在 Nuxt 中需要使用 `<NuxtPage />` 元件來顯示所建立的路由頁面，這點非常重要，否則路由及頁面將無法正確運作。

修改網站進入點 `app/app.vue` 檔案。

▼ app/app.vue

```vue
<template>
  <div>
    <NuxtPage />
  </div>
</template>
```

啟動開發伺服器後使用瀏覽器瀏覽 `/` 路由，如 `http://localhost:3000/`，就可以看到在 `app/pages/index.vue` 頁面內寫的標題文字「這是首頁」出現在畫面上囉！

圖 3-4　首頁頁面

當建立 `app/pages/index.vue`，則表示路由 `/` 對應到這個頁面檔案，開發者只需要建立檔案與頁面內容，路由的配置將會根據頁面目錄結構自動產生，不需要再手動的進行配置。

> **補充說明**
>
> `app/pages` 目錄下的檔案通常是 Vue 的元件，但也允許具有 .vue、.js、.jsx、.mjs、.ts 或 .tsx 副檔名的檔案

> **完整範例程式碼**
>
> 建立第一個頁面 https://book.nuxt.tw/r/2

3.2.4 建立多個路由頁面

在實務上,通常一個網站會有多個頁面來呈現不同的資料,並分別擁有到不同的路由路徑與名稱,接下來嘗試建立 About 和 Contact 兩個頁面。

建立 `app/pages/about.vue` 檔案,作為關於我的頁面。

▼ app/pages/about.vue

```
<template>
  <div class="flex flex-col items-center">
    <h1 class="my-12 text-6xl font-semibold text-blue-400">
      大家好!我是 Ryan
    </h1>
    <p class="text-xl text-gray-400"> 這裡是 /about</p>
  </div>
</template>
```

建立 `app/pages/contact.vue` 檔案,作為聯絡資訊的頁面。

▼ app/pages/contact.vue

```
<template>
  <div class="flex flex-col items-center">
    <h1 class="my-12 text-6xl font-semibold text-yellow-400">
      ryanchien8125@gmail.com
    </h1>
    <p class="text-xl text-gray-400"> 這裡是 /contact</p>
  </div>
</template>
```

這兩個頁面建立完成後，於瀏覽器分別前往 `/about` 和 `/contact`，就可以看到相對應的頁面內容，建立的檔案名稱 `about.vue` 與 `contact.vue`，便會自動產生出 `/about` 及 `/contact` 路由。

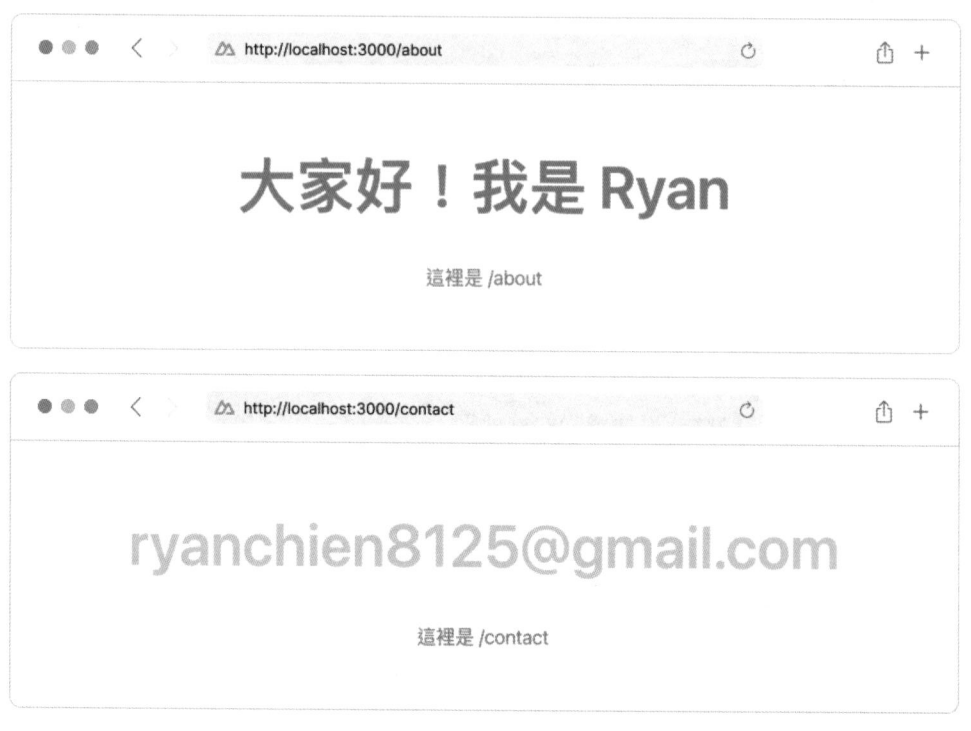

圖 3-5　about 與 contact 頁面

> </> 完整範例程式碼
>
> 建立多個路由頁面 ⧉ https://book.nuxt.tw/r/3

3.2.5 自動產生的路由

如果好奇想觀察 Nuxt 自動產生出來的路由配置，可以在終端機使用 `npm run build` 或 `npx nuxi build` 指令，來建構出 `.output` 目錄。

接著開啟 `.output/server/chunks/build/server.mjs` 檔案，搜尋字串 `const _routes` 或剛才建立的檔案名稱 `about.vue`，就可以找到類似圖 3-6 這一段程式碼。

```js
const _routes = [
  {
    name: "about",
    path: "/about",
    component: () => import('./about-CqUA-R0V.mjs').then((m) => m.default || m)
  },
  {
    name: "contact",
    path: "/contact",
    component: () => import('./contact-j0IkewUq.mjs').then((m) => m.default || m)
  },
  {
    name: "index",
    path: "/",
    component: () => import('./index-D1WbQeqk.mjs').then((m) => m.default || m)
  }
];
```

圖 3-6　自動產生的路由設定

圖 3-6 這段程式碼與 Vue 中的路由配置非常相像，其實這就是 Nuxt 檢測頁面目錄，自動整合 Vue Router 並依據頁面目錄下的檔案結構，自動產生出路由配置。

3.2.6 建立路由連結

Vue Router 可以使用 `<router-link>` 元件來建立路由連結，以此來導航至其他頁面，而 Nuxt 也提供了一個名為 `<NuxtLink>` 元件，用來建立路由連結與進行頁面的跳轉，接下來嘗試在首頁添加路由連結來進行頁面導航。

調整 `app/pages/index.vue` 檔案，添加路由連結。

▼ app/pages/index.vue

```vue
<template>
  <div class="flex flex-col items-center">
    <h1 class="my-12 text-6xl font-semibold text-gray-800">
      這裡是首頁
    </h1>
    <div class="flex gap-4">
      <NuxtLink to="/about"> 前往 About</NuxtLink>
      <NuxtLink to="/contact"> 前往 Contact</NuxtLink>
    </div>
  </div>
</template>
```

完成後在瀏覽器瀏覽首頁，點擊「前往 About」或「前往 Contact」就可以看見路由導航效果囉！

圖 3-7　建立的路由連結分別可以前往 About 或 Contact 頁面

使用 `<NuxtLink>` 元件時，可以就把它想像為 `<router-link>` 的替代品，像 `to` 這個 Props 控制路由位置的用法基本上與 Vue Router 一樣，其他更多的 Props 用法及說明可以參考官方文件。

如果想要使用像 Vue Router 提供的 `router.push` 方法於 Vue 中直接呼叫來導航至其他頁面，在 Nuxt 中則可以使用 `navigateTo` 這個組合式函式，在後面的章節會再做更深入的說明。

> </> 完整範例程式碼
> 建立路由連結 ↗ https://book.nuxt.tw/r/4

3.2.7 帶參數的動態路由匹配

在實務上，網站的路徑的一部分可能會是頁面或元件所需要的參數，同樣的元件可以根據不同的路徑參數值來顯示不同的內容。

3-19

例如，有一個 `users.vue` 頁面元件檔案，當瀏覽器瀏覽路徑 `/users/ryan` 或 `/users/jennifer` 時，期望這兩個路徑都能匹配到同一個 `users.vue` 元件，並將 ryan 和 jennifer 作為參數讓 `users.vue` 頁面元件可以做使用，在 Nuxt 中要實現這個效果就需要使用到**動態路由**的特性。

以純 Vue 為例子來說，使用 Vue Router 來達到這個效果，會寫出類似下面的路由配置。

```
const router = createRouter({
  history: createWebHistory(),
  routes: [{
    name: 'users',
    path: '/users/:id ',
    component: './pages/users.vue'
  }]
})
```

這樣就能達到進入 `/users/ryan` 路由將 ryan 當作 `id` 參數傳入 `users` 元件中，路徑參數用冒號 `:` 開頭表示（即 `:id`），這個被匹配的參數，會在元件中可以使用 `useRoute` 組合式函式與回傳的屬性 `route.params.id` 取得。

Nuxt 若要實現動態參數效果，因為使用的是基於檔案系統的路由產生方式，所以需要將頁面元件的檔案名稱添加中括號 `[]`，括號中填寫欲設定的參數名稱，例如 `[id]`，來組合出能匹配動態參數的路由路徑，以前述的需求來說，可以建立如圖 3-8 的目錄結構與檔案名稱。

```
∨ nuxt-app
  ∨ 📁 app
    ∟ ∨ 📁 pages
      ∟ ∨ 📁 users
        ∟ ▼ [id].vue
```

圖 3-8　匹配動態參數的目錄結構

建立 `app/pages/users/[id].vue` 檔案。

▼ app/pages/users/[id].vue

```vue
<script setup>
const route = useRoute()
const { id } = route.params
</script>

<template>
  <div class="flex flex-col items-center">
    <h1 class="my-12 text-3xl font-semibold text-gray-800">
      Users 動態路由頁面
    </h1>
    <p class="my-4 text-3xl text-gray-500">
      匹配到的 id:
      <span class="text-5xl font-semibold text-blue-600">
        {{ id }}
      </span>
    </p>
  </div>
</template>
```

在 `<script setup>` 中可以使用 `useRoute` 和從 `route.params` 屬性中拿到網址中所匹配到的參數名稱 `id`，並將其渲染在頁面上。

瀏覽 `http://localhost:3000/users/ryan`，根據路由匹配的規則就能動態匹配到使用者的 `id` 參數 ryan，並傳入 `app/pages/users/[id].vue` 頁面元件。

```
http://localhost:3000/users/ryan
```

Users 動態路由頁面

匹配到的 id: **ryan**

圖 3-9　路由頁面匹配動態參數

> **</> 完整範例程式碼**
>
> 建立匹配動態參數的頁面 ⧉ https://book.nuxt.tw/r/5

3.2.8 匹配所有層級的路由

如果需要匹配某個頁面下的所有層級的路由，可以在括號中的參數名稱前面加上 `...`，例如 `[...slug].vue` 頁面檔案，將匹配該路徑下的所有層級的路徑，頁面目錄結構如圖 3-10。

```
nuxt-app
└── app
    └── pages
        └── catch-all
            └── [...slug].vue
```

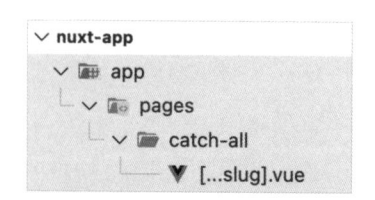

圖 3-10　路由頁面匹配該層級下的所有路徑

建立 `app/pages/catch-all/[...slug].vue` 檔案。

▼ app/pages/catch-all/[...slug].vue

```vue
<script setup>
const route = useRoute()
const { slug } = route.params
</script>

<template>
  <div class="flex flex-col items-center">
    <h1 class="my-12 text-3xl font-semibold text-gray-800">
      這是 catch-all 下的 [...slug] 頁面
    </h1>
    <p class="text-3xl text-gray-500">匹配到的 Params:</p>
    <p class="my-4 text-5xl font-semibold text-violet-500">
      {{ slug }}
    </p>
    <span class="text-gray-400">每個陣列元素對應一個路徑層級</span>
  </div>
</template>
```

分別瀏覽網址 `/catch-all/hello` 及 `/catch-all/hello/world`，路由的參數 `slug` 匹配到後會是一個陣列，陣列的每個元素對應每一個路徑層級。

圖 3-11　匹配 catch-all 路徑後的所有路徑

當檔案名稱使用中括號,並使用了展開運算子(Spread operator)也就是三個點 `...`,可以理解為要展開或匹配剩餘的路徑,也就是目前目錄下之後的路徑,放到名為 `slug` 路由參數內,因為路徑可能很多層會有多個值,所以這個變數內的值會是一個陣列,陣列中的每一個元素,表示每一層路徑所匹配到的值。

因此,當建立了 `app/pages/catch-all/[...slug].vue` 頁面檔案,瀏覽網址 `/catch-all/hello/world`,便會匹配到這個 `[...slug].vue` 頁面檔案,`/catch-all/` 網址後的 `hello/world`,每多一個斜線 `/` 表示多一個層級,所以 `slug` 參數所匹配到兩個數值,依序便是 hello 與 world 字串。

> **補充說明**
>
> `app/pages` 目錄下的 `[...slug].vue` 檔案名稱,會將匹配到的參數(Params)儲存在路由參數 `slug` 之中,而 `slug` 這個名稱是可以隨意命名的,例如檔名為 `[...ryan].vue`,匹配到的路由參數名便會是 `ryan`。

> **</> 完整範例程式碼**
>
> 建立匹配所有路由層級的頁面 ⌲ https://book.nuxt.tw/r/6

3.2.9 處理 404 Not Found 找不到頁面的路由

當熟悉使用 `[...slug].vue` 匹配所有路由的用法後,也可以透過這個特性來配置處理找不到頁面時的提示頁。

當路由成功被匹配後表示對應到某個特定的檔案,並可以顯示所對應的頁面內容,而當建立 `app/pages/[...slug].vue` 頁面後,那些匹配失敗的路徑,最後將會由這個元件所匹配到,也就是說剩下那些未匹配的路由,將會交由

`app/pages/[...slug].vue` 這個頁面元件做處理，透過這個概念，可以用來建立路徑匹配失敗所要呈現的頁面內容。

路徑匹配失敗的網址，其實就是使用者輸入錯誤或是網站已經移除的頁面，所以在 `app/pages/[...slug].vue` 檔案內，可以顯示如 **404 Not Found** 的資訊，表示輸入的網址找不到相對應的內容，同時也可以使用 Nuxt 所提供的函式 `setResponseStatus(event, 404)`，設定 `404` HTTP 狀態碼（HTTP Status Code）。

建立 `app/pages/[...slug].vue` 檔案，並顯示 404 Not Found 資訊與設定狀態碼。

▼ app/pages/[...slug].vue

```vue
<script setup>
if (import.meta.server) {
  const event = useRequestEvent()
  setResponseStatus(event, 404)
}
</script>

<template>
  <div class="flex flex-col items-center">
    <h1 class="my-8 text-8xl font-semibold text-red-500">404</h1>
    <p class="text-4xl text-gray-800">Not Found</p>
    <p class="my-6 text-xl text-gray-800">
        真的是找不到這個頁面啦 QAQ
    </p>
  </div>
</template>
```

當瀏覽如 `/omg` 或其他不存在的頁面，若沒有頁面檔案匹配到，那些未匹配的路由將會交由 `app/pages/[...slug].vue` 頁面來處理。

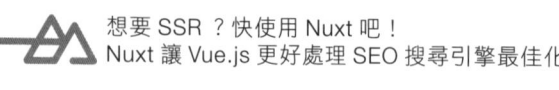

圖 3-12　瀏覽不存在的頁面 /omg

> </> 完整範例程式碼
>
> 建立 404 Not Found 頁面 ⧉ https://book.nuxt.tw/r/7

3.2.10 建立多層的目錄結構

基於檔案系統的路由是 Nuxt 路由系統的一大核心特性，如果理解了動態路由、中括號語法和路由的產生方式，就可以嘗試建立更複雜的頁面目錄結構，如圖 3-13。

```
∨ nuxt-app
    ∨ 📁 app
        ∨ 📁 pages
            ∨ 📁 [postId]
                ∨ 📁 comments
                    ▼ [commentId].vue
                ▼ index.vue
            ▼ index.vue
            ▼ top-[number].vue
```

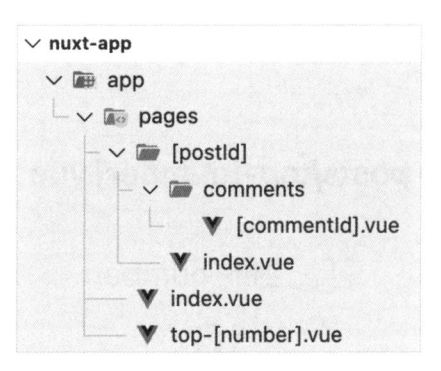

圖 3-13　多層頁面目錄結構

建立 `app/pages/posts/top-[number].vue` 檔案，作為顯示前幾名的文章頁面。

▼ app/pages/posts/top-[number].vue

```vue
<script setup>
const route = useRoute()
const { number } = route.params
</script>

<template>
  <div class="flex flex-col items-center">
    <h1 class="my-12 text-3xl font-semibold text-gray-800">
      posts/top-[number].vue
    </h1>
    <p class="text-3xl text-gray-500">匹配到的 number:</p>
    <p class="my-4 text-5xl font-semibold text-rose-500">
      {{ number }}
    </p>
  </div>
</template>
```

當瀏覽 `/posts/top-10`，網址路徑匹配到 `top-10`，而 10 這個數值可以被路由匹配到 `number` 路由參數中，而當瀏覽 `/posts/top-3`，也就拿到路由參數 `number` 為 3，透過動態參數的匹配，就能以這個 `number` 數值來接續獲取文章資料邏輯的實現，如篩選排行前 10 或前 3 的文章內容。

```
┌─────────────────────────────────────────────────────────┐
│ ● ● ●   <    △ http://localhost:3000/posts/top-10    ↻     ↑  + │
│                                                         │
│                                                         │
│              posts/top-[number].vue                     │
│                                                         │
│                   匹配到的 number:                       │
│                                                         │
│                         10                              │
│                                                         │
│                                                         │
└─────────────────────────────────────────────────────────┘

                  圖 3-14　固定字串與動態路徑的匹配

接下來的範例也是常見的使用情境，建立 `app/pages/posts/[postId]/index.vue` 和 `app/pages/posts/[postId]/comments/[commentId].vue` 檔案，作為瀏覽特定的文章和留言內容。

▼ app/pages/posts/[postId]/index.vue

```vue
<script setup>
const route = useRoute()
const { postId } = route.params
</script>

<template>
  <div class="flex flex-col items-center">
    <h1 class="my-12 text-3xl font-semibold text-gray-800">
      posts/[postId]/index.vue
    </h1>
    <p class="text-3xl text-gray-500">匹配到的 postId:</p>
    <p class="my-4 text-5xl font-semibold text-blue-500">
      {{ postId }}
    </p>
  </div>
</template>
```
```

▼ app/pages/posts/[postId]/comments/[commentId].vue

```vue
<script setup>
const route = useRoute()
const { postId, commentId } = route.params
</script>

<template>
  <div class="flex flex-col items-center">
    <h1 class="my-12 text-3xl font-semibold text-gray-800">
      posts/[postId]/comments/[commentId].vue
    </h1>
    <p class="text-3xl text-gray-500">匹配到的 postId：</p>
    <p class="my-4 text-5xl font-semibold text-blue-500">
      {{ postId }}
    </p>
    <p class="text-3xl text-gray-500">匹配到的 commentId：</p>
    <p class="my-4 text-5xl font-semibold text-purple-500">
      {{ commentId }}
    </p>
  </div>
</template>
```

可以觀察到這兩個檔案的路徑結構，有一點 RESTful API 的味道，`app/pages/posts/[postId]/index.vue` 檔案，會匹配路由參數 `postId`，當有了文章的編號，後續也就能用來從 API 或資料庫篩選出特定的文章內容來做呈現。

`app/pages/posts/[postId]/comments/[commentId].vue` 檔案，在網址路徑上可以匹配 `postId` 與 `commentId`，這樣子搭配便能用來取得特定文章的特定留言內容。

3-29

```
         ┌──────────────────────────────────────────────┐
　　　　　│ ●●●  <  ⚠ http://localhost:3000/posts/8/comments/1  ↻    ⬆  + │
　　　　　├──────────────────────────────────────────────┤
　　　　　│                                              │
　　　　　│      posts/[postId]/comments/[commentId].vue │
　　　　　│                                              │
　　　　　│              匹配到的 postId:                 │
　　　　　│                                              │
　　　　　│                    8                         │
　　　　　│                                              │
　　　　　│            匹配到的 commentId:                │
　　　　　│                                              │
　　　　　│                    1                         │
　　　　　│                                              │
　　　　　└──────────────────────────────────────────────┘
```

圖 3-15　匹配多個路由參數

> **補充說明**
>
> 多個路由參數的匹配，除了透過目錄結構與網址路徑相對應的關係來建立外，在檔案名稱下也可以使用多個中括號來匹配多個路由參數，例如建立 `[param1]-[param2].vue`，當路由路徑匹配到 `post-1`，路由參數 `param1` 匹配到 **post**，`param2` 則匹配到 **1**。

為了方便理解，整理了以下表格來表示這一小節建立的頁面結構、自動產生的匹配模式與網址路徑匹配到的參數：

`app/pages/posts/index.vue`

匹配模式	匹配路徑	匹配參數（Params）
/posts	/posts	無

app/pages/posts/top-[number].vue

匹配模式	匹配路徑	匹配參數（Params）
/posts/top-:number	/posts/top-3	{ number: 3 }
/posts/top-:number	/posts/top-10	{ number: 10 }

app/pages/posts/[postId]/index.vue

匹配模式	匹配路徑	匹配參數（Params）
/posts/:postId	/posts/8	{ postId:8 }

app/pages/posts/[postId]/comments/[commentId]/index.vue

匹配模式	匹配路徑	匹配參數（Params）
/posts/:postId/comments/:commentId	/posts/8/comments/1	{ postId: 8, commentId: 1 }

看到這裡，讀者們應該對於在 Nuxt 中使用檔案名稱與目錄結構，來製作動態路由與匹配參數多少有一些概念了，只要把握好結構的層級與中括號的使用就能優雅和高效的建立出頁面路由。

最後，如果想在首頁添加路由連結，可以參考下列程式碼，同時也可以觀察一下路由連結傳入的 `to` 屬性，所對應前往的路徑與匹配的路由參數。

▼ **app/pages/index.vue**

```
<template>
  <div class="flex flex-col items-center">
    <h1 class="my-12 text-6xl font-semibold text-gray-800">
      這裡是首頁
    </h1>
    <div class="flex gap-4">
      <NuxtLink to="/about">前往 About</NuxtLink>
```

```html
      <NuxtLink to="/contact">前往 Contact</NuxtLink>
    </div>
    <div class="mt-4 flex gap-4">
      <NuxtLink to="/posts/8"> 前往指定的文章 </NuxtLink>
      <NuxtLink to="/posts/8/comments/1">前往指定的文章留言 </NuxtLink>
      <NuxtLink to="/posts/top-3">前往 Top 3</NuxtLink>
      <NuxtLink to="/posts/top-10">前往 Top 10</NuxtLink>
    </div>
  </div>
</template>
```

> </> 完整範例程式碼
>
> 建立多層目錄的路由頁面 ⮕ https://book.nuxt.tw/r/8

3.2.11 巢狀路由（Nested Routes）

巢狀路由（Nested Routes）或稱嵌套路由，顧名思義，當想要在一個頁面嵌入另一個頁面時，就需要使用到巢狀路由。其原理是透過在某個路由下再定義其他子路由的方式，來達到切換頁面時僅針對巢狀頁面進行內容的替換。

例如，目前有一個 spaces 的頁面，想要在 spaces 頁面元件中顯示一些固定的資訊，甚至匹配 spaces 網址後的路由參數作為名字，並在這個頁面下提供顯示 images 及 videos 頁面元件，並在切換 images 或 videos 頁面時，只是在 spaces 下的巢狀頁面進行切換，如圖 3-13 所示。

```
/spaces/[id]/images                      /spaces/[id]/videos

[id].vue                                 [id].vue

    images.vue                               videos.vue
```

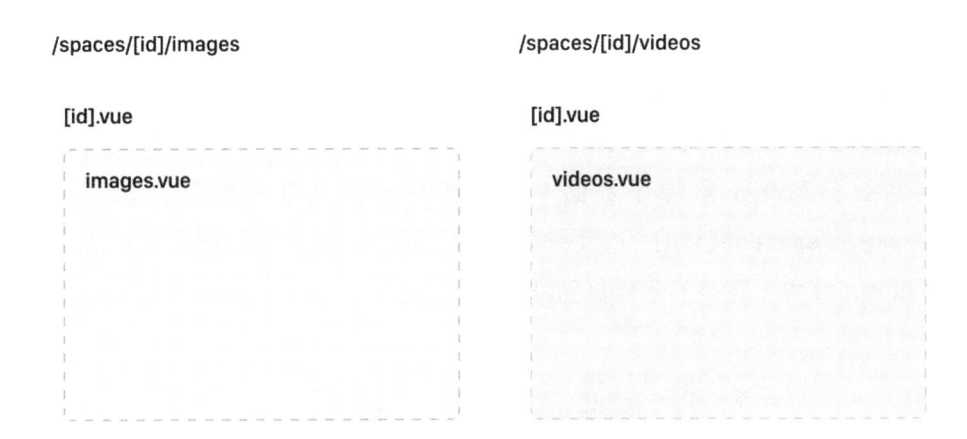

圖 3-16　巢狀頁面示意圖

在純 Vue 專案中使用 Vue Router 實作如圖 3-13 巢狀路由時，為了在 `spaces/[id].vue` 頁面要能顯示 `images.vue`，會在 `spaces/[id].vue` 頁面使用 `<router-view />` 元件，在路由配置也會包含 `path: '/spaces/:id'` 與 `children` 選項，如下程式碼，同時也會在 `children` 選項中加入含有 `path: 'images'` 等子路由頁面的物件用於嵌套顯示，最終瀏覽路由路徑 `/spaces/[id]/images` 就可以看到巢狀頁面的效果。

```
const router = createRouter({
  history: createWebHistory(),
  routes: [{
    path: '/spaces/:id',
    component: './pages/spaces/[id].vue',
    children: [{
      path: 'images',
      component: './pages/spaces/[id]/images.vue'
    }, {
      path: 'videos',
      component: './pages/spaces/[id]/videos.vue'
    }]
  }]
})
```

在 Nuxt 頁面的約定式路由特性下，可以透過目錄結構與頁面元件實做出巢狀路由的效果，例如在 `/spaces/:id` 頁面路徑下需要有子頁面，首先可以先建立 `app/pages/spaces/[:id].vue` 檔案，用來呈現網址路徑的 `/spaces/:id` 內容，接下來為了呈現子頁面，需要建立一個同樣名稱的目錄，即為 `app/pages/spaces/[:id]`，而子頁面 `images.vue` 與 `videos.vue` 便是放置在這個目錄內，完整的目錄頁面結構如圖 3-17。

```
∨ nuxt-app
  ∨ app
    ∨ pages
      ∨ spaces
        ∨ [id]
            image.vue
            video.vue
          [id].vue
```

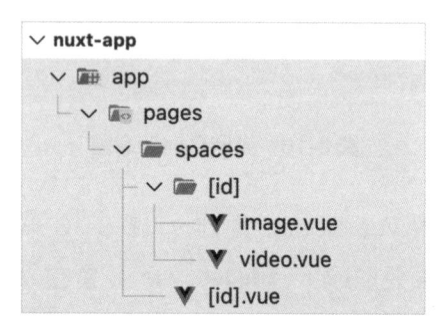

圖 3-17　建立巢狀頁面的頁面目錄結構

頁面元件的程式碼如下：

▼ app/pages/spaces/[id].vue

```vue
<script setup>
const route = useRoute()
const { id } = route.params
</script>
<template>
  <div class="flex flex-col items-center">
    <h1 class="my-4 text-3xl font-semibold text-gray-800">
      spaces/[id].vue
    </h1>
    <div class="flex gap-4">
      <NuxtLink :to="`/spaces/${id}`">
        spaces/{{ id }} 首頁
      </NuxtLink>
      <NuxtLink :to="`/spaces/${id}/images`">前往 images</NuxtLink>
      <NuxtLink :to="`/spaces/${id}/videos`">前往 videos</NuxtLink>
```

```
    </div>
    <div class="mt-4 w-full px-6">
      <div class="border-t-2 border-gray-200" />
    </div>
    <div class="flex w-full justify-center">
      <NuxtPage />
    </div>
  </div>
</template>
```

▼ app/pages/spaces/[id]/images.vue

```
<template>
  <div class="m-6 w-full rounded-md bg-green-50">
    <div class="flex flex-col items-center">
      <h1 class="my-6 text-2xl font-semibold text-gray-800">
        spaces/[id]/images.vue
      </h1>
      <p class="my-24 text-2xl text-green-500">
        這裡用來呈現 Images
      </p>
    </div>
  </div>
</template>
```

▼ app/pages/spaces/[id]/videos.vue

```
<template>
  <div class="m-6 w-full rounded-md bg-sky-50">
    <div class="flex flex-col items-center">
      <h1 class="my-6 text-2xl font-semibold text-gray-800">
        spaces/[id]/videos.vue
      </h1>
      <p class="my-24 text-2xl text-sky-500">
        這裡用來呈現 Videos
      </p>
    </div>
  </div>
</template>
```

> **！重點提示**
>
> 一定要記得在 `[id].vue` 頁面加上 `<NuxtPage />` 元件，來作為顯示巢狀頁面的容器，也就是 `images.vue` 與 `videos.vue` 子頁面顯示的地方。

完成後，分別瀏覽網址 `/spaces/ryan/images` 和 `/spaces/ryan/videos`，可以發現在切換這兩個頁面時，上方顯示的內容皆為固定，這些固定內容便是 `[id].vue` 元件所提供的，而頁面下方則會依據路由來決定顯示 `images.vue` 或 `videos.vue` 子頁面的內容。

圖 3-18　巢狀路由實際效果

Nuxt 自動生成路由時，實際上產生出了類似如圖 3-19 的路由結構，可以發現與前面提到使用 Vue Router 的路由配置大致是相符的。

```js
const _routes = [
  {
    name: "spaces-id",
    path: "/spaces/:id()",
    component: () => import('./_id_-BiEJ2Uzq.mjs').then((m) => m.default || m),
    children: [
      {
        name: "spaces-id-images",
        path: "images",
        component: () => import('./images-BEn9m_z9.mjs').then((m) => m.default || m)
      },
      {
        name: "spaces-id-videos",
        path: "videos",
        component: () => import('./videos-DusAf3YB.mjs').then((m) => m.default || m)
      }
    ]
  }
];
```

圖 3-19　巢狀路由產生的路由配置

巢狀路由頁面也是純 Vue 實現上方導航欄或側邊導航列常見的方法，因為導航選單通常是固定的內容，而嵌入的頁面則用來顯示不同的路由頁面，當以巢狀路由建立多個子頁面並切換這些子頁面顯示時，只有下方的子頁面內容會進行變動，而上方的導覽列則固定不變。

圖 3-20　巢狀路由實現導覽列與內容的搭配

> **補充說明**
>
> 巢狀路由在實務上是很常見的，嵌套的頁面配置允許保留頁面的某些部分，並在切換頁面時只重新渲染頁面的特定區域，而不需要重新載入整個頁面結構，這樣子設計布局的方式可以能幫助開發者更好組織複雜的頁面結構。
>
> 在 Nuxt 中，同樣可以使用巢狀路由來建立像導航欄的頁面布局，但像導航欄或選單這類固定內容的頁面設計方式，也可以透過 Nuxt 的**布局模板**（**Layouts**）來完成，並具有更好的彈性和擴充性，後面的章節將會有更多關於布局模板的介紹。

> **</> 完整範例程式碼**
>
> 建立巢狀路由頁面 ⧉ https://book.nuxt.tw/r/9

3.2.12 導航至具名路由

在使用 Vue Router 時，可以為路由建立路由名稱，這個具名的路由頁面，可以在導航時傳遞一個 `path` 物件並以 `name` 表示要前往的路由頁面名稱，例如 `router.push({ name: 'about' })`。

在 Nuxt 中同樣也可以在路由連結或 `router.push()` 函式中傳遞 `path` 物件，但因為 Nuxt 的路由是自動產生的，開發者可能會不大清楚物件中 `name` 選項要表示的路由名稱該從何得知，其實 Nuxt 頁面所自動產生的路由名稱仍有跡可循，Nuxt 採用基於檔案系統的路由，所以自動產生的路由，頁面的路由名稱也是根據頁面目錄的檔案系統結構來命名。

以 `app/pages/about.vue` 為例，路由頁面名稱為 about，使用的是檔案的名稱，挺直觀也容易理解。

若是子目錄下的路由頁面呢？

以 `app/pages/user/profile.vue` 為例，路由頁面名稱以每一層目錄使用減號 **-** 來串接，最終路由名稱為 **user-profile**。

若是包含 **params** 參數的路由頁面呢？

以 `app/pages/posts/[id].vue` 為例，路由頁面名稱以中括號 `[]` 內的文字作為下一個減號 **-** 後接續的名稱，最終路由名稱為 **posts-id**。

自動產生的路由名稱基本上都能根據目錄結構與檔案名稱推敲，稍微整理成下列表格幫助理解目錄結構和路由名稱之間的關係。

頁面檔案	路由路徑	路由名稱
app/pages/index.vue	/	index
app/pages/about.vue	/about	about
app/pages/user/profile.vue	/user/profile	user-profile
app/pages/posts/index.vue	/posts	posts-index
app/pages/posts/[id].vue	/posts/:id	posts-id

自動產生的路由名稱，有部分情況可能會有衝突的可能，例如 `app/pages/posts/[id].vue` 與 `app/pages/posts/id.vue`，這兩個檔案產生的路由名稱皆為 **posts-id**，這類情況可能導致無法產生預期的路由名稱或正確導航。

除了在開發時稍作留意，盡量避免衝突的可能性發生，倘若真的命名了可能發生衝突的頁面檔案，那就得倚靠自定義路由來分別定義這幾個頁面的路由名稱或路由規則。

除了透過目錄結構與檔案名稱來推敲頁面的路由名稱以外，也可以透過視覺化開發工具 Nuxt DevTools 來觀察頁面路由及產生的路由名稱，在本書後面的章節也會介紹使用 Nuxt DevTools 的功能，這個工具可以快速的觀察頁面檔案所對應的路由名稱與別名，方便開發者對路由頁面所產生的路由進行追蹤與除錯。

3.2.13 自定義路由

當頁面所自動產生的路由不能滿足開發上的需求，Nuxt 也提供了幾種可以自定義路由的方式：

使用路由選項設定檔自定義路由規則

舉例來說，建立 `app/router.options.ts` 檔案，可以來手動配置首頁的路由。

```ts
// app/router.options.ts
export default {
  routes: _routes => [
    {
      name: 'home',
      path: '/',
      component: () => import('~/pages/home.vue'),
    },
  ],
}
```

這種手動建立與使用路由選項的方式，會替換原本 Nuxt 基於檔案檔案系統所自動產生的頁面路由，當這個路由函式若回傳 **null** 或 **undefined** 才會改由使用 Nuxt 預設的路由系統，當使用自定義路由就需要完全的接手整個網站的路由配置。

使用 `pages:extend` Hook 添加路由規則

如果只想要修改部分的路由規則或添加額外路由頁面，也可以使用 Nuxt 的 `pages:extend` Hook 來從掃描到的路由中添加、修改或刪除頁面路由。

例如，在 Nuxt Config 中透過 `hooks` 選項的 `pages:extend` 函式添加一個路由 `/profile`。

```ts
// nuxt.config.ts
export default defineNuxtConfig({
  hooks: {
    'pages:extend' (pages) {
      pages.push({
        name: 'profile',
        path: '/profile',
        file: '~/pages/user/profile.vue',
      })
    },
  },
})
```

下列程式碼可以針對 `app/pages/user/profile.vue` 檔案修改路由名稱為 profile。

```ts
// nuxt.config.ts
export default defineNuxtConfig({
  hooks: {
    'pages:extend' (pages) {
      for (const page of pages) {
        if (page.name === 'user-profile') {
          page.name = 'profile'
        }
      }
    },
  },
})
```

下列程式碼可以刪除所有 `/admin` 路徑開頭的頁面路由。

```ts
// nuxt.config.ts
export default defineNuxtConfig({
  hooks: {
    'pages:extend' (pages) {
      const pagesToRemove = []

      for (const page of pages) {
        if (/^\/admin.*/.test(page.path)) {
          pagesToRemove.push(page)
        }
      }

      for (const page of pagesToRemove) {
        pages.splice(pages.indexOf(page), 1)
      }
    },
  },
})
```

透過 Hook 調整路由的方式，可以和基於檔案系統所自動產生的路由同時使用，進而實現了擴展路由的方法。

3.2.14 自定義頁面路由路徑的別名（Alias）

如果想要讓頁面路徑具有別名，也就是除了頁面所自動產生的路由外，還可以有額外的路徑可以瀏覽，那麼可以使用 `definePageMeta` 組合式函式來實現頁面路由路徑的別名。

例如 `app/pages/user/profile.vue` 頁面檔案，會自動產生 `/user/profile` 路由，如果想要為這個頁面添加路徑別名，可以參考下列方式：

▼ app/pages/user/profile.vue

```
<script setup>
definePageMeta({
  alias: '/profile',
})
</script>
```

`alias` 選項也可以使用陣列的方式來定義多個路徑別名。

▼ app/pages/user/profile.vue

```
<script setup>
definePageMeta({
  alias: ['/profile', '/member-profile'],
})
</script>
```

自定義頁面路由路徑的別名，僅會影響使用者透過網址瀏覽的網址路徑，也就是使用者可以在網址輸入這些別名來前往這個頁面，但是在網頁內的路由導航上，雖然有額外的路由別名，但是路由的名稱仍會是原本頁面自動產生的路由名稱 **user-profile**，所以在路由導航上也只能夠使用**原始的路由名稱**來跳轉頁面。

</> 完整範例程式碼

建立自定義路由 https://book.nuxt.tw/r/10

3-43

3.3 布局模板（Layouts）

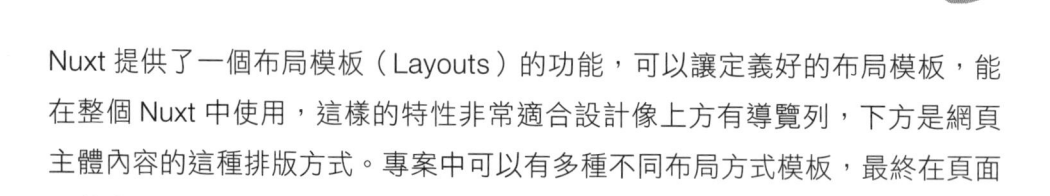

Nuxt 提供了一個布局模板（Layouts）的功能，可以讓定義好的布局模板，能在整個 Nuxt 中使用，這樣的特性非常適合設計像上方有導覽列，下方是網頁主體內容的這種排版方式。專案中可以有多種不同布局方式模板，最終在頁面元件中就可以根據情境來決定要使用的布局方式。

布局模板通常放置在 `app/layouts` 目錄之下，也具有非同步的自動匯入效果，當建立好布局檔案後，就可以在 `app/app.vue` 中添加 `<NuxtLayout />` 元件來作為布局模板的顯示位置。

3.3.1 建立一個預設的布局模板

布局模板在 Nuxt 中有約定一個檔案名稱為 `default.vue` 作為預設的布局模板檔案，如果在頁面元件中未特別指定要使用哪個模板或是使用 `<NuxtLayout />` 元件時，沒有設定 `name` 屬性，那麼 `name` 的預設值為 `'default'` 表示使用預設的布局模板。

建立 `app/layouts/default.vue` 檔案，建立預設的布局模板。

▼ app/layouts/default.vue

```
<template>
  <div class="bg-sky-100 px-4 py-8">
    <p class="text-2xl text-sky-500">這是預設的布局，全部頁面都會使用到</p>
    <slot />
  </div>
</template>
```

在布局模板中，通常會包含一個 `<slot />` 插槽，這個未命名的插槽（slot）即為預設插槽，這將會是採用這個布局模板的頁面元件顯示內容的位置，而其他具名的插槽也能作為指定內容顯示的位置。

在 `app/app.vue` 檔案中添加 `<NuxtLayout>` 元件作為布局模板顯示的位置，元件中的 `name` 屬性值對應的即是布局模板的名稱，`name` 屬性預設是字串 `default`。為了避免誤會與提升可讀性，建議在元件寫上 `name="default"`，表示使用的布局模板是 `default.vue`。

▼ app/app.vue

```
<template>
  <div>
    <h1 class="m-4 text-xl text-gray-800">這裡是最外層 app.vue</h1>
    <NuxtLayout name="default" />
  </div>
</template>
```

完成預設的布局模板的建立後，瀏覽首頁就可以看見布局模板呈現在 `app/app.vue` 檔案內所寫的文字「這裡是最外層 app.vue」，會是在最外層，而緊接著的 `<NuxtLayout name="default" />`，就是布局頁面 `default.vue`。

這裡是最外層 app.vue

這是預設的布局，全部頁面都會使用到

圖 3-21　預設布局模板

3-45

3.3.2 布局模板中的插槽 `<slot />`

在 `default.vue` 檔案內的程式碼預先建立了一個插槽 `<slot />`，而這個插槽將會是 `<NuxtLayout>` 子元件內容所填充的位置。例如，在 `app/app.vue` 檔案中的 `<NuxtLayout name="default">` 內添加一些文字內容或其他元件。

▼ app/app.vue

```
<template>
  <div>
    <h1 class="m-4 text-xl text-gray-800">這裡是最外層 app.vue</h1>
    <NuxtLayout name="default">
      <p class="px-6 pt-4 text-xl text-rose-500">
        被 NuxtLayout 包裹的元件將會放置到 Layout 的預設 slot 中
      </p>
    </NuxtLayout>
  </div>
</template>
```

這些被 `<NuxtLayout name="default">` 包裹的元素，就會在布局模板中的插槽 `<slot />` 顯示，也就是說布局文件中的插槽，可以被用來指定頁面內容應該被插入的位置，當布局檔案定義好頁面的整體結構後，實際的頁面內容也會動態地插入這個插槽結構中。

```
┌─────────────────────────────────────────────────────┐
│ ● ● ●    <      ▲ http://localhost:3000    ↻   ⬆ + │
├─────────────────────────────────────────────────────┤
│                                                     │
│  這裡是最外層 app.vue                                │
│                                                     │
│  這是預設的布局，全部頁面都會使用到                    │
│                                                     │
│      被 NuxtLayout 包裹的元件將會放置到 Layout 的預設 slot 中 │
│                                                     │
│                                                     │
│                                                     │
│                                                     │
└─────────────────────────────────────────────────────┘
```

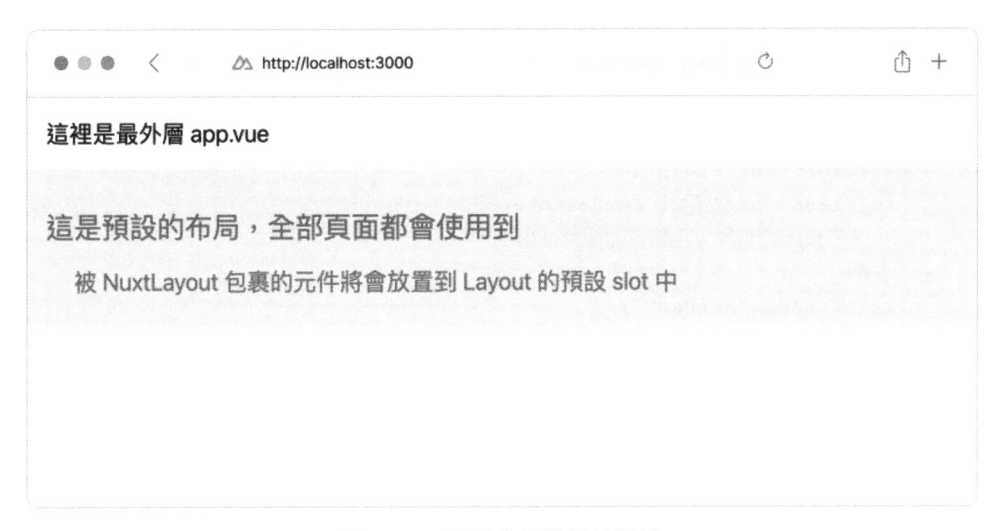

圖 3-22　預設布局模板的插槽

> **</> 完整範例程式碼**
>
> 建立預設布局模板與插槽 ⧉ https://book.nuxt.tw/r/11

3.3.3　在布局模板中建立多個插槽（Slots）

布局模板中的使用的插槽 `<slot />` 其實就是 Vue 的插槽（Slots）功能，如果熟悉 Vue 插槽的使用，也可以在布局模板中添加多個插槽，並設定插槽名稱，這樣就可以將內容安排到特定的插槽位置。

調整 `app/layouts/default.vue` 檔案內容，建立兩個具名的插槽（Named slots），名稱為 **header** 與 **footer**，並分別放置在預設插槽的上下。

▼ app/layouts/default.vue

```vue
<template>
  <div class="bg-slate-100 px-4 py-8">
    <p class="text-2xl text-slate-500">
      這是預設的布局,全部頁面都會使用到
    </p>
    <slot name="header" />
    <slot />
    <slot name="footer" />
  </div>
</template>
```

> 🔊 小提醒
>
> 如果 `<slot />` 插槽沒有設定 `name` 屬性,預設值為 `'default'`。

調整 `app/app.vue` 檔案,將不同內容顯示於預設布局指定的插槽位置。

▼ App/pp.vue

```vue
<template>
  <div>
    <h1 class="m-4 text-xl text-gray-800"> 這裡是最外層 app.vue</h1>
    <NuxtLayout name="default">
      <template #header>
        <p class="px-6 pt-4 text-xl text-green-500">
          這段會放置在 header 插槽
        </p>
      </template>
      <template #default>
        <p class="px-6 pt-4 text-xl text-rose-500">
          被 NuxtLayout 包裹的元件將會放置到 Layout 的預設 slot 中
```

```
        </p>
      </template>
      <template #footer>
        <p class="px-6 pt-4 text-xl text-blue-500">
          這段會放置在 footer 插槽
        </p>
      </template>
    </NuxtLayout>
  </div>
</template>
```

建立好多個插槽後,可以依據不同位置來安排各個元件,如圖 3-23,這些內容將會顯示在布局模板插槽的所在位置。

```
● ● ●      <       http://localhost:3000                    ○     ↑   +

這裡是最外層 app.vue

這是預設的布局,全部頁面都會使用到
    這段會放置在 header 插槽
    被 NuxtLayout 包裹的元件將會放置到 Layout 的預設 slot 中
    這段會放置在 footer 插槽
```

圖 3-23　將內容顯示於指定的具名插槽

> **🐰 小技巧**
>
> 在使用具名插槽時，可以使用如 `<template #header>` 來表示將裡面的內容插入至 header 插槽中，因為已經明確的指定了插槽名稱，所以順序上也可以先撰寫 `<template #footer>` 再寫 `<template #header>`，依據實際需求來決定擺放的順序。當然，最好是遵照著最後顯示順序來做排列，對於維護與可讀性也會比較有幫助。
>
> 預設的插槽內容，也可以使用 `<template #default>` 包裹起來，在有多個具名插槽時，會比較具有可讀性。

> **</> 完整範例程式碼**
>
> 建立具有多個插槽的布局模板 ⧉ https://book.nuxt.tw/r/12

3.3.4 布局模板與路由頁面

當熟悉了插槽配置，也可以在插槽中添加 `<NuxtPage />` 元件與建立頁面元件，就能實現不同的路由頁面，使用相同的布局方式，這也是實務上常用的布局方式。

如果布局模板結合了路由頁面，整體網站就會如下的巢狀顯示方式，網站的入口點 `app/app.vue` 放置布局模板 `<NuxtLayout />`，模板內的內容則使用路由的 `<NuxtPage />`，最後各個路由的頁面就會在 `<NuxtPage />` 容器中顯示，使得不同的頁面，都具有模板的固定內容。

```
app.vue
 <NuxtLayout>
  <NuxtPage>
```

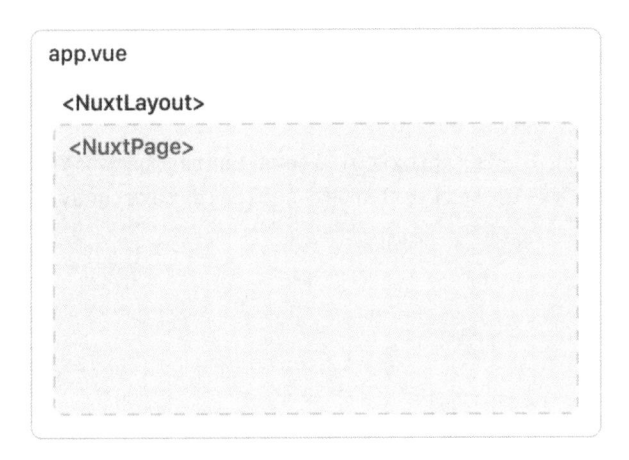

圖 3-24　布局模板結合路由頁面

調整 `app/app.vue` 檔案，在 `<NuxtLayout>` 元件預設插槽中添加 `<NuxtPage>` 元件，用來呈現路由頁面內容。

▼ app/app.vue

```
<template>
  <div class="m-4 bg-white">
    <p class="pb-4 text-2xl text-slate-600"> 這裡是最外層 app.vue</p>
    <NuxtLayout>
      <NuxtPage />
    </NuxtLayout>
  </div>
</template>
```

建立 `app/pages/index.vue` 檔案，作為首頁。

▼ app/pages/index.vue

```
<template>
  <div class="mt-8 flex flex-col items-center bg-white py-24">
    <h1 class="my-12 text-6xl font-semibold text-gray-800">
      這裡是首頁
    </h1>
  </div>
</template>
```

當布局模板內放置了 `<NuxtPage>` 元件，路由頁面就能在這個容器中做呈現，效果如圖 3-25。也就是說這樣子的設計方式，就能讓每個不同的路由頁面共用預設的布局。

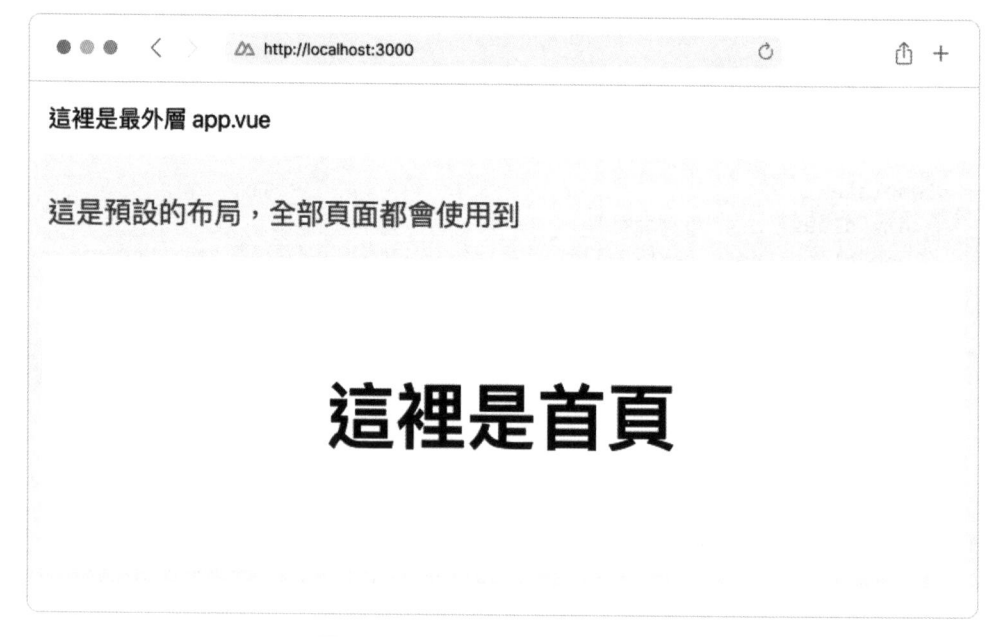

圖 3-25　布局模板中呈現路由頁面

> **完整範例程式碼**
>
> 建立布局模板與路由頁面 ⧉ https://book.nuxt.tw/r/13

3.3.5 多個路由頁面共用預設布局模板

當建立好預設的布局模板與配置路由頁面顯示的位置後，就能建立更多的路由頁面，不論路由頁面位於何處，只要沒有特別指定其他布局模板，每個頁面都將會套用預設布局模板。接下來嘗試建立 About 與 Contact 頁面，並觀察頁面所套用預設模板的效果。

建立 `app/pages/about.vue` 檔案，作為 About 頁面。

▼ app/pages/about.vue

```
<template>
  <div class="mt-8 flex flex-col items-center bg-white py-24">
    <h1 class="my-12 text-6xl font-semibold text-blue-400">
      大家好！我是 Ryan
    </h1>
    <p class="text-xl text-gray-400">這裡是 /about</p>
  </div>
</template>
```

建立 `app/pages/contact.vue` 檔案，作為 Contact 頁面。

▼ app/pages/contact.vue

```html
<template>
  <div class="mt-8 flex flex-col items-center bg-white py-24">
    <h1 class="my-12 text-6xl font-semibold text-yellow-400">
      ryanchien8125@gmail.com
    </h1>
    <p class="text-xl text-gray-400">這裡是 /contact</p>
  </div>
</template>
```

調整 `app/pages/index.vue` 檔案內容,添加路由連結分別可以前往剛才所建立的頁面。

▼ app/pages/index.vue

```html
<template>
  <div class="mt-8 flex flex-col items-center bg-white py-24">
    <h1 class="my-12 text-6xl font-semibold text-gray-800">
      這裡是首頁
    </h1>
    <div class="flex gap-4">
      <NuxtLink to="/about">前往 About</NuxtLink>
      <NuxtLink to="/contact">前往 Contact</NuxtLink>
    </div>
  </div>
</template>
```

瀏覽產生的路由 `/`、`/about` 與 `/contact`,可以發現這些路由頁面都套用上了預設布局。

圖 3-26　布局模板中呈現路由頁面

</> 完整範例程式碼

多個路由頁面套用預設布局模板 ⌕ https://book.nuxt.tw/r/14

3.3.6　建立更多不同的布局模板

在 Nuxt 中可以建立多個布局模板，再依據不同的情境為路由頁面套用不同的布局模板，來呈現不同風格排版的頁面布局，接下來的範例將嘗試為路由頁面套用不同的布局模板。

首先，可以繼續保留前面例子所建立預設的布局模板檔案，並建立新的布局模板 `app/layouts/custom.vue` ，這個布局模板在最下方新增了一個頁腳的內容，並提供一個可以回首頁的路由連結，也就是說，當路由頁面套用這個布局時，可以為頁面最下方提供回首頁的功能。

▼ app/layouts/custom.vue

```vue
<template>
  <div class="bg-sky-100 px-4 py--8">
    <p class="text-2xl text-gray-700">
      使用 <span class="font-bold text-sky-500">Custom</span> 布局
    </p>
    <slot />
    <slot name="footer">
      <footer class="mt-6 flex justify-center">
        <NuxtLink to="/" class="font-medium">回首頁</NuxtLink>
      </footer>
    </slot>
  </div>
</template>
```

調整 About 頁面檔案 `app/pages/about.vue`，在 `<script setup>` 使用 `definePageMeta` 函式並傳入 `layout: 'custom'`，表示這個頁面將採用名為 **custom** 的布局模板。

▼ app/pages/about.vue

```vue
<script setup>
definePageMeta({
  layout: 'custom',
})
</script>

<template>
  <div class="mt-8 flex flex-col items-center bg-white py-24">
    <h1 class="my-12 text-6xl font-semibold text-blue-400">
      大家好！我是 Ryan
    </h1>
    <p class="text-xl text-gray-400">這裡是 /about</p>
  </div>
</template>
```

在 About 頁面使用的布局模板就會為 **custom**，如圖 3-23。

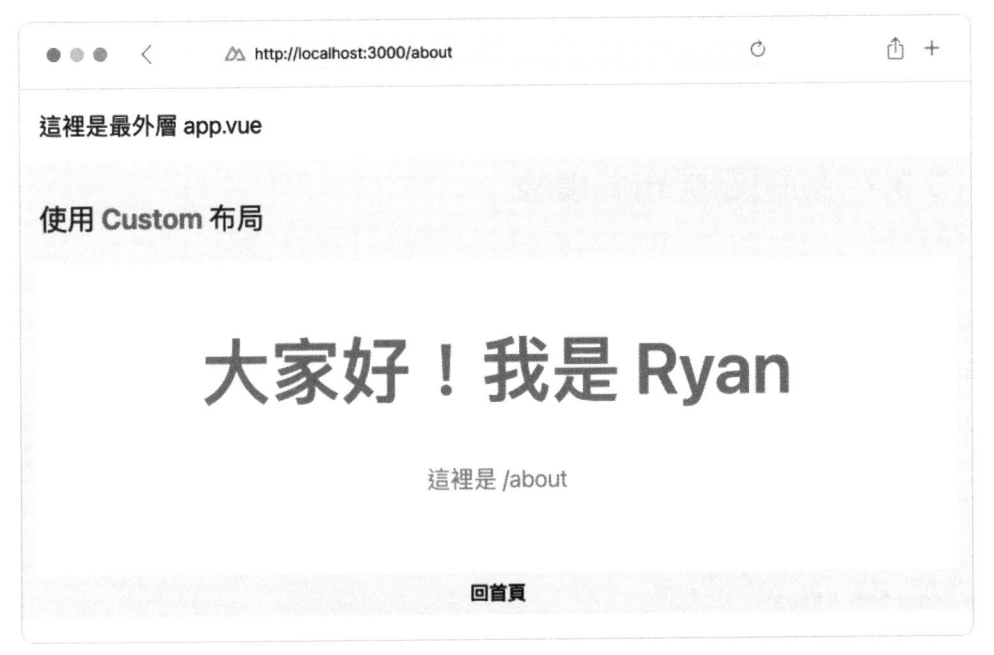

圖 3-27　路由頁面使用特定的布局模板

Nuxt 提供的 `definePageMeta` 函式，讓開發者在頁面中可以使用特定的布局模板，`layout` 屬性值所對應的名稱，即為 `app/layouts` 目錄下的布局模板的檔案名稱。

> 🔔 **小提醒**　　　　　　　　　　　　　　　　　　　　　　×
>
> 布局模板的命名被規範使用 Kebab Case 烤肉串命名法，若布局檔案名稱為 `customLayout.vue`，在 `definePageMeta` 函式傳入的 `layout` 屬性值則使用 custom-layout。

3-57

> **完整範例程式碼**
>
> 建立與套用更多不同的布局模板 https://book.nuxt.tw/r/15

3.3.7 動態變更布局模板

若想在特定的邏輯或事件下才將頁面套用特定的布局模板，可以使用 Nuxt 提供的 `setPageLayout` 函式來動態變更布局模板，以下面程式碼為例，在點擊按鈕後頁面便會套用 **custom** 布局模板，透過這個方式就可以建立多個布局模板來根據情境動態的控制與變更布局模板。

▼ app/pages/ithome.vue

```vue
<script setup>
const enableCustomLayout = () => {
  setPageLayout('custom')
}
</script>

<template>
  <div class="mt-8 flex flex-col items-center bg-white py-24">
    <h1 class="text-6xl font-semibold text-blue-600">2025 iThome</h1>
    <p class="mt-4 text-9xl font-bold text-gray-900"> 鐵人賽 </p>
    <button
      class="mt-8 rounded bg-blue-600 px-4 py-2 text-white"
      @click="enableCustomLayout"
    >
      更新布局
    </button>
  </div>
</template>
```

> **</> 完整範例程式碼**
>
> 動態變更布局模板 ⧉ https://book.nuxt.tw/r/16

3.3.8 更進階的布局模板變更方法

當專案已經擁有多個布局模板,在頁面中可以使用 `definePageMeta` 函式並傳入 `layout: false` 選項,表示禁止使用任何布局模板,接下來可以在頁面的 `<template>` 中添加 `<NuxtLayout name="custom">` 元件,表示使用 custom 布局模板。

▼ app/pages/custom.vue

```vue
<script setup>
definePageMeta({
  layout: false,
})
</script>

<template>
  <NuxtLayout name="custom">
    <div class="mt-8 flex flex-col items-center bg-white py-24">
      <h1 class="text-6xl font-semibold text-sky-600">
        想要 SSR 就選
      </h1>
      <p class="mt-4 text-9xl font-bold text-gray-900">Nuxt</p>
    </div>
  </NuxtLayout>
</template>
```

以上面的範例來說，就是先將預設的模板禁用，再使用 `<NuxtLayout>` 元件指定模板並包裝整個頁面內容，效果如圖 3-28。

圖 3-28　使用 NuxtLayout 元件變更布局模板

當布局模板於 `<template>` 區塊中使用時，也可以直接調整布局的具名插槽內容，來動態調整布局內容。

▼ app/pages/custom.vue

```
<script setup>
definePageMeta({
  layout: false,
})
</script>

<template>
```

```html
<NuxtLayout name="custom">
  <template #default>
    <div class="mt-8 flex flex-col items-center bg-white py-24">
      <h1 class="text-6xl font-semibold text-sky-600">
        想要 SSR 就選
      </h1>
      <p class="mt-4 text-9xl font-bold text-gray-900">Nuxt</p>
    </div>
  </template>
  <template #footer>
    <div class="flex flex-col items-center">
      <p class="mt-4 text-xl text-slate-600">感謝您購買與閱讀～</p>
    </div>
  </template>
</NuxtLayout>
</template>
```

圖 3-29　使用 NuxtLayout 元件與變更具名插槽內容

> **完整範例程式碼**
> 使用 NuxtLayout 元件控制布局模板 ⧉ https://book.nuxt.tw/r/17

3.3.9 小結

Nuxt 提供的布局系統不僅功能強大而且靈活多變，允許開發者在路由頁面中動態切換不同的模板和插槽內容。這種設計不僅能夠實現各種複雜的頁面布局，透過巧妙運用布局系統，開發者可以輕鬆建立出具有一致性的使用者介面，同時保持足夠的彈性來適應不同業務需求，布局模板也顯著提升程式碼的重複使用和可維護性。

3.4 元件（Components）

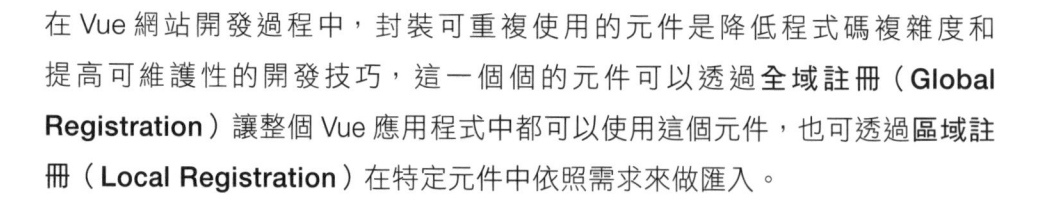

在 Vue 網站開發過程中，封裝可重複使用的元件是降低程式碼複雜度和提高可維護性的開發技巧，這一個個的元件可以透過**全域註冊**（**Global Registration**）讓整個 Vue 應用程式中都可以使用這個元件，也可透過**區域註冊**（**Local Registration**）在特定元件中依照需求來做匯入。

Nuxt 在此元件基礎上更進一步，實現了**自動匯入**（**Auto Imports**）機制，大幅簡化了元件的使用流程。接下來將介紹 Nuxt 元件建立與使用，並介紹 Nuxt 中元件所具備的特性與約定，包括目錄結構約定、動態元件載入、非同步元件等進階技巧。

3.4.1 元件自動匯入（Auto Imports）

在 Vue 的 SFC 中使用 `import` 明確的匯入特定路徑下的檔案作為元件，這種匯入與註冊元件的方式稱之為區域註冊（Local Registration），雖然區域註冊使得元件間的依賴關係更加透明也對於 Tree shaking 更加友好，但這種方式也要求開發者在每次使用元件時都需手動匯入和註冊，使用的元件越多也就可能導致重複性工作越多。而 Nuxt 的專案下的 `app/components` 目錄，被設計為專門放至這些元件，並具有自動匯入及延遲載入等功能特性，巧妙地解決了傳統匯入與使用元件的問題。

建立 `app/components/IronManWelcome.vue` 檔案，在元件中寫些內容。

▼ app/components/IronManWelcome.vue

```vue
<template>
  <div class="flex flex-col items-center py-24">
    <h1 class="text-6xl font-semibold text-blue-600">2025 iThome</h1>
    <p class="mt-4 text-9xl font-bold text-gray-900"> 鐵人賽 </p>
  </div>
</template>
```

調整 `app/app.vue` 檔案，在 `<template>` 中使用 `<IronManWelcome />` 元件。

▼ app/app.vue

```vue
<template>
  <div>
    <IronManWelcome />
  </div>
</template>
```

當建立了 `app/components/IronManWelcome.vue` 檔案後，Nuxt 會自動匯入 `app/components` 目錄及子目錄下的所有元件，在使用時的元件名稱會直接對應著檔案名稱，所以只需直接在 `<template>` 中添加 `<IronManWelcome />` 便可以直接使用元件，無需額外的匯入或註冊步驟。

> **</> 完整範例程式碼**
>
> 建立第一個元件 ⧉ https://book.nuxt.tw/r/18

3.4.2 元件直接匯入（Direct Imports）

如果不想完全依賴 Nuxt 自動匯入元件的特性，也可以使用 Nuxt 提供的別名 `#components` 來明確的指定要匯入的元件，這種直接匯入元件的方式使得元件中彼此的相依性更加清晰。

舉例來說，在 Vue SFC、JavaScript 和 TypeScript 等元件檔案中，可以直接從 `#components` 直接匯入 `app/components` 目錄下的元件。

▼ app/app.vue

```vue
<script setup>
import { IronManWelcome } from '#components'
</script>

<template>
  <div>
    <IronManWelcome />
  </div>
</template>
```

透過直接匯入的方式，可以更明確的知道使用了哪些元件，也能具有更多控制的方法，例如變更元件名稱、結合動態載入元件的使用等，對於 TypeScript 的專案使用也能獲得更好的型別推斷。

▼ app/app.vue

```vue
<script setup>
import { IronManWelcome  as IronMan } from '#components'
</script>

<template>
  <div>
    <IronMan />
  </div>
</template>
```

</> 完整範例程式碼

直接匯入並變更元件名稱 ⧉ https://book.nuxt.tw/r/19

3.4.3 元件名稱約定

Nuxt 預設會自動匯入 `app/components` 目錄下的元件，在使用時的元件名稱對應著檔案名稱，而當建立在巢狀目錄結構下的元件，元件的名稱將會基於目錄的路徑與檔案名稱而組成並**刪除重複的字段**。

舉例來說，若 `app/components` 目錄結構如圖 3-30。

```
∨ nuxt-app
  ∨ 🗂 app
    ∨ 🗂 components
      ∨ 📁 base
            ▼ ApplyButton.vue
```

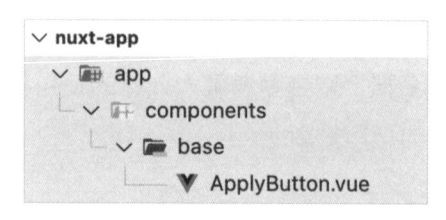

圖 3-30　一般元件目錄結構與元件命名

`app/components/base/ApplyButton.vue` 這個元件在使用時的名稱，將會是由 `app/components` 目錄路徑開始的子目錄路徑與檔案名稱所組成，每一層路徑將組成為元件名稱，使用元件時以**大駝峰式命名法（Pascal Case）**來表示使用的元件，也就是這個元件使用時的名稱即為 `<BaseApplyButton>`。

為了開發上能更清楚辨別，建議將檔案名稱設置與使用元件時的名稱相同，所以建議重新命名 `app/components/base` 目錄下的 `ApplyButton.vue` 檔案名稱為 `BaseApplyButton.vue`，元件目錄結構如圖 3-31。

```
∨ nuxt-app
  ∨ 🗂 app
    ∨ 🗂 components
      ∨ 📁 base
            ▼ BaseApplyButton.vue
```

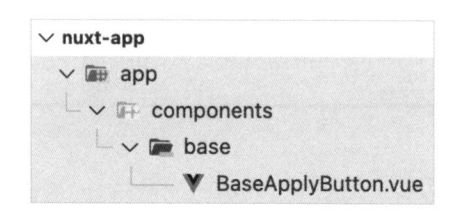

圖 3-31　推薦的元件目錄結構與元件命名

如圖 3-31 這樣的目錄與檔案結構，也不必擔心元件名稱會不會變成 `<BaseBaseApplyButton>` 看起來有點醜醜的，因為 Nuxt 會自動刪除重複的字段，所以在使用時元件名稱仍為 `<BaseApplyButton>`。

實務開發上，也建議可以使用這種命名方式，讓使用元件的名稱與實際元件檔案的名稱相同，這樣在後續的維護與搜尋元件名稱時，可以快速的定位到這個元件檔案。

> **完整範例程式碼**
> 實際使用自動產生的元件名稱 ⧉ https://book.nuxt.tw/r/20

3.4.4 元件名稱的命名規則

Vue 在註冊元件時，可以使用**大駝峰式命名法（Pascal Case）**或**烤肉串命名法（Kebab Case）**來為元件命名，在 `<template>` 中可以自由使用兩種命名方式作為使用元件的標籤。

當建立了 `app/components/base/BaseApplyButton.vue` 元件檔案，在元件檔案的 `<template>` 中除了可以使用大駝峰命名法的 `<BaseApplyButton>` 標籤來使用外，也可以使用烤肉串命名法的 `<base-apply-button>` 標籤來表示使用元件。

例如，在 `<template>` 中以烤肉串命名法的 `<base-apply-button>` 標籤來表示使用 `app/components/base/BaseApplyButton.vue` 元件。

抑或是建立 `app/components/base/base-apply-button.vue` 元件，使用時以 `<BaseApplyButton>` 表示。

在 Nuxt 中，元件檔案的命名可以採用大駝峰命名法或烤肉串命名法來做命名。我在開發時習慣以大駝峰式命名法（Pascal Case）為主，以此區別為自己所建立的元件。元件的兩種命名法可以根據實際的習慣選擇，或選定一種命名風格後並在整個專案中貫徹以保持專案和團隊內的開發風格一致性。

3.4.5 動態元件（Dynamic Components）

如果想要使用像 Vue 中的 `<component :is="someComputedComponent">` 來動態的切換使用不同的元件，則需要使用 Vue 提供的 `resolveComponentVue` 函式來進行輔助。

Nuxt 已經預設已經自動整合了 Vue 的 API，所以在 `<script setup>` 中可以直接呼叫並使用 `resolveComponentVue` 函式，並且傳入一個在 `app/components` 目錄下的元件名稱表示欲解析的元件，接下來就可以在 `<template>` 中控制元件的動態呈現邏輯。

例如，下列程式碼動態解析了 `<IronManWelcome>` 元件，並在 `visible` 響應式狀態為 `true` 時才做呈現。

▼ app/app.vue

```vue
<script setup>
const visible = ref(false)
const DynamicComponent = resolveComponent('IronManWelcome')
</script>

<template>
  <div class="flex flex-col items-center">
    <label class="my-6 flex items-center">
      <input v-model="visible" type="checkbox" class="size-4" />
      <span class="ml-2">顯示</span>
    </label>
    <component :is="visible ? DynamicComponent : 'div'" />
  </div>
</template>
```

當熟悉使用後，便能建立多個元件並在需要的場景與邏輯下進行動態的切換與呈現。例如，建立兩種不同風格的按鈕來做切換。

▼ app/components/base/BaseApplyButton.vue

```vue
<template>
  <button
    class="bg-blue-600 px-6 py-3 text-xl text-white"
  >
    立即報名
  </button>
</template>
```

▼ app/components/round/RoundApplyButton.vue

```vue
<template>
  <button
    class="rounded-full bg-blue-600 px-6 py-3 text-white"
  >
    立即報名
  </button>
</template>
```

在 `app/app.vue` 檔案中搭配 `resolveComponent` 函式來使用。

▼ app/app.vue

```vue
<script setup>
const BaseApplyButton = resolveComponent('BaseApplyButton')
const RoundApplyButton = resolveComponent('RoundApplyButton')

const useRound = ref(false)
</script>

<template>
  <div class="flex flex-col items-center">
```

```
  <label class="my-6 flex items-center">
    <input v-model="useRound" type="checkbox" class="size-4" />
    <span class="ml-2"> 使用圓角按鈕 </span>
  </label>
  <component :is="useRound ? RoundApplyButton : BaseApplyButton " />
  </div>
</template>
```

呈現效果如圖 3-32，當勾選使用圓角按鈕選項後，元件便動態的切換成顯示具有圓角的按鈕。

圖 3-32　動態元件的使用

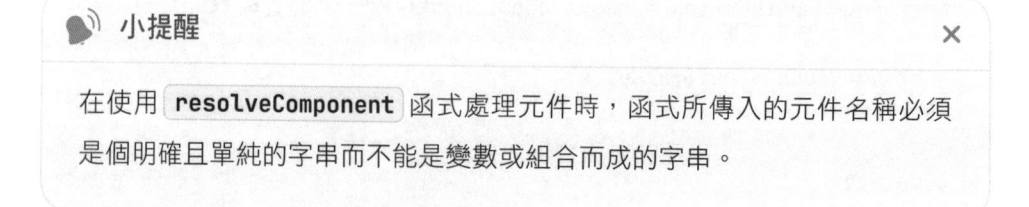

> **小提醒**
>
> 在使用 `resolveComponent` 函式處理元件時，函式所傳入的元件名稱必須是個明確且單純的字串而不能是變數或組合而成的字串。

除了使用 `resolveComponent` 函式來解析元件外，也可以使用 Nuxt 提供的別名 `#components` 將元件匯入後再傳遞元件名稱給 `<component>` 的 `is` 屬性。

▼ app/app.vue

```vue
<script setup>
import { BaseApplyButton, RoundApplyButton } from '#components'

const useRound = ref(false)
</script>

<template>
  <div class="flex flex-col items-center">
    <label class="my-6 flex items-center">
      <input v-model="useRound" type="checkbox" class="size-4" />
      <span class="ml-2"> 使用圓角按鈕 </span>
    </label>
    <component :is="useRound ? RoundApplyButton : BaseApplyButton" />
  </div>
</template>
```

</> 完整範例程式碼

建立與使用動態元件 ↗ https://book.nuxt.tw/r/21

3.4.6 動態匯入（Dynamic Imports）

動態匯入（Dynamic Imports）元件也稱之為**延遲載入（Lazy-loading）**，如果頁面中不需要立刻使用或顯示某個元件，透過動態匯入的方式可以延遲元件載入的時間點，有助於最佳化 JavaScript 檔案大小和提升網頁首次載入時的速度。

使用的方式也非常簡單，只需要在使用元件時，在元件標籤內的開頭加上前綴 `Lazy` 就可以使元件具有延遲載入的效果。

舉例來說，先建立一個元件。

▼ app/components/base/BaseApplyButton.vue

```vue
<template>
  <button
    class="bg-blue-600 px-6 py-3 text-xl text-white"
  >
    立即報名
  </button>
</template>
```

在 `app/app.vue` 頁面中使用 `<BaseApplyButton>` 元件時，在元件標籤添加 `Lazy` 前綴，使得元件標籤為 `<LazyBaseApplyButton>`。

▼ app/app.vue

```vue
<script setup>
const visible = ref(false)
</script>

<template>
  <div class="flex flex-col items-center">
    <label class="my-6 flex items-center">
      <input v-model="visible" type="checkbox" class="size-4" />
      <span class="ml-2"> 顯示報名按鈕 </span>
    </label>
    <LazyBaseApplyButton v-if="visible" />
  </div>
</template>
```

3-72

接下來在瀏覽器測試延遲載入的效果，這個頁面上有一個核取方塊，當使用者勾選時才會顯示報名按鈕。

延遲載入的效果，可以透過瀏覽器的開發者工具觀察網路（Network）的使用情況，如圖 3-33，可以發現在首次勾選核取方塊後，網頁會發送請求來下載 `BaseApplyButton.vue` 按鈕元件的 JavaScript 檔案。

圖 3-33　延遲載入元件檔案的網路請求

也就是說，當這個按鈕元件透過 **Lazy** 前綴被設置為延遲載入時，頁面首次載入並不包含這個按鈕的程式碼，而是等待需要這個元件時才去請求下載，以此達到延遲載入的效果，如以一來便能降低首次進入網頁時需要下載的 JavaScript 程式碼大小，加快頁面的下載和呈現速度，從而提升使用者體驗。

> </> 完整範例程式碼
>
> 建立具有延遲載入的元件　https://book.nuxt.tw/r/22

3.4.7 僅限用戶端渲染元件 <ClientOnly>

Nuxt 提供了一個 `<ClientOnly>` 元件，可以控制被包裹的元件僅在用戶端進行渲染，也就是說透過這個特殊的包裝元件，可以確保特定內容或元件只在前端瀏覽器做渲染，而不會在伺服器端渲染過程中執行。

例如，建立一個 `<ronManWelcome.vue>` 元件。

▼ app/components/IronManWelcome.vue

```vue
<template>
  <div class="flex flex-col items-center py-24">
    <h1 class="text-6xl font-semibold text-blue-600">2025 iThome</h1>
    <p class="mt-4 text-9xl font-bold text-gray-900"> 鐵人賽 </p>
  </div>
</template>
```

在 `app/app.vue` 檔案中使用 `<ClientOnly>` 元件包裹 `<IronManWelcome>`。

▼ app/app.vue

```vue
<template>
  <div>
    <ClientOnly>
      <IronManWelcome />
    </ClientOnly>
  </div>
</template>
```

這樣就可以將 `<IronManWelcome>` 元件設定為**僅在用戶端進行渲染**，首次請求頁面時將不會包含這個元件的 HTML，這對於一些會使用到瀏覽器 API 的元件、圖表或動畫這類型的程式碼非常有效。

`<ClientOnly>` 元件中也提供了一個名為 fallback 的插槽（Slot），可以用作於在伺服器渲染的預設內容，等到用戶端頁面與 JavaScript 載入完成後才接手渲染被包裹在預設插槽內的 `<IronManWelcome>` 元件。

舉例來說，可以調整 `app/app.vue` 檔案，在 `<ClientOnly>` 元件中添加使用 fallback 插槽來讓伺服器端渲染提示文字，表示元件正在載入中，直至用戶端完成 `<IronManWelcome>` 元件的渲染。

▼ app/app.vue

```
<template>
  <div>
    <ClientOnly>
      <IronManWelcome />
      <template #fallback>
        <p class="my-6 flex justify-center">
          [IronManWelcome] 載入中 ...
        </p>
      </template>
    </ClientOnly>
  </div>
</template>
```

當進入首次網頁，會先渲染 fallback 插槽內的元素，所以瀏覽器將會先顯示「**[IronManWelcome] 載入中 ...**」文字，接著用戶端載入完 JavaScript 後接手渲染 `<IronManWelcome>` 元件，便會將載入中的文字替換為元件真正的內容。

圖 3-34　`<ClientOnly>` 元件的 fallback 插槽效果

如果對於這個過程所渲染的 HTML 有興趣，可以透過瀏覽器頁面中點擊右鍵後展開選單的「檢視頁面來源」或「檢視網頁原始碼」功能來觀察伺服器回傳的網頁原始碼，如圖 3-35 所看到的網頁原始碼，原本應該呈現 `<IronManWelcome>` 元件內容的位置，可以發現到首次經由伺服器端渲染好並回傳的 HTML 內容為 `<p class= "my-6 flex justify-center">[IronManWelcome] 載入中...</p>`，表示這是由伺服器端渲染 `<ClientOnly>` 元件 fallback 插槽的內容，直到瀏覽器能夠執行 JavaScript 後才會替換這裡的內容。

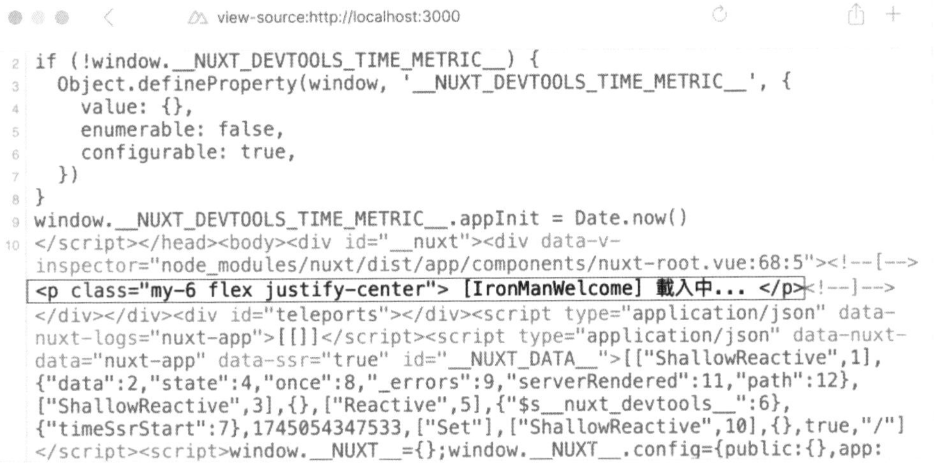

圖 3-35 `<ClientOnly>` 元件的 fallback 插槽效果

> </> 完整範例程式碼
>
> 控制僅在用戶端渲染的元件 🔗 https://book.nuxt.tw/r/23

3.4.8 控制伺服器端或用戶端渲染元件

在 `<template>` 中使用元件時，除了透過 `<ClientOnly>` 元件來控制僅在用戶端渲染以外，也可以透過建立元件時的檔案名稱，來控制元件僅在用戶端或伺服器端使用。

如果想讓元件僅在用戶端使用，則可以將 `.client` 加入元件檔名的後綴中。

3-77

例如，建立一個 `app/components/JustClient.client.vue` 元件檔案，表示 `<JustClient>` 元件僅會在用戶端進行渲染；而添加 **.server** 後綴的元件檔案，則會是這個元件在伺服器端渲染的內容。

接下來，分別建立下列共三個元件檔案。

▼ app/components/JustClient.client.vue

```vue
<template>
  <div class="m-4 rounded-lg bg-green-100 p-4 text-green-700">
    <span class="font-semibold">[JustClient]</span>
    <span class="ml-2">
      這是只有在
      <span class="font--bold">Client</span>
      才會渲染的元件
    </span>
  </div>
</template>
```

▼ app/components/ClientServerDifferent.client.vue

```vue
<template>
  <div class="m-4 rounded-lg bg-sky-100 p-4 text-sky-700">
    <span class="font-semibold">[ClientServerDifferent]</span>
    <span class="ml-2">
      這是從
      <span class="font-bold text-red-500">Client</span>
      渲染出來的元件
    </span>
  </div>
</template>
```

▼ app/components/ClientServerDifferent.server.vue

```vue
<template>
  <div class="m-4 rounded-lg bg-sky-100 p-4 text-sky-700">
    <span class="font-semibold">[ClientServerDifferent]</span>
    <span class="ml-2">
      這是從
      <span class="font--bold text-red-500">Server</span>
      渲染出來的元件，請等待 Client 接手渲染
    </span>
  </div>
</template>
```

建立的這三個檔案，其中有兩個檔案的名稱非常相似，仔細觀察副檔名之前分別有不同的後綴，分別為 `ClientServerDifferent.client.vue` 的後綴 .client 和 `ClientServerDifferent.server.vue` 的後綴 .server，在 Nuxt 中這兩個元件檔案都將被解析與自動匯入為 `<ClientServerDifferent>` 元件，但用戶端與伺服器端要渲染與呈現的內容則由不同的元件檔案分別控制。

`ClientServerDifferent.client.vue` 元件檔案因為具有 .client 的後綴，作為使用 `<ClientServerDifferent>` 元件時在用戶端渲染的元件內容；相對的，`ClientServerDifferent.server.vue` 元件檔案，則因具有 .server 的後綴，其內容會在伺服器端渲染。

建立的這三個元件檔案，因為其中兩個檔案是為了 `<ClientServerDifferent>` 元件在用戶端與伺服器端具有不同的呈現內容或程式邏輯，所以實際上僅會有兩個元件可以做使用，分別為 `<JustClient>` 和 `<ClientServerDifferent>`。

接下來，調整 `app/app.vue` 檔案，並直接使用所建立的兩個元件 `<JustClient>` 和 `<ClientServerDifferent>`。

▼ app/app.vue

```vue
<template>
  <div>
    <ClientOnly>
      <IronManWelcome />
      <template #fallback>
        <p class="my-6 flex justify-center">
          [IronManWelcome] 載入中 ...
        </p>
      </template>
    </ClientOnly>
    <JustClient />
    <ClientServerDifferent />
  </div>
</template>
```

瀏覽網頁，可以發現到由伺服器渲染的 **fallback** 插槽元素「**[IronManWelcome] 載入中 ...**」文字與 `ClientServerDifferent.server.vue` 元件率先出現。接著當 JavaScript 載入完畢後，被 `<ClientOnly>` 包裹的元件 `<IronManWelcome>` 接手並覆蓋了元件正在載入中的文字，`JustClient.client.vue` 和 `ClientServerDifferent.client.vue` 這兩個僅在用戶端渲染的元件，最終也覆蓋伺服器原先渲染的內容。

圖 3-36 相同元件在伺服器端與用戶端渲染不同的內容

> </> 完整範例程式碼
>
> 控制元件在伺服器端或用戶端渲染的方法 ⧉ https://book.nuxt.tw/r/24

3.4.9 小結

Nuxt 的元件系統不僅繼承了 Vue 元件化和可重複使用的特性，還進一步增加了如自動匯入、控制伺服器與用戶端的渲染策略等，在動態匯入和延遲載入等最佳化下，大幅提升了網頁的效能與使用者體驗，不論是建構小專案或是大型服務，Nuxt 的元件系統都能靈活地應付複雜的需求。

3.5 組合式函式（Composables）

組合式函式（Composables）是一種利用 Vue 的組合式 API（Composition API）來封裝和複用具有狀態邏輯的函式，在 Nuxt 框架中，可以充分利用這一項特性，將常見的商業邏輯抽象到 `app/composables` 目錄下，以此來建立組合式函式，並在各個頁面或元件中共用這些組合式函式。

3.5.1 Options API 與 Composition API

Vue 提供了兩種主要的 API 風格來編寫元件，分別為**選項式 API（Options API）**和**組合式（Composition API）**，這兩種方法所編寫的元件各有特點，也能適用於不同的開發場景和團隊需求。

下列是 Vue 依據選項式 API（Options API）撰寫出來的程式碼，也是 Vue 2 處理邏輯的寫法。

```
<script>
export default {
  data() {
    return {
      count: 0,
      doubleCount: 0,
    }
```

```
  },
  methods: {
    increment() {
      this.count += 1
    },
    incrementByTwo() {
      this.doubleCount += 2
    },
  },
}
</script>
```

所謂 Options（譯作選項、可選的），指的就是以程式碼的性質來分割程式碼，所有設定資料初始值的都會在 **data** 選項這邊處理，這個元件所需要的方法則會在 **methods** 選項這裡建立，**data** 及 **methods** 也就是使用者需要的選項。

目前在 Vue 3 仍可以繼續使用 Vue 2 的 Options API，但隨著程式碼邏輯的增加，看似有條理的分類，其實對於理解及維護上並沒有想像中便利。

Vue 3 提出的組合式 API（Composition API）則是**以邏輯功能來進行分類**，以同像功能的元件程式邏輯來說，可以將所有與某個功能的 **data**、**computed**、**methods** 與 **watch** 等，寫在同一個段落形成一個區塊，能有效的將同一功能邏輯的流程集中在一起。

如圖 3-37 中，每種邏輯問題所需要得程式碼使用相同深淺顏色的區塊和虛線表示，當使用 Composition API 重構後，同一個邏輯功能將會集中在同一個區塊，也使得複雜的元件能有更好的可讀性。

```
Options API                          Composition API
<script>                             <script setup>
export default {                     const count = ref(0)
  data() {                           const increment = () => {
    return {                           count.value += 1
      count: 0,                      }
      doubleCount: 0,
    }                                const doubleCount = ref(0)
  },                                 const incrementByTwo = () => {
  methods: {                           doubleCount.value += 1
    increment() {                    }
      this.count += 1                </script>
    },
    incrementByTwo() {
      this.doubleCount += 2
    },
  },
}
</script>
```

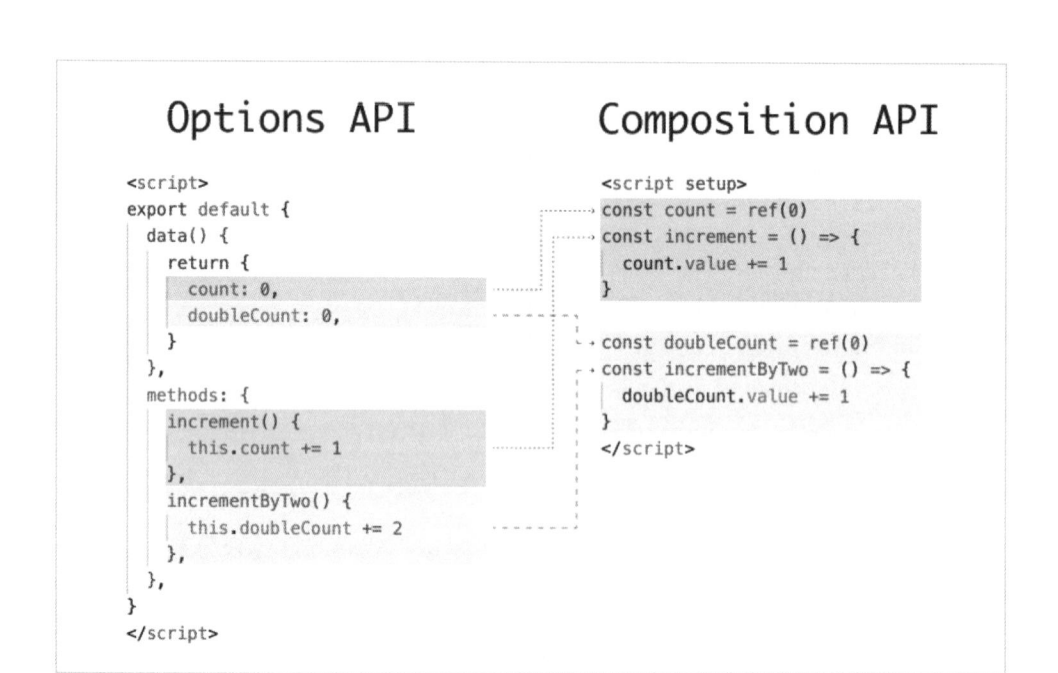

圖 3-37　Options API 與 Composition API 的風格差異

Vue 3 的 Composition API 確實為 Vue 與前端開發帶來了革命性的變化，顯著提升了程式碼的組織性和高效的邏輯複用，雖然在 Options API 有 mixin 這種非常靈活的方式，可以匯入重複使用的程式碼，讓不同的元件可以共用函式，但隨著專案變大，同一個元件可能使用 mixin 同時來引用許多的共用函式，這將導致容易產生命名衝突、元件間的耦合與來源不夠清晰等問題。

組合式函式（Composables）基於組合式 API（Composition API）來封裝可複用的程式邏輯，相比 Options API 的 mixin，Composition API 主要優點在於其靈活性和清晰度使得組合式函式更加的模組化，也讓開發者能更精確的匯入所需要的函式，減少潛在的錯誤與提升擴充性和可維護性。

3.5.2 建立組合式函式

在 Nuxt 中可以在 `app/composables` 目錄下建立組合式函式（Composables），這些目錄下的檔案將會被 Nuxt 自動掃描與匯入，實現在各個元件使用這些組合式函式。

舉例來說，建立 `app/composables/useCounter.ts` 檔案。

> TS app/composables/useCounter.ts

```ts
export default function () {
  const count = ref(0)

  const increment = () => {
    count.value += 1
  }

  return {
    count,
    increment,
  }
}
```

建立一個 Count 頁面，在頁面中使用剛才所建立的組合式函式 `useCounter`。

> ▼ app/pages/count.vue

```vue
<script setup>
const { count, increment } = useCounter()
</script>

<template>
  <div class="flex flex-col items-center">
    <span class="my-8 text-4xl text-gray-700">{{ count }}</span>
```

```
  <button
    class="rounded bg-sky-600 px-4 py-2 font-medium text-white"
    @click="increment"
  >
    增加 1
  </button>
 </div>
</template>
```

使用瀏覽器瀏覽 `/count`，如圖 3-38，可以點擊畫面上的按鈕，來將計數器的數值作增加。因為 Nuxt 自動匯入的特性，在元件中可以直接使用所建立的 `useCounter` 組合式函式，以這個例子來說，在 Count 頁面元件中，可以直接在 `<script setup>` 中直接呼叫使用 `useCounter` 組合式函式，函式便會回傳一個物件並可以從這個物件解構出 `count` 與 `increment`，`count` 為一個響應式的狀態用來顯示計數值，`increment` 則為一個狀態處理函式，每當呼叫時會讓計數值增加 1。

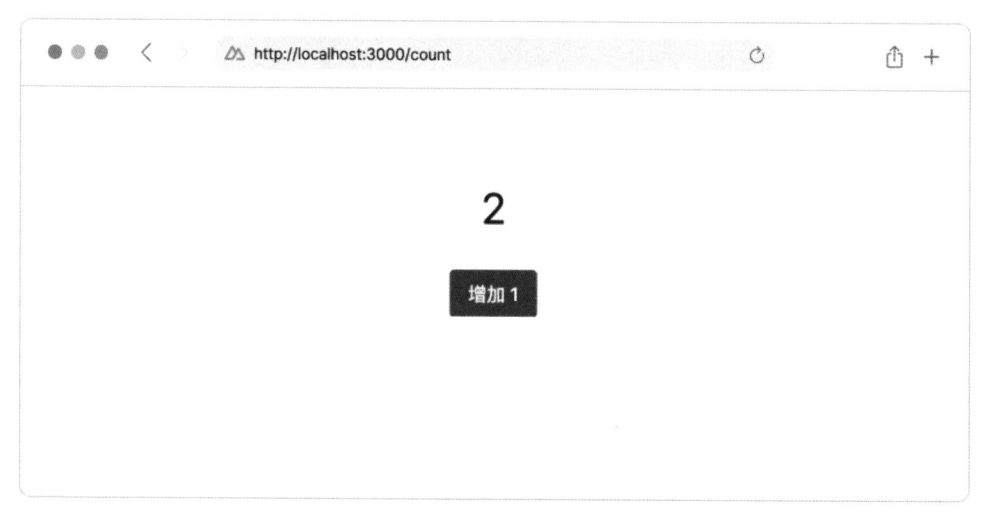

圖 3-38　使用 useCount 組合式函式

建立組合式函式可以大幅簡化頁面元件的開發過程，前面的例子將可能常用的計數邏輯進行集中管理並製作成組合式函式，使得開發者在其他元件中想使用計數相關的功能時，只需直接呼叫使用，並專注於計數值的顯示和呼叫增加數值的函式。這不僅提高了程式碼的可維護性，還能保持各個元件的簡潔和專注，透過將複雜的邏輯抽象化，組合式函式為開發者提供了一種更高效、更直觀的方式來處理共享功能。

> </> 完整範例程式碼
>
> 建立 useCount 組合式函式 https://book.nuxt.tw/r/25

3.5.3 組合式函式的名稱

Nuxt 的自動匯入特性能夠自動解析並匯入組合式函式，當建立了 `app/composables/useCounter.ts` 檔案後，Nuxt 的自動匯入特性將會解析出組合式函式 `useCounter`。組合式函式的命名不僅影響其識別性，還會直接影響到在專案中的使用方式。在 Nuxt 中組合式函式的命名主要有兩種方式，這兩種方式都會對函式在使用時的名稱產生影響，接下來將依序介紹這兩種不同的組合式函式的命名方式及其對使用時函式名稱的影響，幫助開發者更好地組織和使用組合式函式。

1. 使用預設匯出（Default export）

如果在建立組合式函式的檔案內使用預設匯出的方式匯出函式，那麼這個組合式函式在使用時，函式名稱基於建立組合式函式的檔名而自動產生，例如建立 `app/composables/useCounter.ts` 檔案內容如下，使用時組合式函式為小寫駝峰式命名法（Lower camel case）名為 `useCounter`。

```ts
// app/composables/useCounter.ts
export default function () {
  const count = ref(0)

  const increment = () => {
    count.value += 1
  }

  return {
    count,
    increment,
  }
}
```

> **補充說明**
>
> 組合式函式的檔案名稱，可以是小駝峰式（Lower Camel case）或烤肉串（Kebab case）命名法，但是在使用自動匯入的組合式函式時，呼叫函式名稱則統一為小駝峰式。
>
> 例如組合式函式的檔案名稱為 `useCounter.ts` 或 `use-counter.ts`，使用自動匯入組合式函式的名稱皆為 `useCounter`。

> **完整範例程式碼**
>
> 使用預設匯出的組合式函式 https://book.nuxt.tw/r/26

2. 使用具名匯出（Named export）

如果建立組合式函式時，使用的是有具名的匯出方式，那麼組合式函式對應的名稱，就不再是檔案名稱，而是檔案內 **export** 所匯出的函式名稱。

例如，建立 `app/composables/count.ts` 檔案內容如下，組合式函式名稱就不會是檔案名稱 `count`，而是具名匯出的函式名稱 `useCounter`。

TS app/composables/count.ts

```ts
export const useCounter = () => {
  const count = ref(0)

  const increment = () => {
    count.value += 1
  }

  return {
    count,
    increment,
  }
}
```

> 🐰 **小技巧**
>
> 不論是使用預設匯出透過檔案名稱命名或使用具名匯出命名組合式函式，組合式函式的名稱，可以遵循 Vue 的普遍習慣，將函式的名稱以 `use` 作為開頭來加以識別，例如 `useCount` 或 `useUserProfile` 等，`use` 前綴很好的表明這個函式是一個組合式函式，而不是一個普通的通用函式或方法，這種命名習慣對於熟悉框架的開發者更加直觀，也提供更一致且容易理解的程式碼。

> </> **完整範例程式碼**
>
> 使用具名匯出的組合式函式 🔗 https://book.nuxt.tw/r/27

3-89

3.5.4 組合式函式自動匯入的規則

在 `app/composables` 目錄下，Nuxt 會自動掃描 .ts、.js 和 .mjs。副檔名的檔案，但只有最上層的檔案，才會自動的被匯入為組合式函式。

以圖 3-39 這個檔案結構為例，只有 `app/composables/useCounter.ts` 才會被自動匯入。

```
∨ nuxt-app
  ∨ 📦 app
    └ ∨ 📁 composables
      ├ ∨ 📁 time
      │     └ TS useDateFormat.ts
      └ TS useCounter.ts
```

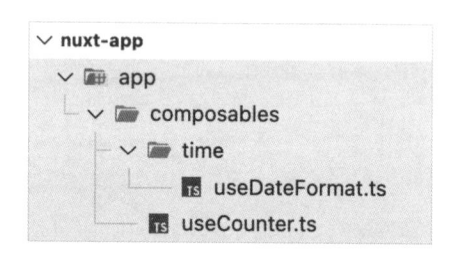

圖 3-39　只有 useCounter 才會自動匯入

以圖 3-40 這種檔案結構來說，`app/composables/time/index.ts` 並不會自動匯入。

```
∨ nuxt-app
  ∨ 📦 app
    └ ∨ 📁 composables
      ├ ∨ 📁 time
      │     └ TS index.ts
      └ TS useCounter.ts
```

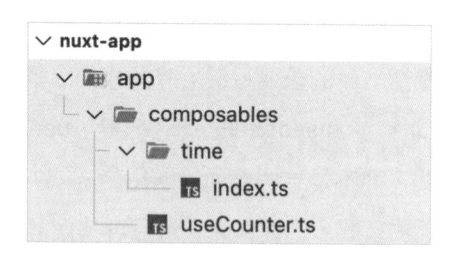

圖 3-40　time 目錄下的 index 不會自動匯入

如果想讓巢狀的目錄結構下也能被 Nuxt 自動掃描匯入，可以使用下面兩種方法：

1. 重新匯出

配置 `app/composables/index.ts` 將目錄下的函式在這個檔案中整理並匯出所需要的作為組合式函式。

```ts
// app/composables/index.ts
export { default as useDateFormat } from './time/useDateFormat'
```

透過最上層的 `index.ts` 可以將目錄下無法被自動匯入的組合式函式，統一於此作整理再重新具名匯出，這種方法的優點在於能明確指出每個組合式函式的來源也能重新命名，統一管理也使得整體更簡潔與清晰，如果專案中的組合式函式比較多且複雜，也推薦使用這種方式來統一處理和重新匯出。

2. 配置自動匯入設定來掃描巢狀目錄

預設情況下，`app/composables` 目錄內僅有第一層的檔案具有自動匯入的特性，如果有需要添加其他的目錄，可以調整 Nuxt Config 來調整自動匯入的路徑規則，配置自動匯入額外掃描其他目錄。

```ts
// nuxt.config.ts
export default defineNuxtConfig({
  imports: {
    dirs: [
      // 掃描 composables 目錄頂層
      'composables',
```

```
      // 只掃描指定目錄的特定檔案
      'composables/time/useDateFormat.ts',
      // 掃描深度一層的特定檔案
      'composables/*/index.{ts,js,mjs,mts}',
      // 掃描整個 composables 目錄下的檔案
      'composables/**',
    ],
  },
})
```

3.5.5 小結

組合式函式提供了一種優雅的方式來封裝共用函式邏輯,在 Nuxt 中透過建立組合式函式,使得元件可以保持的更加簡潔與專注,自動匯入的特性更簡化了元件中使用組合式函式的過程。

> **小技巧**
>
> 除了自己封裝與撰寫組合式函式外,也推薦讀者可以看看 VueUse 這個廣受歡迎的開源專案,VueUse[1] 為開發者提供了一系列精心設計且實用的組合式函式,涵蓋了從狀態管理到 DOM 操作等各方面功能。
>
> 為了避免重新造輪子,許多功能都可以先找找是否有現成的解決方案或套件可以參考做使用,透過利用 VueUse,開發者可以大幅減少重複工作,提升開發效率。

1　VueUse: https://vueuse.org/

3.6 通用函式（Utils）

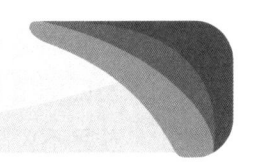

在 Nuxt 中想要建立提供給全域使用的函式，可以建立在具有自動匯入的 `app/composables` 與 `app/utils` 目錄之下，這兩個目錄通常會用來定義一些專案中常重複使用的函式或實用的程式，兩個目錄的掃描匯入方式和全域函式的使用基本上是一致的，但在實務上會特別依據函式或常用程式的特性、用途來放置到不同的目錄之下。

根據 Vue 官方文件說明，組合式函式（Composables）通常是一種利用 Vue 的組合式 API（Composition API）來封裝和複用**具有狀態邏輯（Stateful logic）**的函式。簡單來說，如果想要建立提供全域使用的函式，而函式的實作內具有 Vue 的響應式狀態的回傳或 Vue 相關 API 的操作，這類函式可以將它歸類為具有狀態邏輯的函式，也就會建議將函式實作檔案放置在 `app/composables` 目錄下，作為組合式函式。

隨著專案的增長許多邏輯或程式可能會重複利用到，開發者可能會為此建立函式來重複使用這些函式，然而這個函式可能只是一個格式化文字或日期的方法，而且這個函式期望接收一些輸入並回傳輸出，也沒有依賴 Vue 相關的狀態或 API。

例如，建立 `app/utils/toLocaleStringFromUnixTime.ts` 檔案，實作格式化時間的通用函式。

TS app/utils/toLocaleStringFromUnixTime.ts

```ts
export default function (unixTime: number) {
  return new Date(unixTime * 1000)
    .toLocaleString(undefined, { hour12: false })
}
```

這個用來格式化日期的函式 `toLocaleStringFromUnixTime`，它接受一個 Unix 時間輸入並回傳預期的日期輸出，當一個函式每次都能保持相同輸入得到相同的輸出，並且不會對函式以外的作用域產生副作用，可以稱之為**純函式**（**Pure Function**），純函式符合著**無狀態邏輯**（**Stateless logic**）及可以預期的特性，所以將一個純函式或無狀態邏輯的函式與組合式函式做出區分，這些無狀態的常用函式通常會放置在 `app/utils` 目錄下，來讓專案可以共同使用這些通用函式。

> **補充說明**
>
> 如果有聽過或使用過 lodash 或 date-fns，它們也是屬於無狀態邏輯的函式庫，用來提供給專案使用這些可以共通使用的函式。

> **</> 完整範例程式碼**
>
> 建立 toLocaleStringFromUnixTime 通用函式 ⧉ https://book.nuxt.tw/r/28

3.6.1 Utils 目錄的自動匯入

通用函式通常定義在專案的 `app/utils` 目錄下，而這些定義好的通用函式雖然具有自動匯入的效果，但僅有在用戶端 Vue 中可以做使用，意思是無法在 Nuxt 的 Server API 中使用這些通用函式，因為 Nuxt 的 Server API 使用的自動導入函式，應該定義在 `server/utils` 目錄下。

3.6.2 組合式函式與通用函式建立的時機

根據前面所介紹的組合式函式和通用函式說明，這兩種函式適合的建立時機我習慣以下列這種方式做區分：

組合式函式（Composables）：封裝的函式邏輯具有響應式的狀態回傳、可能造成其他副作用（Side effect）的產生，甚至是只要使用到 Vue 的組合式 API（Composition API），都建議可以直接封裝成組合式函式放置在 `app/composables` 目錄下。

通用函式（Utils）：封裝的函式具有純函式（Pure Function）的特性，例如數值加總、字串格式化處理或演算法等，這些不會影響到其他作用域數值、狀態或不大依賴 Vue 或 Nuxt 的 API 的處理函式，就可以放置在 `app/utils` 目錄下來讓專案重複使用。

3.6.3 小結

在 Nuxt 中可以建立提供給整個應用程式重複使用的共用函式，在實作時可以依據函式的特性做分類與命名，在後續維護上也會更加方便，除此之外，在建立這些常用函式之前，也可以參考網路上的函式庫避免重複造輪子。

3.7 插件（Plugins）

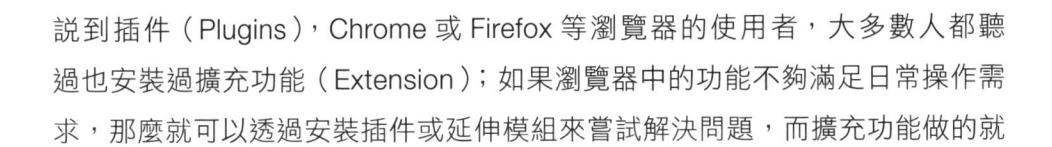

說到插件（Plugins），Chrome 或 Firefox 等瀏覽器的使用者，大多數人都聽過也安裝過擴充功能（Extension）；如果瀏覽器中的功能不夠滿足日常操作需求，那麼就可以透過安裝插件或延伸模組來嘗試解決問題，而擴充功能做的就

3-95

是幫助瀏覽器或網站，添加一些功能或是配置，做一個擴充的動作。Nuxt 的插件道理也是一樣的，可以透過插件來為 Nuxt 擴充功能。

在開發時，為了不重複造輪子，通常會先網路上找看看有沒有現成的套件可以做使用，如果這個套件在 Nuxt 沒有專用的模組或插件，那麼就只能依照套件的支援與安裝方式嘗試添加至 Nuxt 中使用。接下來將會介紹在 Nuxt 插件的規則與特性，如何建立自訂插件及安裝 Vue 的套件到 Nuxt 中做使用。

3.7.1 插件目錄與自動匯入

Nuxt 會自動掃描 `app/plugins` 目錄下的檔案並自動匯入它們，建立在 `app/plugins` 目錄下的 .ts、.js 和 .mjs。副檔名的檔案，只有最上層的檔案或最上層目錄下的 index 檔案才會被自動匯入。

例如，`app/plugins/myPlugin.ts` 及 `app/plugins/otherPlugin/index.ts` 都會被 Nuxt 自動匯入。

```
∨ nuxt-app
  ∨ 📁 app
    ∨ 📁 plugins
      ∨ 📁 otherPlugin
        📄 index.ts
      📄 myPlugin.ts
```

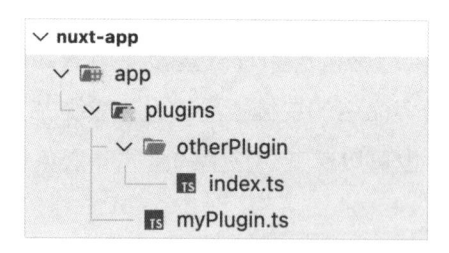

圖 3-41　具有自動匯入特性的插件目錄結構

3.7.2 如何建立插件

當建立好插件的檔案後，只需要使用 Nuxt 提供的 `defineNuxtPlugin` 處理函式，函式具有傳遞給插件的唯一參數是 `nuxtApp`，接著就可以在函式區塊內實作插件處理邏輯或功能。

TS app/plugins/myPlugin.ts

```ts
export default defineNuxtPlugin((nuxtApp) => {
  // 可以使用 nuxtApp 來做一些事情
  console.log(nuxtApp)
})
```

初次建立插件時，可以嘗試觀察 `nuxtApp` 參數，如圖 3-42，`nuxtApp` 為 Nuxt 的上下文（Context），這個物件中包含了 Hook、Payload、狀態等資訊，`nuxtApp` 參數中也包含了 Vue 的實例 `nuxtApp.vueApp`，有了 Vue 的實例就能操作 Vue 實例的 API，例如要使用 Vue 提供的 API 如使用 `app.use()` 安裝插件，就能透過 `nuxtApp.vueApp.use()` 來安裝使用 Vue 的插件，也能透過 Vue 實例建立自訂指令（Custom Directive）。

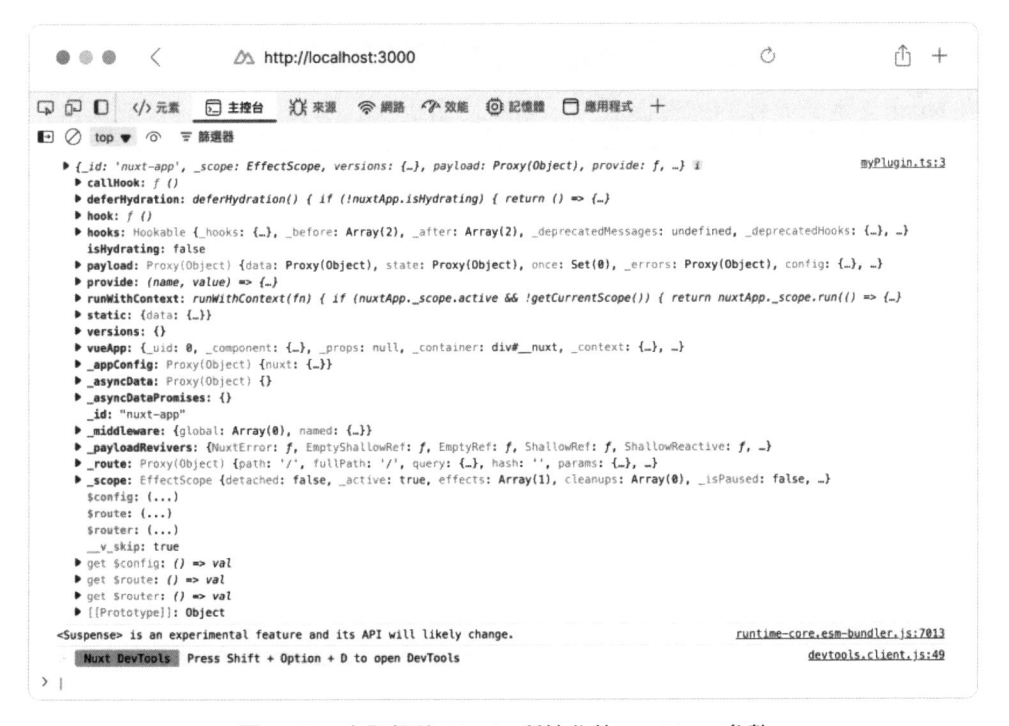

圖 3-42　自訂插件 Plugin 所接收的 nuxtApp 參數

> **完整範例程式碼**
>
> 建立插件觀察插件所接收的 nuxtApp 參數 ⧉ https://book.nuxt.tw/r/29

3.7.3 在插件中使用組合式函式（Composables）

在自定義的插件中也能直接使用在 Nuxt 中建立的組合式函式（Composables）或通用函式（Utils），例如下列程式碼，在插件的處理函式中呼叫自定義的 `useFoo` 組合式函式。

```
export default defineNuxtPlugin(() => {
  const foo = useFoo()
})
```

在 Nuxt 自定義插件的處理函式中，若有使用組合式函式、通用函式或來自其他套件的功能時，需要特別注意以下的限制和差異：

插件的載入順序

Nuxt 的自定義插件會依據檔案名稱的順序來執行和載入，所以，如果使用的組合式函式、通用函式，依賴著尚未載入的插件，它將無法正常的執行；除非已經很確定插件的載入順序，否則儘量不要在插件內使用其他會依賴插件或由其他插件所提供的函式或功能。

依賴 Vue 的生命週期

如果插件內所使用的組合式函式，依賴於 Vue 的生命週期，它將無法正常的運作。一般情況下，Vue 的組合式函式會與目前的元件實例綁定，而 Nuxt 的自

定義插件則僅與 `nuxtApp` 實例綁定，這個區別十分重要，因為它影響了組合式函式的使用範圍和行為。

例如在 Nuxt 的自定義插件中，使用 `useRoute` 或 `useRouter`，這些組合式函式依賴於 Vue 路由系統，在元件上下文（Context）之外可能無法正確運作。

3.7.4 透過插件提供輔助函式（Providing Helpers）

如果想在 Nuxt 中上提供輔助函式（Helper）讓頁面或元件可以共享使用，可以在插件回傳的物件中添加 `provide` 選項來配置欲提供的輔助函式。

例如建立一個插件 `app/plugins/myPlugin.ts`，內容如下：

TS app/plugins/myPlugin.ts

```ts
export default defineNuxtPlugin(() => {
  return {
    provide: {
      hello: (name: string) => `Hello ${name}!`,
    },
  }
})
```

在 `app/app.vue` 中使用自訂插件所提供的輔助函式 `hello`。

▼ app/app.vue

```
<script setup>
const { $hello } = useNuxtApp()
const message = $hello('Ryan')
</script>
```

3-99

```
<template>
  <div class="flex flex-col items-center gap-4 py-24">
    <p class="text-6xl font-semibold text-sky-400">
      {{ message }}
    </p>
    <p class="text-6xl font-semibold text-emerald-400">
      {{ $hello('Jennifer') }}
    </p>
  </div>
</template>
```

`<template>` 中可以直接使用 `$hello`，這個由自定義插件提供的輔助函式 `hello`，同時也要特別注意在 `<template>` 中使用時要加上金錢符號 `$`。若是想在 `<script setup>` 中使用，可以透過 Nuxt 提供的組合式函式 `useNuxtApp` 取得 `nuxtApp` 的實例後再呼叫使用 `$hello` 函式。

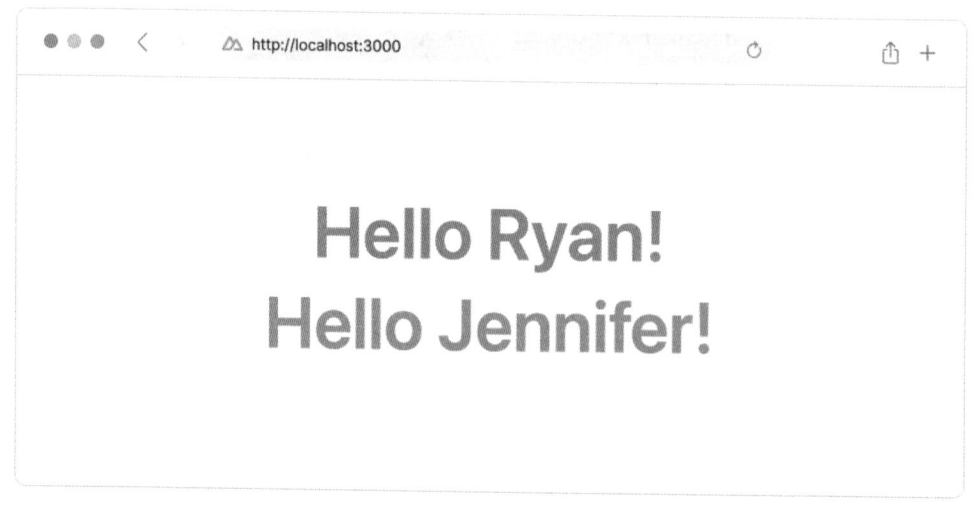

圖 3-43　建立自定義插件提供輔助函式

> 🔔 **小提醒** ✕
>
> 透過插件與 `nuxtApp` 實例所提供的輔助函式（Helper），需要注意在使用時**要加上金錢符號 $**，例如提供的函式名稱為 `hello` 使用時則用 `$hello`。此外，如果只是單想要建立共用函式，建議使用組合式函式或通用函式的建立方式，以避免污染全域的命名空間。

> </> **完整範例程式碼**
>
> 建立自定義插件提供輔助函式 ↗ https://book.nuxt.tw/r/30

3.7.5 僅限伺服器端或用戶端中使用

在 Nuxt 預設的情況下，自定義的插件若沒特別設定，在伺服器端與用戶端都會執行。

在開發的過程中，可能有些自定義插件依賴瀏覽器的 API，導致無法在伺服器後端做執行，又或者這個自定義插件不需要或無法在伺服器端中執行，那麼就需要做一些設定來限制插件執行的環境。

如同建立僅限伺服器端或用戶端的元件一樣，可以透過插件的檔案名稱來添加後綴 .server 或 .client，來控制伺服器端或用戶端中執行的插件。

3.7.6 建立自訂插件來整合支援 Vue 套件或插件

通常在專案內導入外部套件，首先會確認套件的支援性，如果預計導入的套件原本就支援 Vue，那麼導入至 Nuxt 門檻便會降低許多，甚至有些套件本身就有為 Nuxt 製作相對應的插件或導入流程，那一切都會變得容易，反之，就需要依據套件的官方文件來決定在哪個生命週期階段來初始化與載入套件。

只要是 Vue 所支援的套件且封裝的好，基本上都是遵循著下列步驟安裝，而這類型安裝步驟的套件，在 Nuxt 也都可以找到對應的步驟進行安裝與使用。

1. 使用 NPM 或套件管理工具安裝套件。
2. 在 SFC 中依照需求匯入套件的元件或函式。
3. 在 `<template>` 使用套件提供的元件或在 `<script setup>` 中以程式化的方式使用套件提供的功能函式。

初次導入 Vue 套件至 Nuxt 中使用的過程，最常會遇到的問題就是不熟悉 Nuxt 或 Vue 的實例（Instance）與上下文的操作。

舉例來說，如下列幾種在純 Vue 的專案中的 `main.js` 檔案內初始化套件來註冊全域元件或設定全域的 Helper，在 Vue 中使用的套件，如果遇到需要使用 Vue 實例來進行安裝的話，就需要能夠得到下列程式碼中的 `app` 物件也就是 Vue 的實例，再進行相關的 API 或註冊操作。

```js
// 設定全域元件 VueCustomComponent
app.component('VueCustomComponent', VueCustomComponent)

// 設定全域自定義指令
app.directive(VueCustomComponent)

// 安裝插件
app.use('my-directive', VueCustomDirective)

// 設定全域 Helper，名為 $customFunction
app.config.globalProperties.$customFunction = VueCustomFunction

// 或以 provide 的方式來提供全域的數值或函式
app.provide('customValue', 'hello')
```

而在 Nuxt 中想要得到 Vue 的實例，可以使用內建的組合式函式 `useNuxtApp` 先得到 Nuxt 的上下文，便能存取 Vue 的實例。

```
const nuxtApp = useNuxtApp()

const vueApp = nuxtApp.vueApp
```

有了 Vue 的實例 `vueApp` 後，就可以像在 Vue 中安裝套件的方式來依樣畫葫蘆，註冊元件或初始化函式等。若想要在 Nuxt 提供全域 Helper，可以使用 `nuxtApp.provider()` 來共享給整個 Nuxt。後面的小節將介紹實際安裝 Vue 的套件時該如何進行。

3.7.7 建立自訂插件來使用 Vue3-Toastify 套件

Vue3-Toastify 是一個支援 Vue 3 的套件，可以很方便的來為網頁添加通知（Notifications），接下來就來嘗試在 Nuxt 中導入並使用 Vue3-Toastify 套件。

3.7.7.1 在 Vue 中使用 Vue3-Toastify 套件

首先，先以純 Vue 專案為例，依據官網文件的說明，在 Vue 安裝完套件後，如果想要在全域呼叫建立通知的函式，需要使用 Vue 實例來註冊安裝，也就是在 Vue 專案的 `main.js` 檔案中使用 `app.use()`。

```
import Vue3Toastify from 'vue3-toastify'

app.use(Vue3Toastify, {
  autoClose: 3000,
});
```

在想要使用 Vue3-Toastify 的地方，匯入用於建立通知的 `toast` 函式與通知相關樣式，最後，就可以呼叫 `toast` 函式來產生頁面上的通知效果。

```
<script setup>
import { toast } from 'vue3-toastify'
import 'vue3-toastify/dist/index.css'

toast.info(' 產生一個通知就是這麼簡單！')
</script>
```

以上是在純 Vue 的專案中，依照 Vue3-Toastify 官方文件的指引來導入通知套件與使用，接下來將介紹如何在 Nuxt 導入使用。

3.7.7.2 在 Nuxt 中使用 Vue3-Toastify 套件

在 Nuxt 導入 Vue3-Toastify 套件步驟大致也是一樣的，首先需要在專案內使用套件管理工具安裝套件。

```
npm install vue3-toastify
```

因為這個套件需要使用 Vue 的實例進行套件的註冊與安裝，所以可以透過建立 Nuxt 自訂插件 `app/plugins/vue3-toastify.ts`，來完成匯入套件與安裝套件的操作。

```ts
// TS app/plugins/vue3-toastify.ts
import Vue3Toastify from 'vue3-toastify'

export default defineNuxtPlugin((nuxtApp) => {
  nuxtApp.vueApp.use(Vue3Toastify, { autoClose: 3000 })
})
```

在 `defineNuxtPlugin` 插件函式實作中，會得到的唯一參數 `nuxtApp`，這個 `nuxtApp` 就是 Nuxt 的上下文（Context），可以透過它來存取 `vueApp` 來做安裝 Vue3-Toastify，同時也傳入了一個選項 `autoClose: 3000`，作為全域的預設值。

最後在想要產生通知的頁面，例如，首頁匯入用於建立通知的 `toast` 函式與通知相關樣式，並在畫面上添加觸發產生通知的按鈕。

▼ app/app.vue
```vue
<script setup>
import { toast } from 'vue3-toastify'
import 'vue3-toastify/dist/index.css'

const notify = () => {
  toast.info('產生一個通知就是這麼簡單！')
}
</script>

<template>
  <div class="flex flex-col items-center py-24">
    <button
      class="rounded bg-sky-500 px-4 py-2 font-medium text-white"
      @click="notify"
    >
      產生通知
    </button>
  </div>
</template>
```

使用瀏覽器瀏覽首頁，並點擊畫面上「產生通知」的按鈕，可以看見畫面右上角出現了一個通知的訊息，表示 Vue3-Toastify 套件，已經成功透過自定義插件完成導入。

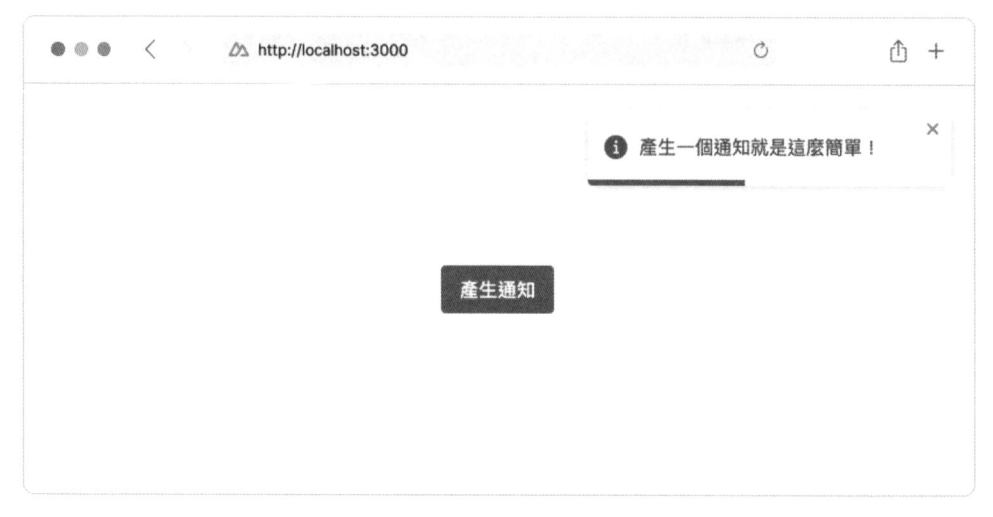

圖 3-44　整合第三方套件產生通知

> </> 完整範例程式碼
>
> 整合第三方套件產生通知 ⧉ https://book.nuxt.tw/r/31

3.7.7.3　在 Nuxt 中建立全域輔助函式來產生通知

在 Nuxt 自訂的插件中也可以直接全域匯入 Vue3-Toastify 的樣式與建立全域的 `toast` 輔助函式。

修改 `app/plugins/vue3-toastify.ts` 檔案，直接匯入樣式並回傳 `provide` 選項與 `toast` 函式作為 Nuxt 的輔助函式。

TS app/plugins/vue3-toastify.ts

```ts
import Vue3Toastify, { toast } from 'vue3-toastify'
import 'vue3-toastify/dist/index.css'
```

```
export default defineNuxtPlugin((nuxtApp) => {
  nuxtApp.vueApp.use(Vue3Toastify, { autoClose: 3000 })

  return {
    provide: { toast },
  }
})
```

這個自定義插件將會被自動匯入 Vue3-Toastify 樣式與註冊安裝，在 `defineNuxtPlugin` 的回傳的物件選項 `provide` 添加 Vue3-Toastify 套件的建立通知的函式 `toast`，就會以全域的 Helper 來供 Nuxt 專案內使用。

從 `useNuxtApp` 組合式函式獲得的 Nuxt 上下文，可以直接進行全域 Helper 呼叫，函式名稱前也會加上金錢符號 $，如下程式碼，在頁面元件中就可以直接呼叫 `$toast` 來產生通知。

▼ app/app.vue

```
<script setup>
const notify = () => {
  useNuxtApp().$toast.info(' 產生一個通知就是這麼簡單！')
}
</script>

<template>
  <div class="flex flex-col items-center py-24">
    <button
      class="rounded bg-sky-500 px-4 py-2 font-medium text-white"
      @click="notify"
    >
      產生通知
    </button>
  </div>
</template>
```

> **完整範例程式碼**
> 建立與使用輔助函式來產生通知 https://book.nuxt.tw/r/32

3.7.8 使用插件建立 Vue 的自訂指令（Custom Directive）

Nuxt 的插件可以取得 Vue 的實例，而有了 Vue 的實例就能操作實例的 API，例如建立 Vue 的自訂指令（Custom Directive）。

舉個例子，建立一個插件檔案 `app/plugins/focus-directive.ts`，並建立自訂指令 **focus**，這個 **focus** 指令可以將焦點聚焦在使用的元件上。

TS app/plugins/focus-directive.ts

```ts
export default defineNuxtPlugin((nuxtApp) => {
  nuxtApp.vueApp.directive('focus', {
    mounted: el => el.focus(),
  })
})
```

修改 `app/pp.vue` 檔案，建立一個按鈕並在按鈕上添加 `v-focus` 指令。

▼ app/app.vue

```vue
<template>
  <div class="flex flex-col items-center py-24">
    <button
      v-focus
      class="rounded bg-blue-500 px-4 py-2 font-medium text-white
```

```
            focus:ring-2 focus:ring-blue-500 focus:ring-offset-2
            focus:outline-none"
    >
      自動聚焦的按鈕
    </button>
  </div>
</template>
```

透過自定義插件便完成了能自動將焦點聚焦在使用 `v-focus` 指令的元件上，如圖 3-45，按鈕在聚焦後出現了框線。

圖 3-45　使用自定義插件建立自動聚焦元素的指令

> **完整範例程式碼**
>
> 使用自定義插件建立自動聚焦元素的指令　https://book.nuxt.tw/r/33

3.8 模組（Modules）

在插件（Plugins）章節中，提到插件可以用來為 Nxut 擴充功能，而在 Nuxt 開發過程中，除了插件以外也可以透過配置模組（Modules）來進行功能的擴充，接下來將講述插件與模組有哪些的差異。

3.8.1 插件與模組的差異

當想要擴充 Nuxt 或 Vue 的功能時，雖然 Nuxt 可以透過安裝或配置插件進行功能擴充，但是每次都使用自定義插件安裝可能繁瑣耗時，甚至發生使用者遺漏的官方文件的指引步驟，導致套件安裝或擴充功能失敗。所以 Nuxt 提供了一個模組系統可以用來擴充自身框架的核心，也簡化了整合過程中需要的繁瑣配置。如果套件已經有針對 Nuxt 做模組整合，開發者就不必從頭開始開發或像安裝插件一樣需要建立與維護這些配置。

Nuxt 模組與插件最大的差異在於，模組載入執行的時間點更早，意思是 Nuxt 在啟動伺服器後，首先會依序的載入模組並執行，接續建立 Nuxt 的環境與 Vue 的實例（Instance），最後才開始載入 Nuxt 的插件。

總歸來說，Nuxt 的模組與插件都能夠用來配置、導入第三方或客製化的套件，除此之外，Nuxt 模組相較於插件可以做更多的事情，包含在使用 `nuxi dev`、`nuxi build` 命令啟動或建構 Nuxt 時，可以透過模組來覆蓋模板、配置 webpack 及配置插件等許多任務，相比之下，插件主要用於在添加全域功能，能夠影響的範圍相對較小。

3.8.2 如何安裝與使用模組

Nuxt 模組是一個匯出非同步處理函式的 JavaScript 檔案，通常可以透過 NPM 安裝套件的方式，來安裝官方或第三方作者所提供的 Nuxt 模組。

當安裝模組套件後，需要進行配置告知 Nuxt 使用哪些模組，通常會配置在 Nuxt Config 的 `modules` 選項中，例如配置使用 Nuxt Tailwind 模組會在 `modules` 選項的陣列中添加上 `'@nuxtjs/tailwindcss'`，表示使用的模組名稱。

> **nuxt.config.ts**
```
export default defineNuxtConfig({
  modules: ['@nuxtjs/tailwindcss'],
})
```

通常模組的開發人員會提供在 `modules` 選項陣列中，該以何種名稱來做配置，例如 Nuxt Tailwind 使用的名稱為 `@nuxtjs/tailwindcss`，這些資訊通常可以在模組的說明或配置文件中尋找。此外，`modules` 選項陣列中的每個元素支援下列幾種設定與載入模組的配置方式，陣列中的每一個元素，表示載入一種模組，意即可以在選項陣列中載入多個模組。

> **nuxt.config.ts**
```
export default defineNuxtConfig({
  modules: [
    // 使用模組名稱
    '@nuxtjs/example',

    // 載入本地目錄的模組
```

```
    '~/modules/example',

    // 使用模組並添加模組提供的選項設定
    ['@nuxtjs/example', { token: '123' }],

    // 在行內定義模組
    async (inlineOptions, nuxt) => {},
  ],
})
```

Nuxt 的模組若有提供一些可選用的選項設定來配置，同樣可以在 Nuxt Config 進行配置，通常可選選項設定有兩種常見的配置方式如下：

1. 在 modules 屬性中配置模組提供的選項設定

在 Nuxt Config 的 `modules` 屬性中為陣列內添加一個新的陣列，表示使用的模組與模組的選項，陣列的第一個元素為模組名稱，第二個元素為一個物件，可以用來配置模組的選項設定。

△ nuxt.config.ts
```
export default defineNuxtConfig({
  modules: [
    // 使用模組並添加模組提供的選項設定
    ['@nuxtjs/tailwindcss', { viewer: true }],
  ]
})
```

2. 在 Nuxt Config 物件中配置模組提供的選項設定

在 `modules` 選項中為陣列內添加一個字串，表示使用該名稱模組，另外在與 `modules` 選項同層級的物件選項也就是 Nuxt Config 頂層選項，使用模組所說明的選項名稱 **tailwindcss**，來配置模組的選項設定。

```ts
// nuxt.config.ts
export default defineNuxtConfig({
  modules: [
    // 使用模組
    '@nuxtjs/tailwindcss',
  ],
  // 配置 @nuxtjs/tailwindcss 模組提供的選項設定
  tailwindcss: {
    viewer: true,
  },
})
```

Nuxt Config 頂層使用的 **tailwindcss** 選項名稱通常需要參考模組的官方文件說明來得知，通常每個模組會有獨一無二的選項名稱來為模組配置不同的選項。

3.8.3 探索 Nuxt 第三方模組

Nuxt 模組生態系統豐富且多樣，開發者可以在 Nuxt 官方網站的 **Explore Nuxt Modules**[2] 上尋找由 Nuxt 官方或社群生態所發展建置的模組，Nuxt 的模組通常遵循著官方指南所製，使用時只需要安裝與添加至 Nuxt Config 中，基本上就能完成配置，確保了與 Nuxt 框架的良好整合和一致性。

2　Explore Nuxt Modules: https://nuxt.com/modules

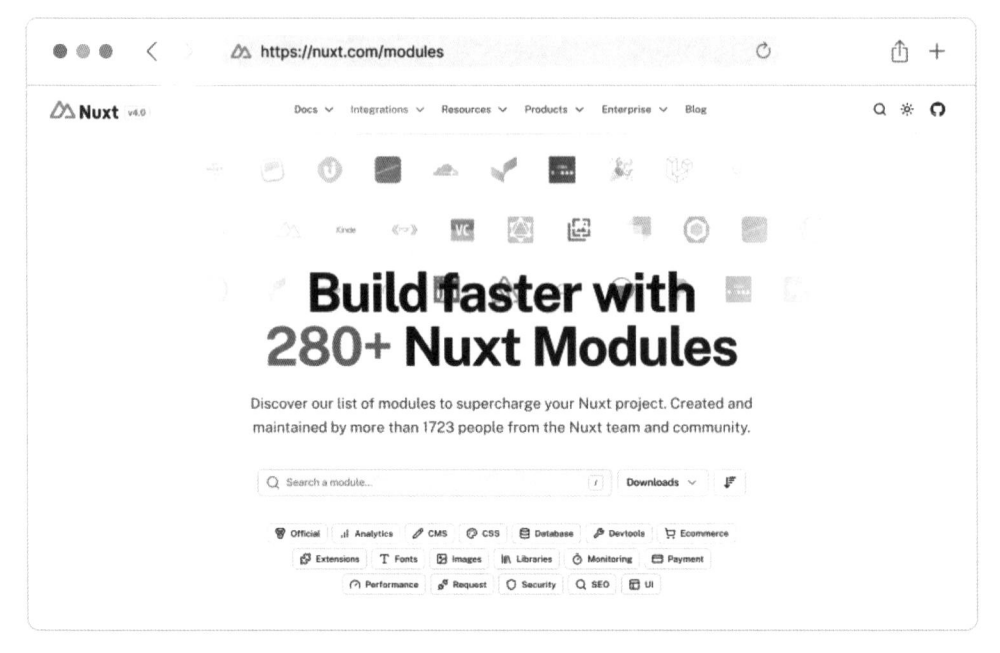

圖 3-46　Nuxt 官方與社群維護的模組列表

3.8.4　安裝與使用 Nuxt Icon 模組

Nuxt Icon 模組[3] 整合了 Iconify 圖示集，提供多達 100,000 個以上的 Icon 圖示，只要在 Nuxt 中安裝後，就可以直接在頁面或元件中方便的使用成千上萬的 Icon 圖示。

模組使用的方式也非常的簡單，可以參考下列步驟來導入 Nuxt Icon 模組：

STEP 1 安裝套件

使用 Nuxt CLI 或套件管理工具安裝 Nuxt Icon 模組

3　Nuxt Icon: https://github.com/nuxt/icon

```
npx nuxi@latest module add icon
```

STEP 2 配置使用模組

在 Nuxt Config 中的 `modules` 選項，添加 Nuxt Icon 模組的名稱 `'@nuxt/icon'`。如果 `modules` 選項的陣列中已存在多個模組名稱，只需要往陣列中繼續添加即可。

▲ nuxt.config.ts
```
export default defineNuxtConfig({
  modules: ['@nuxt/icon'],
})
```

STEP 3 開始使用

依照模組的文件說明，模組安裝完成後，就可以直接在 `<template>` 中使用 Nuxt Icon 模組註冊安裝與自動匯入的元件 `<Icon>`，這個 Icon 元件可以傳入 `name` 屬性，以此來顯示不同的 Icon 圖示，`size` 屬性則可以控制圖示的大小。

▼ app/app.vue
```
<template>
  <div class="flex flex-col items-center py-24">
    <Icon name="logos:nuxt" size="80" />
  </div>
</template>
```

當瀏覽頁面就能發現畫面上出現了 Nuxt 的 Logo 圖示。

圖 3-47　使用 Nuxt Icon 呈現圖示

> **完整範例程式碼**
> 安裝與使用 Nuxt Icon 模組 ⧉ https://book.nuxt.tw/r/34

使用 Nuxt Icon 模組來建立圖示

在網站開發時，許多時候需要自己尋找圖示來設計介面，傳統的方式需要一一下載圖片或複製標籤描述來建立所需要的圖示，在開發上就會花費不少時間。

網路上有許多免費且開源的圖示或字型可以做使用，而 Nuxt Icon 模組也是選擇之一，模組中不僅整合了 Iconify 的 Icon 圖示集，只要在 Nuxt 中安裝後，只要宣告標籤與圖示名稱，就可以很方便的來載入圖示。

Iconify 圖示集

在使用模組所提供的元件 `<Icon>` 時，需要傳入一個 `name` 的屬性，這個屬性是 Iconify 圖示集所定義的，Iconify 提供多達 100,000 個以上的圖示，並具有多種風格類型的系列圖示，在 Icônes 網站[4] 可以快速搜尋到想要的圖示與對應的圖示名稱。

例如想要在 Fluent UI System Icons 集合內，如圖 3-48，點擊欲使用圖示，畫面上就會跳出提示視窗，包含使用圖示元件時所需要的 `name` 屬性值 `fluent:airplane-take-off-24-regular` 或其他匯入或使用方式。

圖 3-48　圖示資源探索與管理網站

透過元件的 `name` 屬性值，開發者能快速的添加圖示到頁面或元件之中。

```
<Icon name="fluent:airplane-take-off-24-regular" />
```

4　Icônes: https://icones.js.org/

3-117

Emoji

Icon 元件也可以使用 Emoji 來當作 name 屬性值，以此來使用元件的屬性控制 Emoji。

```
<Icon name="🚀" />
```

Vue 元件

透過模組約定的元件目錄 `app/components/global`，也可以使用自訂的 SVG 來建立圖示。例如，建立一個圖示元件 `app/components/global/NuxtIcon.vue` 內容如下。

▼ app/components/global/NuxtIcon.vue

```
<template>
  <svg
    xmlns="http://www.w3.org/2000/svg"
    width="48.77"
    height="32"
    viewBox="0 0 256 168"
  >
    <path
      fill="#00DC82"
      d="M143.618 167.029h95.166c3.023 0 5.992-.771 8.61-2.237a16.963 16.963 0 0 0 6.302-6.115a16.324 16.324 0 0 0 2.304-8.352c0-2.932-.799-5.811-2.312-8.35L189.778 34.6a16.966 16.966 0 0 0-6.301-6.113a17.626 17.626 0 0 0-8.608-2.238c-3.023 0-5.991.772-8.609 2.238a16.964 16.964 0 0 0-6.3 6.113l-16.342 27.473l-31.95-53.724a16.973 16.973 0 0 0-6.304-6.112A17.638 17.638 0 0 0 96.754 0c-3.022 0-5.992.772-8.61 2.237a16.973 16.973 0 0 0-6.303 6.112L2.31 141.975a16.302 16.302 0 0 0-2.31 8.35c0 2.932.793 5.813 2.304 8.352a16.964 16.964 0 0 0 6.302 6.115a17.628 17.628 0 0 0 8.61 2.237h59.737c23.669 0 41.123-10.084 53.134-29.
```

```
758l29.159-48.983l15.618-26.215l46.874 78.742h-62.492l-15.628
26.214Zm-67.64-26.24l-41.688-.01L96.782 35.796l31.181 52.492l-
20.877 35.084c-7.976 12.765-17.037 17.416-31.107 17.416Z"
    />
  </svg>
</template>
```

接著就可以在頁面或元件中，使用 Icon 元件並傳入建立的元件名稱作為 `name` 屬性值。

```
<Icon name="NuxtIcon" />
```

圖示載入的方式

Nuxt Icon 模組所使用的載入方式，是透過發出 HTTP 請求 Iconify CDN 來載入圖示，雖然模組提供 CDN 與 Local Storage 快取的方式來解決請求速度的問題，但是模組的圖示在網站打包或建立靜態網站時，並沒有辦法在建構時期一同打包並提供離線使用，所以可能會發生圖示未載入完成前的空白狀態或需要可以接受網路的環境。

為了解決 Nuxt Icon 模組在靜態建構時無法離線打包圖示的限制，在 v1.0 版本引入了 **Server Bundle** 機制，透過 Nuxt Server API 來動態回應圖示請求。這種方式不再依賴 Iconify CDN，使圖示可以在伺服器端處理與快取，減少首次載入時間與依賴外部網路。搭配預先下載常用圖示並包裝成本地 JSON 或 SVG 格式的離線圖示包，即可進一步實現完全離線可用的 Nuxt Icon 載入機制。這種整合策略不僅保留了動態載入的彈性，也強化了使用者在網路不穩或離線時的體驗，達成更穩定且高效的圖示管理方式。

更多 Nuxt Icon 的使用方式與配置，可以參考官方文件。

VS Code 延伸模組 - Iconify IntelliSense

當使用上述這些方法來使用圖示時，也推薦安裝一個 VS Code 延伸模組 **Iconify IntelliSense**，這個工具能夠在開發過程中即時顯示對應的圖示、自動完成圖示名稱、提供滑鼠游標懸停提示等，這些功能大大提高了開發效率和體驗。

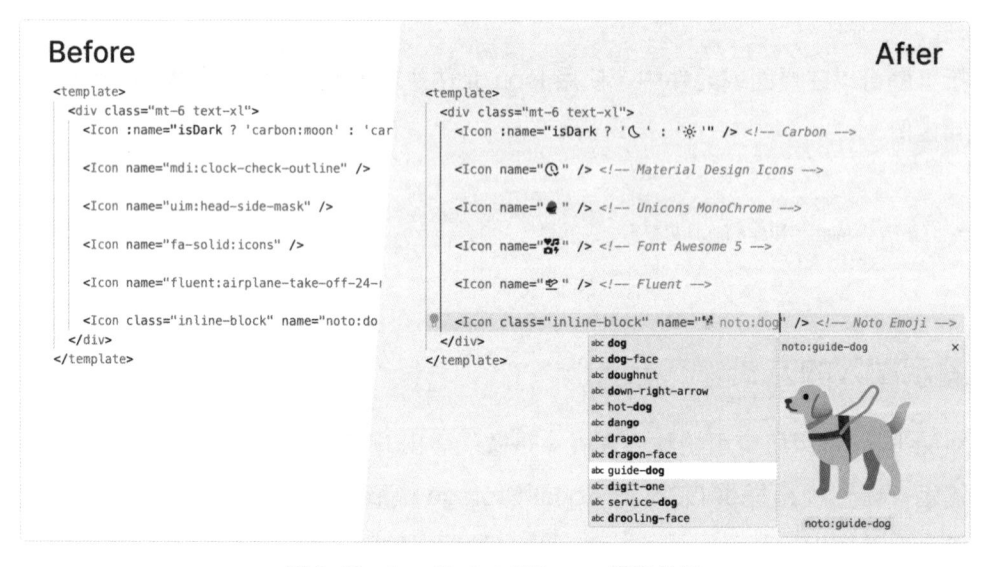

圖 3-49　Iconify IntelliSense 使用效果

透過模組來協助網站 Icon 圖示的添加，不僅簡化了圖示的添加過程，還為開發者提供了更好的開發體驗。如果 Iconify 提供的圖示集合仍不能滿足特定需求，開發者可以考慮使用自訂元件的方式來載入額外的圖示。相比傳統的圖片檔案，向量圖示具有更高的靈活性，允許開發者輕鬆調整大小、顏色和其他樣式屬性，從而實現更豐富的視覺效果。這種方法不僅能滿足各種設計需求，還能確保網站在不同設備和解析度下都能保持清晰度。

3.8.5 小結

透過 Nuxt 的模組,可以很方便的將第三方的功能或套件導入至專案做使用,以 Nuxt Icon 模組為例,幾乎不需要任何配置立刻就能使用自動註冊好的 Icon 元件,並依據需求快速的呈現圖示。

3.9 中介層目錄(Middleware Directory)

在 Vue 的專案中若具有多個頁面,這些頁面通常會使用 Vue Router 來建立與控制路由,而 Vue Router 除了可以控制路由頁面之間的導航以外,也提供了導航守衛(Navigation Guards)的 Hook API,讓開發者可以在全域、路由甚至是元件中,控制路由跳轉或取消的方式,以便在路由導航過程的不同階段可以進行干預,甚至不讓其隨意導航至特定頁面。

Nuxt 透過一個路由中介層系統,提供統一和簡潔的方式來處理路由的控制,透過製作路由的中介層,使得在 Nuxt 中可以實作出類似 Vue Router 導航守衛的效果,也讓實作控制複雜的路由邏輯變得更加容易和直觀。

3.9.1 Vue Router 的導航守衛(Navigation Guards)

導航守衛的核心概念就是在進入頁面之前,會攔截路由請求並執行自訂的驗證邏輯,依據驗證的成功與否,准予放行跳轉至路由頁面,抑或是取消進入該路由,再依照不同處理方式進行中斷或重導向至特定路由頁面。

導航守衛在實務上中有許多使用情境,其中最為常見的是實作頁面瀏覽的權限控制。一個經典的例子是限制只有管理員才能瀏覽 `/admin` 路徑下的頁面,在這種情況下,通常會實現一個攔截邏輯,用於驗證用戶的身份認證狀態,這個處理邏輯會檢查用戶是否已登入,並驗證其夾帶的 Token 或 Role 是否具備足夠的權限,如果驗證通過,系統便會允許瀏覽管理相關頁面;反之,則會將頁面重新導向到首頁、登入頁面或顯示一個錯誤頁面,這個過程可以比喻為一個盡職的守衛,在不同路由之間查驗放行,嚴格把關頁面的權限,確保每個使用者只能瀏覽其權限範圍內的頁面,這種機制不僅提高了網站的安全性,還能夠根據使用者的角色和權限提供個人化的頁面設計與操作體驗。

以 Vue Route 來說,共提供了以下三種類型可以使用的 Hook,分別是在全域、路由或是元件中:

全域前置守衛(Global Before Guards)

當全域守衛 Hook 添加完成後,每次導航至不同路由時,都會攔截並以非同步的方式執行相對應的處理邏輯。

全域守衛提供了 `router.beforeEach()` 可以在進入任何一個路由前進行攔截處理,當導航觸發時就會依照建立的順序做呼叫,因為是非同步函式解析執行,所以在所有的守衛 resolve 之前,會一直處於 pending 的狀態。

全域解析守衛(Global Resolve Guards)

同樣是屬於全域守衛的 `router.beforeResolve()` 會在所有元件內的導航守衛、路由都被解析及執行完畢後才執行,也就是說這個 `router.beforeResolve()` 呼叫的時間點晚於 `router.beforeEach()`。

全域後置 Hooks（Global After Hooks）

與 `router.beforeEach()` 相反，全域後置 Hooks 提供的 `router.afterEach()` Hook 會是在路由跳轉結束後才觸發，在這個 Hook 執行時路由已經完成跳轉，路由本身也不會再被更動，這個 Hook 通常用於分析類或設置頁面相關的資訊等輔助型的功能很有幫助。

路由獨有守衛（Per-Route Guard）

與 `router.beforeEach()` 不同，開發者可以為每一個路由添加 `beforeEnter()` Hook，來達到每一個路由頁面有不同的處理邏輯，同時也只會在不同的路由導航中切換才會觸發。

元件內的守衛（In-Component Guards）

在元件的內部中，也提供三種 Hooks 分別為：

- `beforeRouteEnter()`：在路由進入並渲染這個元件之前呼叫，這個階段還沒有元件的實例可以操作使用。

- `beforeRouteUpdate()`：目前的路由改變，而且還處於同一個元件中時呼叫。

- `beforeRouteLeave()`：當導航準備離開時且沒有使用到這個元件時呼叫。

導航守衛（Navigation Guards）在導航出發後的 Hook 觸發順序如圖 3-50：

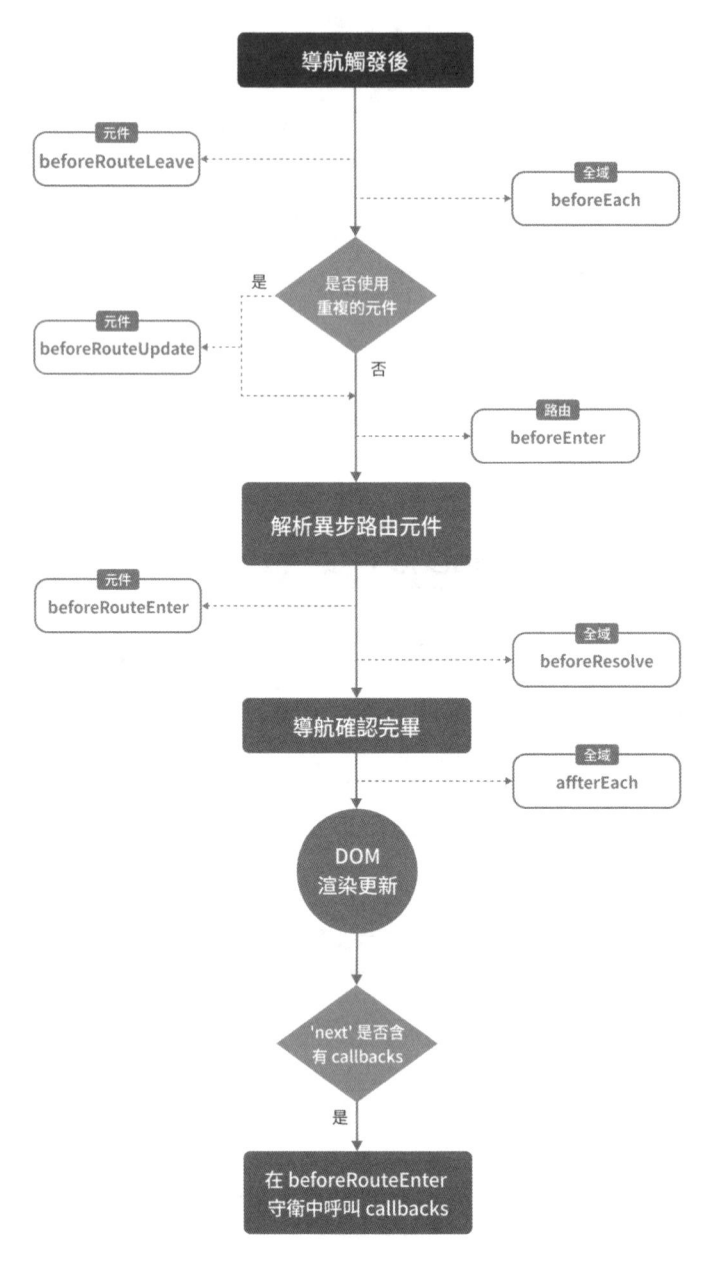

圖 3-50　Vue Router 導航觸發的生命週期與 Hook

3.9.2 Nuxt 路由中介層

Nuxt 中提供了一個路由中介層的框架，允許開發者在 `app/middleware` 目錄下建立自訂的頁面路由中介層處理函式，這些中介層可以靈活地作用於整個 Nuxt 頁面或特定的路由，也可以在頁面中單獨添加，路由中介層可以理解為 Vue Router 中的導航守衛（Navigation Guards），同樣具有 `to` 與 `from` 參數，用以在導航至特定路由之前驗證權限或執行邏輯處理。

3.9.2.1 路由中介層格式

若想建立路由中介層，可以在 Nuxt 專案的 `app/middleware` 目錄下建立檔案，並預設匯出一個使用 `defineNuxtRouteMiddleware()` 定義的處理函式。

```
export default defineNuxtRouteMiddleware((to, from) => {
  const isAdmin = checkAdmin()

  if (to.path.startsWith('/admin') && !isAdmin) {
    return navigateTo('/login')
  }

  if (to.path === '/restricted' && !hasAccess()) {
    return abortNavigation(' 沒有權限可以瀏覽這個頁面 ')
  }

  // 不回傳任何內容，表示允許導航繼續
})
```

路由中介層能接收目前的路由 `to` 與下一個路由 `from` 做為參數，如同 Vue Router 的導航守衛，透過這些參數與其他狀態就可以來做一些判斷與驗證操作。

3.9.2.2 路由中介層的回傳

Nuxt 路由中介層的處理函式最終會回傳下列這幾種情況，包括不回傳任何內容或回傳 Nuxt 提供的全域 Helpers 等，下列將分別講述不同回傳的差異：

1. 不回傳任何內容

   如果路由中介層沒有回傳值，Nuxt 會認為導航可以繼續進行，便會執行下一個存在的中介層或完成路由導航。

2. navigateTo(to, options)

   在插件或中介層中重新定向到給定的路由，也可以直接在元件中呼叫它進行頁面導航。

   navigateTo 參數依序為 `to` 及 `options`：

   `to`：預設值是 `'/'`，如果傳入 `undefined` 或 `null`，也會是使用預設值 `'/'`，表示重新定向至路由路徑 `/`，`to` 參數也能接受像 Vue Router 的路由位置選項，透過這個選項便可以重新定向至特定的路由名稱、路徑與夾帶參數等操作。

   `options`：是一個可選的物件，物件內有數個參數供選擇設定，例如像 Vue Router 前往導航可以設定的 `replace` 選項，也提供 `redirectCode` 選項讓伺服器端重新導向時可指定狀態碼，其他還有像 `external`、`open` 選項都是可以根據需求來選擇使用。

   如果使用 `navigateTo()` 進行重新導向的過程是發生在伺服器端，預設會將 HTTP Status Code 設置為暫時重新導向的狀態碼 **302 Found**。

   若使用 `navigateTo()` 時並設定 `options.redirectCode` 選項，例如 `navigateTo('/', { redirectCode: 301 })`，伺服器端觸發重新導向時，同時將 HTTP Status Code 設置為永久重新導向狀態碼 **301 Moved Permanently**。

更多 `navigateTo` 參數與選項的說明可以參考官方文件的說明 [5]。

3. abortNavigation(err)

    可以在中介層中回傳 `abortNavigation()` 來中止導航，並可以選擇是否傳入錯誤訊息。

    `abortNavigation` 參數僅有一個 `err`：

    `err`：可以是一個字串或 Error 物件，用來中斷導航時拋出的錯誤。

    更多 `abortNavigation` 參數與選項的說明可以參考官方文件的說明 [6]。

4. 回傳 `false`

    路由中介層的處理函式回傳值也可以只回傳 `false` 來表示終止導航繼續執行，不過這種方式沒有像回傳 `abortNavigation()` 函式來的明確。

3.9.3　路由中介層的種類與使用方式

3.9.3.1　具名路由中介層

在 `app/middleware` 目錄下所建立的路由中介層，會被 Nuxt 自動掃描與識別並提供給路由頁面使用。預設情況下，除非建立的是提供給全域使用的中介層，否則路由中介層得在需要的頁面標示使用。

例如，建立 `app/middleware/random-redirect.ts` 檔案。

---

[5]　navigateTo・Nuxt Utils: https://nuxt.com/docs/api/utils/navigate-to

[6]　abortNavigation・Nuxt Utils: https://nuxt.com/docs/api/utils/abort-navigation

```ts
TS app/middleware/random-redirect.ts
```

```ts
export default defineNuxtRouteMiddleware(() => {
  if (Math.random() > 0.5) {
    console.log(`[ 來自 random-redirect 中介層 ] 重新導向至 /haha`)
    return navigateTo('/haha')
  }

  console.log(`[ 來自 random-redirect 中介層 ] 沒發生什麼特別的事情～`)
})
```

當要使用這個路由中介層時，需要在頁面元件中使用 `definePageMeta` 並傳入一個具有 `middleware` 選項的物件，來指定使用所建立的路由中介層，傳入的名稱即為路由中介層的檔案名稱且為烤肉串（Kebab case）命名法。

```
<script setup>
definePageMeta({
  middleware: 'random-redirect',
})
</script>
```

當在某個頁面中添加這個路由中介層後，每當切換到這個路由頁面時，根據中介層實作的程式碼，約有 50% 機率會被重新導向至 `/haha` 頁面。

舉例來說，建立一個 `/haha` 和 `/about` 頁面，並在 About 頁面元件中定義使用路由中介層 `'random-redirect'`，當路由進入 `/about` 頁面時，便會先經過路由中介層 `'random-redirect'`，依據隨機數來決定是否重新導向。

03 Nuxt 基礎入門

```
•••  <     ᴧ http://localhost:3000/haha              ↻    ↑   +
```

哈哈 想不到吧！！！

這裡是 /haha

圖 3-51　使用具名路由中介層重新導向至其他頁面

如果專案中具有多個路由中介層，在使用 `definePageMeta` 時也可以傳入陣列來表示使用多個路由中介層，這個陣列中的路由中介層將會依序執行。

```
<script setup>
definePageMeta({
  middleware: ['random-redirect', 'other'],
})
</script>
```

當在頁面使用 `definePageMeta` 來指定使用特定的路由中介層時，因為在使用時會特別的指定要使用哪一個名稱的中介層，這些路由中介層便被稱之為**具名路由中介層**。

> </> 完整範例程式碼
>
> 使用路由中介層隨機重新導向至其他頁面 ⧉ https://book.nuxt.tw/r/35

3-129

3.9.3.2 全域的路由中介層

在具名路由中介層的檔案名稱中添加後綴 `.global`，例如 `auth.global.ts`，這個路由中介層將會在每次導航時自動執行，因為在進入每個路由頁面前都會執行，也稱之為**全域的路由中介層**。

例如，建立 `app/middleware/always-run.global.ts` 檔案。

```ts
// app/middleware/always-run.global.ts
export default defineNuxtRouteMiddleware((to, from) => {
  console.log(`[ 全域中介層 ] to: ${to.path}, from: ${from.path}`)
})
```

這個全域的路由中介層建立完成後，不必在頁面元件中呼叫 `definePageMeta` 函式來標記使用，全域的路由中介層會在每一次導航切換，進入路由頁面前自動執行。

3.9.3.3 匿名或者是行內的路由中介層

在頁面元件中可以使用 `definePageMeta` 函式，直接定義的路由中介層的處理函式，因為是直接定義在元件內，不需要建立任何中介層檔案，所以也稱之為匿名路由中介層或行內的路由中介層。

例如，直接定義一個匿名路由中介層在頁面元件中使用。

```
<script setup>
definePageMeta({
  middleware: defineNuxtRouteMiddleware(() => {
    console.log(`[ 匿名中介層 ] 我是直接定義在頁面內的匿名中介層 `)
  }),
})
</script>
```

3.9.4 動態添加路由中介層

在 Nuxt 中可以使用 `addRouteMiddleware` 輔助函式來手動添加全域或具名路由中介層，通常會在自定義插件中來呼叫這個輔助函式來動態添加路由中介層。

TS app/plugins/middleware.ts

```
export default defineNuxtPlugin(() => {
  addRouteMiddleware('global-test', () => {
    console.log(' 這個是由插件添加的全域中介層，將在每次路由變更時執行 ')
  }, { global: true })

  addRouteMiddleware('named-test', () => {
    console.log(' 這個是由插件添加的具名中介層，會覆蓋任何現有的同名中介層 ')
  })
})
```

在 Nuxt 中可以透過路由中介層系統，來建立路由頁面之間的中介層，這些路由中介層會在到特定路由之前執行特定的邏輯，也正是實現導航守衛（Navigation Guards）的方式。

> **! 重點提示**
>
> 這個章節所講述的路由中介層,將會與本書後面會提到的伺服器端的中介層有所差異,雖然名稱相似但路由中介層與 Nitro 啟動時執行的伺服器中介層完全不同,在後面的章節會再講述。

> **</> 完整範例程式碼**
>
> 路由中介層執行順序 ⇗ https://book.nuxt.tw/r/36

3.10 Assets 與 Public 資源目錄

不論在 Vue 與 Nuxt 的開發,常會有需要使用圖片、樣式或設定字體等靜態資源的時候,而已經具有外部的圖片或其他資源連結,可以很輕易的使用 URL 的方式來做匯入,若是要由自身服務提供圖片或其他靜態資源及使用,在實作上就需要安排靜態資源放置的位置。傳統 Vue 的專案下包含了 `public` 與 `src/assets` 目錄,這兩個目錄都可以放置靜態資源,但這兩個目錄的特性與用途有所區別,所以放置的檔案類型會依據使用目的來決定,同時這兩個目錄下的檔案也會在編譯建構時一同打包進部署專案內。

在 Nuxt 中,靜態資源的管理是透過 `public` 與 `app/assets` 兩個目錄來實現。這兩個目錄有著不同的使用機制,最重要的區別在於 `app/assets` 目錄中的檔案會在專案編譯建構時,根據建構工具預設情況和套件設定進行資源的編譯與最佳化,接下來將簡單介紹一下這兩個目錄的機制和特性。

3.10.1　Public 目錄

在 Nuxt 的專案根目錄下，存在一個名為 `public` 的目錄，這個目錄如同 Vue 中的 `public` 目錄或 Nuxt 2 中的 `static` 目錄。這個目錄下的檔案，將會由 Nuxt 直接於網站的根路徑，例如 `/` 提供存取。

例如在專案的 `public` 目錄下建立 `robots.txt` 檔案後，將可以直接使用網址 `http://localhost:3000/robots.txt` 來瀏覽檔案內容。

通常那些不常更動的資源檔案，都會放置在 `public` 目錄，又或是那些需要在透過網址路徑存取時需要保留檔案的名稱，例如 `robots.txt` 需要固定的名稱，才能正確的被搜尋引擎的爬蟲所解析再決定檢索的規則，抑或 `sitemap.xml` 與 `favicon.ico` 檔案等，都很適合放置在 `public` 目錄。

讀者們可以思考看看，那圖片或 CSS 樣式，如果也不常變動，是不是也該放在 `public` 目錄呢？

如果心中已經有了答案，這個問題等看完這個章節，再回過頭來驗證。

首先，可以準備一張圖片檔案，例如 `logo.png`，並放置在專案的 `public` 目錄下，接下來，就可以根據前面所說的目錄特性，直接先透過瀏覽器來瀏覽網址 `http://localhost:3000/logo.png`，檢查是否可以正常瀏覽圖片，接下來就可以直接在頁面或元件中撰寫如下程式碼，來呈現這張圖片。

```
<template>
  <div>
    <img src="/logo.png" />
  </div>
</template>
```

最後再次瀏覽放置這張圖片的頁面，並檢查網頁所渲染的 HTML，如圖 3-52，可以發現渲染出來的 HTML，`<img>` 標籤內的 `src` 屬性值，和 Vue SFC 中所使用的一模一樣，這是因為在 `public` 目錄下的檔案，最終會在網站的根路徑進行提供，所以可以直接將網址根路徑和檔案名稱連接起來做存取。

圖 3-52　使用 public 目錄下的圖片

既然 `public` 目錄已經能提供靜態資源的連結，那麼為什麼還有一個名為 `app/assets` 的目錄呢？接下來先介紹 `app/assets` 目錄，最後再來總結一下差異。

3.10.2　Assets 目錄

Nuxt 在建構專案時使用 Vite 或 Webpack 來進行打包，這些建構工具主要功能是用來處理 JavaScript 檔案將其編譯、轉換或壓縮等，但它們可以透過各自的插件或 Loader 來處理其他檔案類型的資源，例如樣式、字體或 SVG 等。

舉例來說，在 `app/assets` 下建立一個 Sass 的樣式，當這個 Sass 檔案被匯入使用，就會經過插件或 Loader 來進行 CSS 的預處理及編譯，最終產生一個

CSS 檔案；如果是單純的 CSS 檔案，也可以針對檔案進行壓縮。這個預處理和編譯的步驟，主要是最佳化效能和解決瀏覽器快取資源的問題。

當透過 `<img>` 的 `src` 屬性設定使用放置在 `app/assets` 的圖片等資源，可以使用 `~/assets` 開頭的路徑別名，使用 `app/assets` 目錄下的檔案資源。例如放置一張圖片在專案路徑 `app/assets/img/cat.png`，使用這個圖片資源時，則透過路徑 `~/assets/img/cat.png`。

```
<template>
  <div>
    <img src="~/assets/img/cat.png" />
  </div>
</template>
```

這裡要特別注意，如果使用路徑別名指示路徑，最終 HTML 渲染時會經過一些處理，最終才會變成可以存取的路徑。例如開發模式下，渲染出來的 HTML 如下圖 3-53，可以觀察一下 `<img>` 標籤內的 `src` 屬性值，Vue SFC 所傳入 `~/assets/img/cat.png` 路徑，被替換成了 `/_nuxt/assets/img/cat.png`。

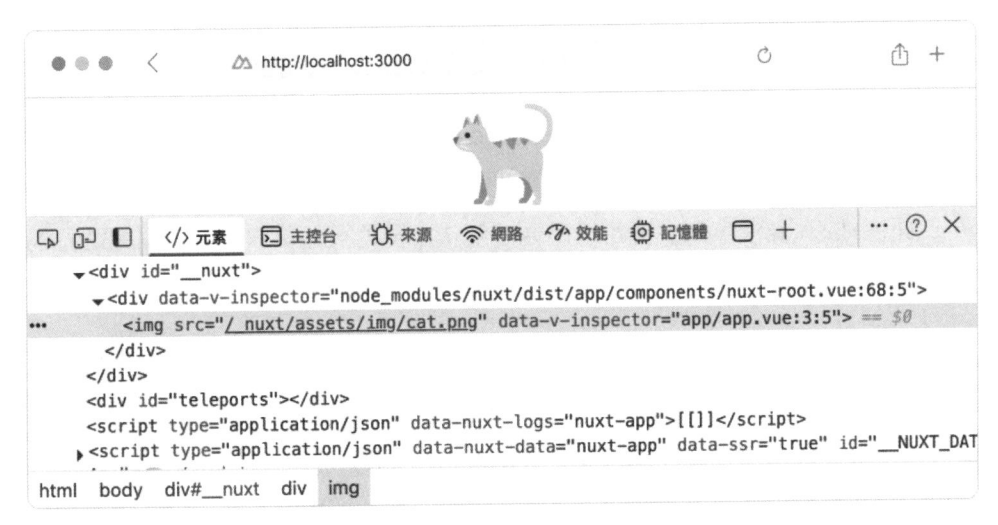

圖 3-53　使用 app/assets 目錄下的圖片

看到這裡，讀者可能會想，看起來挺有跡可循的呀，不就是加上前綴路徑 `/_nuxt` 在串接 `app/assets` 目錄，就可以存取了嗎？

不，事情並沒有這麼簡單，因為目前所處的是開發測試的環境，當嘗試編譯打包專案後，會在專案目錄下出現一個 `.output` 的目錄，可以將這個目錄進行部署或在本地啟用預覽服務來觀察正式環境下的網站。

在正式環境下瀏覽相同頁面所呈現的圖片，並觀察所渲染的 HTML，其中檔案名稱變成了 `cat.d81ab616.png`（檔名中所包含的 d81ab616 字串，會因為每次建構有所不同）。

```
<div>
  <img src="/_nuxt/cat.d81ab616.png" />
</div>
```

可以發現原本開發環境下所渲染的 `/_nuxt/assets/img/cat.png` 路徑怎麼和正式環境的 `/_nuxt/cat.d81ab616.png` 完全不同了。

這是因為開發環境為了方便測試並沒有實際經過打包的過程，當使用 build 指令進行了專案的編譯打包，這個過程會將有使用到 `app/assets` 目錄下的檔案進行編譯與最佳化，最終也會產生一個新的檔案並重新命名成一個包含 Hash 雜湊字串的檔案，`cat.d81ab616.png` 檔案名稱的 `d81ab616` 正是產生的雜湊字串，而且在每次打包編譯時都會重新產生一組 Hash 值賦予每一個不同的靜態資源，加上 Hash 雜湊字串主要可以是為了解決瀏覽器可能快取著上一個網站打包版本的靜態資源或 Vue 程式碼檔案。

所以，在使用 `app/assets` 下的靜態資源檔案時，無法直接透過根路徑來進行訪問，因為無法預估最終打包出來的雜湊值為何，只能透過 Nuxt 提供的路徑別名，或按照所需要的檔案在頁面或元件中做匯入（Import）才能在 `<template>` 中做使用，最終打包工具才會正確的轉換為最佳化完成的新檔案名稱與對應的路徑。

3.10.3 路徑別名

Nuxt 提供了可以設定專案目錄檔案的路徑的別名，預設情況下 Nuxt Config 的 `alias` 屬性有下列幾種別名可以組合路徑來使用 `public` 和 `app/assets` 目錄下的資源檔案（`<srcDir>` 表示專案的 `app` 目錄；`<rootDir>` 表示專案根目錄）。

```
{
  "~": "<srcDir>",
  "@": "<srcDir>",
  "~~": "<rootDir>",
  "@@": "<rootDir>",
  "assets": "<srcDir>/assets",
  "public": "<srcDir>/public"
}
```

透過 Nuxt 提供的路徑別名，就可以使用下列方式來在頁面或元件中使用資源，這個方式也適用於 CSS 內有使用到靜態資源連結時的路徑別名的使用。

```
<template>
  <div>
    <img src="~/assets/img/cat.png" />
    <img src="~~/app/assets/img/cat.png" />

    <img src="@/assets/img/cat.png" />
    <img src="@@/app/assets/img/cat.png" />

    <img src="~~/public/logo.png" />

    <img src="@@/public/logo.png" />
  </div>
</template>
```

在 Vue SFC 的 `<script setup>` 中，也能使用路徑別名中預設的 **assets** 與 **public** 搭配 import 來載入資源。

```
<script setup>
import catImage1 from '~/assets/img/cat.png'
import catImage2 from '~~/app/assets/img/cat.png '
import catImage3 from '@/assets/img/cat.png '
import catImage4 from '@@/app/assets/img/cat.png'
// assets 開頭的路徑別名，只有在 JavaScript 中匯入使用時不需再開頭加波浪符 ~
import catImage5 from 'assets/img/cat.png '
import logoImage1 from '~~/public/logo.png'
import logoImage2 from '@@/public/logo.png '
// public 開頭的路徑別名，只有在 JavaScript 中匯入使用時不需再開頭加波浪符 ~
import logoImage3 from 'public/logo.png '
</script>
```

3.10.4　建構打包出來的差異

首先，準備一個 `logo.png` 的圖片檔案，分別觀察將圖片放置在 `public` 或 `app/assets` 目錄下時，建構出來的 `.output` 目錄結構，如圖 3-54 可以看到資源路徑與檔案名稱，最終影響了使用資源檔案的 URL 路徑。

03 Nuxt 基礎入門

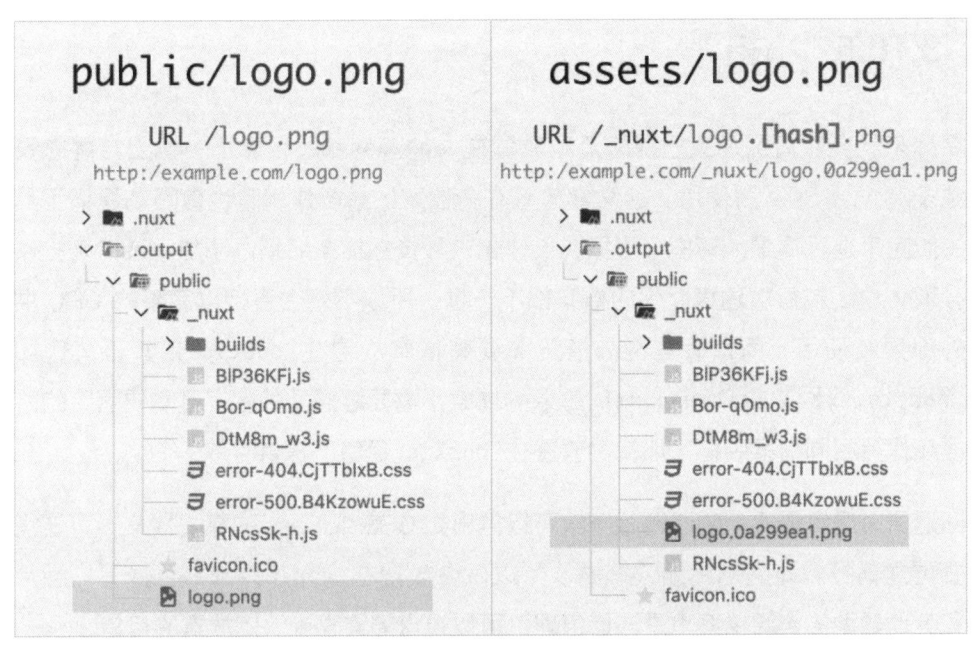

圖 3-54　public 和 app/assets 目錄下檔案建構後的差異

看到這裡，稍微整理成下表來對比這兩種目錄的特性與差異，讀者在開發過程中可以再根據實務上的需求來選擇資源的放置目錄。

特性	app/assets	public
使用方式	透過別名匯入（Import）	可以直接使用網址
透過網址瀏覽	檔名會添加 Hash	檔案名稱一致
編譯和最佳化	是	否
適合檔案性質	經常變動或需要編譯最佳化	不常變動或建立特定路徑

3.10.5 小結

總歸來說多數情況建議把靜態資源放置在 `app/assets` 目錄下，也因為靜態資源多為 Vue SFC 所使用，通常會放置許多檔案，最後建構時也會因為建構工具的設定來進行編譯、轉換、壓縮或最佳化，最後在檔案名稱內添加 Hash 來提供存取，也因為每次建構產生的檔案都不一樣，所以不適合直接以完整的 URL 供外部連結使用。而當有些例外情況需要將檔案放置在 `public` 目錄下，例如 `robots.txt` 或 `sitemap.xml` 這類的檔案不需要經過額外處理且需要固定的路徑和保持相同檔案名稱，那就得放置在 `public` 目錄下提供存取。

回過頭來思考最開始的問題就應該可以得出如 CSS 或 Sass 的樣式檔案，可能需要再建構打包時經過壓縮或編譯，所以就會放置在 `app/assets` 目錄下，圖片和其他類型的資源檔案也是同樣道理，可以視實際需求來決定放置的目錄。

CHAPTER 04

Nuxt 建立後端 Server API

Nuxt 在 v3 版本發布後的一大亮點就是採用了一個名為 Nitro 的伺服器引擎（Server Engine），Nitro 伺服器引擎除了有跨平台支援與多種強大的功能外，更包含了 API 路由的支援，這意味著可以直接在基於 Nitro 的 Nuxt 上開發 ServerAPI，無需分別設置前後端環境。在同一專案結構內，可以輕鬆實現後端邏輯處理、資料庫互動，並將結果回傳至前端，這種整合的開發模式大幅簡化了全端開發流程，消除了傳統前後端分離帶來的環境配置複雜性。

4.1 Nitro Engine

Nitro 是基於 rollup 和 h3 建構的高效能、可移植的最小 HTTP 框架，是 Nuxt 在 v3 版本開始所採用的核心伺服器引擎，雖然 Nitro 可能不太為人所知，但它對 Nuxt 的功能至關重要。

Nitro 提供了具有下列多種功能特色，使得 Nuxt 更加完善與強大，如同官網所說 Nitro 讓 Nuxt 直接解鎖了新的全端能力。

- **快速的開發體驗**：開箱即用的特性，無需任何配置，即可啟動具有熱模組替換（Hot Module Replacement，HMR）的開發伺服器，讓程式碼變更後立即讓伺服器載入新的程式邏輯。

- **基於檔案的路由**：只需要專注在建立伺服器的目錄與頁面，就能擁有自動匯入與路由的效果。

- **高度可移植性**：基本上 Nuxt 使用的依賴套件都在 `package.json` 檔案的 `devDependencies` 中，建構正式環境的網站時，Nitro 自動拆分的程式碼與打包出來的 `.output` 目錄不再需要安裝依賴套件，使部署更加輕便。

- **混合渲染模式**：支援將一部分頁面預渲染產生出靜態頁面，和配置路由頁面有不同的靜態或動態甚至擁有快取與渲染規則，這將讓 Nuxt 的通用渲染（Universal Rendering）方式更進一步成混合渲染（Hybrid Rendering）也能結合無伺服器（Serverless）來配置混合模式。

Nuxt 和 Nitro 的這些進步大幅提升了開發體驗和服務效能。官方持續致力於功能的穩定與優化，旨在為開發者打造更強大的支援與優質的使用體驗。想了解更多細節，可以參考 Nuxt 官方針對的 Server Engine 說明 [1] 和 Nitro 官方網站 [2]。

4.2 建立後端 Server API

在 Nuxt 中，可以利用專案下的 `server` 目錄來建立強大的 Server API 和後端處理邏輯，得益於 Nitro 伺服器引擎，它為開發者提供了極佳的開發體驗，包括熱模組重載（Hot Module Replacement，HMR）、自動產生 API 路由等。`server` 目錄常用的有下列三個子目錄：

1　Nuxt Server Engine 說明：https://nuxt.com/docs/guide/concepts/server-engine
2　Nitro 官方網站：https://nitro.build/

api

在這個目錄下的檔案，將會由 Nuxt 自動匯入並產生 `/api` 開頭的路由並對應檔案名稱，例如建立 `server/api/hello.ts`，就會建立出 `/api/hello` 的 API 路由，並對應這個檔案的處理邏輯，使用 `http://localhost:3000/api/hello` 就能發送請求至這支 API。

routes

在這個目錄的檔案，將會由 Nuxt 自動匯入並產生對應檔案名稱的路由，但不具有 `/api` 前綴，例如建立 `server/routes/world.ts`，就會擁有 `/world` 的路由對應這個 API，可以使用 `http://localhost:3000/world` 瀏覽該路由。

middleware

在這個目錄的檔案，會被 Nuxt 自動匯入，並添加至伺服器中介層，並在每個 Request 進入伺服器 API 的路由前執行。

Nuxt 會自動掃描 `server` 目錄中的檔案結構，建立 Server API 時通常以 `.js` 或 `.ts` 作為副檔名，依照官方建議，每個檔案內都應該要預設匯出 `defineEventHandler()` 函式，並在其 Handler 內實作處理邏輯。

Handler 接收了一個 `event` 參數，可以用來解析請求的資料，並可以直接回傳字串、JSON、Promise 或者使用 `event.res.end()` 回傳請求結果。

舉例來說，建立 `server/api/hello.ts` 檔案，實作第一支 API。

> TS server/api/hello.ts
```ts
export default defineEventHandler(() => {
  return 'Hello World!'
})
```

Nuxt 在處理 Server API 路由時，採用了與前端路由頁面相似方式，同樣是依據檔案系統結構來自動產生路由，這種一致性使得開發者可以更直觀地管理前端頁面路由與後端 Server API 路由，具體來說，`app/pages` 目錄用於自動產生前端頁面路由；`server/api` 目錄用於自動產生後端 Server API 路由。

所有在 `server/api` 目錄下檔案所產生的路由都會自動添加 `/api` 前綴，這有助於區分 Server API 請求和一般頁面請求，所以建立 `server/api/hello.ts`，可以使用 `http://localhost:3000/api/hello` 瀏覽該路由，便能看見 API 所回傳的字串。

圖 4-1　發送 Server API 請求 /api/hello

Server API 的處理函式除了回傳純文字外，也能直接回傳一個物件，Nitro 的 HTTP 框架會自動的判斷回傳類型並序列化成 JSON 格式的字串。

調整 `server/api/hello.ts`，在處理函式中回傳一個物件資料。

```ts
// server/api/hello.ts
export default defineEventHandler(() => {
  return {
```

```
    ok: true,
    message: 'Hello World!',
  }
})
```

再次發送請求至 `http://localhost:3000/api/hello`，便能看見回傳的 JSON 資料，圖 4-2 顯示的行號及顏色是瀏覽器判斷出 JSON 所做的格式化。

```
1  {
2      "ok": true,
3      "message": "Hello World!"
4  }
```

圖 4-2　發送 Server API 請求回傳 JSON 格式

> **小提醒**
>
> 在 `server/api` 目錄下所建立的 API 檔案，預設情況這些 API 可以接受任何的 HTTP 請求方法（HTTP Request Method），也就是可以使用 GET、POST 等等請求方法來敲這支 API，以上面例子來說 `/api/hello` 可以直接在瀏覽器網址中瀏覽，等同於是發送 GET 請求。
>
> 實際上在開發 API 可能會實作更多請求方法甚至是夾帶 Payload、標頭等，建議可以使用像 Postman 這類的 API 請求測試工具來發送各種類型的 HTTP 請求。

> **完整範例程式碼**
> 建立回傳 JSON 格式資料的 API　https://book.nuxt.tw/r/37

4.3 Server API 的請求方法與路由

4.3.1 基於檔案的路由

前面的例子有提到，Server API 的路由是基於目錄結構來自動產生，概念類似於前端路由頁面的建置方式，如果想讓自動產生的 API 端點（Endpoint）不具有 `/api` 的前綴，可以將 API 處理邏輯檔案，放置在 `server/routes` 目錄下。

舉例來說，以下的檔案結構會產生兩個後端 API 端點，分別為 `/api/hello` 及 `/world`。

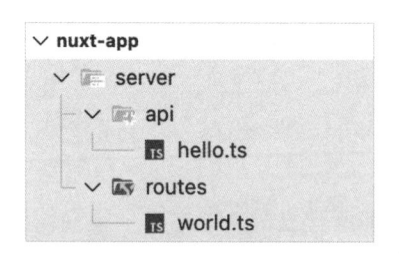

```
∨ nuxt-app
  ∨ server
    ∨ api
        hello.ts
    ∨ routes
        world.ts
```

圖 4-3　建立產生不同路由的 Server API

4-6

4.3.2 匹配 HTTP 請求方法（HTTP Request Method）

建立 API 檔案時，可以在檔案名稱中添加 `.get`、`.post`、`.put` 或 `.delete` 等後綴，來匹配對應的 HTTP 的請求方法（HTTP Request Method），而只有匹配成功的路由與相對應的請求方法才會被正確處理；如果後端 API 檔案名稱沒有請求方法的後綴，表示 API 可以接受任何的 HTTP 請求方法。

建立 `server/api/test.get.ts` 檔案，實作只接受 GET 方法請求的 API。

TS server/api/test.get.ts
```ts
export default defineEventHandler(() => {
  return {
    ok: true,
    message: '測試 [GET] 請求 /api/test',
  }
})
```

建立 `server/api/test.post.ts` 檔案，實作只接受 POST 方法請求的 API。

TS server/api/test.post.ts
```ts
export default defineEventHandler(() => {
  return {
    ok: true,
    message: '測試 [POST] 請求 /api/test',
  }
})
```

當建立了 `test.get.ts` 與 `test.post.ts` 檔案，所產生的 API 端點（Endpoint）皆為 `/api/test`，如果對這個端點發送請求時使用不同的請求方法，便會執行相對應的 API 檔案，例如，使用 GET 方法發送請求至 `/api/test`，處理的檔案為 `test.get.ts`；而如果是使用 POST 方法發送請求，處理的檔案則為 `test.post.ts`。

建議在測試 Server API 的時候，可以使用如 Postman 的 API 測試工具，可以更方便的組織請求的方法、Payload 等，接下來使用 Postman 分別打這兩支 API，可以看到使用不同的 HTTP Request Method，就會匹配至對應後綴檔案中的 Handler 進行處理。

發送 GET 請求至 `/api/test`

圖 4-4　測試只接受 GET 請求方法的 API

發送 POST 請求至 `/api/test`

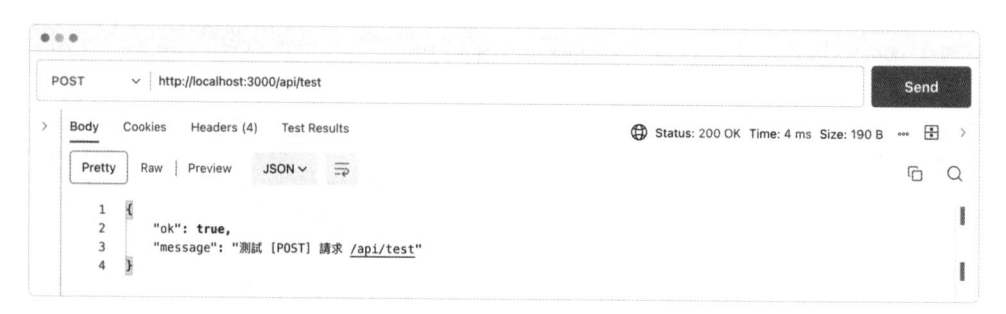

圖 4-5　測試只接受 POST 請求方法的 API

在 Nuxt 框架中，Server API 檔案命名規則提供了一種簡潔而強大的方式來管理和組織後端接口，透過在檔案名稱中添加特定的後綴，開發者可以輕鬆地定義 API 支援的 HTTP 請求方法（如 GET、POST 等），同時將不同請求方法的處理邏輯分離，以前面舉的例子來說，`test.get.ts` 和 `test.post.ts` 兩個檔案可以分別處理對資源的讀取和建立操作邏輯，使得 API 的開發過程更加直觀且無需深入複雜的路由配置。

> </>完整範例程式碼
>
> 實作處理不同請求方法的 API ⧉ https://book.nuxt.tw/r/38

4.3.3 匹配路由參數

在 Nuxt 的建立 API 檔案時，將檔案名稱中添加中括號 `[]`，其中放入欲設定的參數名稱就能建立動態路由，這種方法與前端頁面的動態路由非常相似，在接收請求處理的函式內，便可以使用 `getRouterParam` 或 `getRouterParams` 函式來取得路由參數。

舉例來說，建立 `server/api/hello/[name].ts` 檔案，實作動態匹配參數的 API。

```ts
// server/api/hello/[name].ts
export default defineEventHandler((event) => {
  const name = getRouterParam(event, 'name')
  const params = getRouterParams(event)
  return {
    ok: true,
    message: `Hello, ${name}!`,
    params,
  }
})
```

在 Handler 內就能使用 `getRouterParam` 函式，並依序傳入 event 事件物件及路由參數名稱，便能解析出路由參數 name。如果匹配到多個參數也能使用 `getRouterParams` 解析出所有的路由參數。

圖 4-6　Server API 匹配路由參數

> </> 完整範例程式碼
>
> 實作匹配路由參數的 API ⧉ https://book.nuxt.tw/r/39

4.3.4　匹配包羅萬象的路由（Catch-all Route）

如同頁面路由的動態參數配置，當想要匹配某個特定路徑下的所有層級的路由，可以在檔案名稱的中括號內加上 `...`，例如 `[...].ts` 或 `[...slug].ts`，來擷取特定層級下剩餘的 URL。

舉例來說，建立 `server/api/catch-all/[...slug].ts` 檔案。

TS server/api/catch-all/[...slug].ts

```ts
export default defineEventHandler((event) => {
  const params = getRouterParams(event)

  return {
    ok: true,
    data: {
      url: event.path,
      params,
    },
    message: '/api/catch-all 下不匹配的路由都會進入這裡',
  }
})
```

接著嘗試發送 API 請求至 `/api/catch-all` 路徑開頭的 API 端點，例如 `/api/catch-all/x`、`/api/catch-all/x/y` 等，如圖 4-7，將可以匹配 `/api/catch-all` 下所有層級的路由，並解析出剩餘的 URL 作為 `slug` 參數。

```
{
    "ok": true,
    "data": {
        "url": "/api/catch-all/x/y",
        "params": {
            "slug": "x/y"
        }
    },
    "message": "/api/catch-all 下不匹配的路由都會進入這裡"
}
```

圖 4-7　Server API 匹配路由參數

如果在 `server/api` 目錄下建立 `[...slug].ts` 檔案，將可以接手所有發送至 `/api` 路徑下所有無法匹配的路由，以此便能實作回傳錯誤資訊、狀態碼等操作，有點類似 404 Not Found 錯誤頁面的處理方式。

> </> 完整範例程式碼
>
> 匹配包羅萬象的路由 ⧉ https://book.nuxt.tw/r/40

4.3.5 處理 HTTP 請求中的 Body

在 Server API 的處理函式中，可以使用 `readBody` 函式來解析請求中的 Body。

```ts
// server/api/submit.post.ts
export default defineEventHandler(async (event) => {
  const body = await readBody(event)

  return {
    ok: true,
    data: {
      body,
    },
  }
})
```

發送請求至 `/api/submit`，並使用 POST 請求方法與夾帶 JSON 格式的資料，當 API 收到請求後便會解析出所夾帶的資料，如圖 4-8。

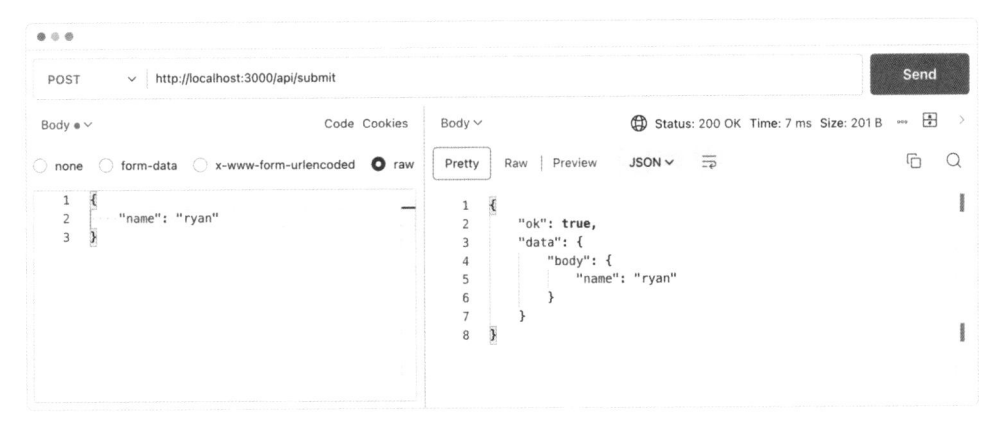

圖 4-8　解析 Server API 請求中的 Body

> **！重點提示**
>
> `readBody` 是一個非同步函式，在使用時記得添加上 **await** 等待請求解析完成。

> **</> 完整範例程式碼**
>
> 處理 API 請求中的 Body　https://book.nuxt.tw/r/41

4.3.6　處理 URL 中的查詢參數（Query Parameters）

在 Server API 的處理函式中，可以使用 `getQuery` 函式來解析 URL 中的查詢參數，也就是網址中尾端問號 **?** 後的那些查詢參數。

```ts
TS server/api/query.get.ts

export default defineEventHandler((event) => {
  const query = getQuery(event)

  return {
    ok: true,
    data: {
      query,
    },
  }
})
```

發送請求至 `/api/query`，並在 URL 添加查詢參數，當 API 收到請求後便會解析查詢參數，如圖 4-9。

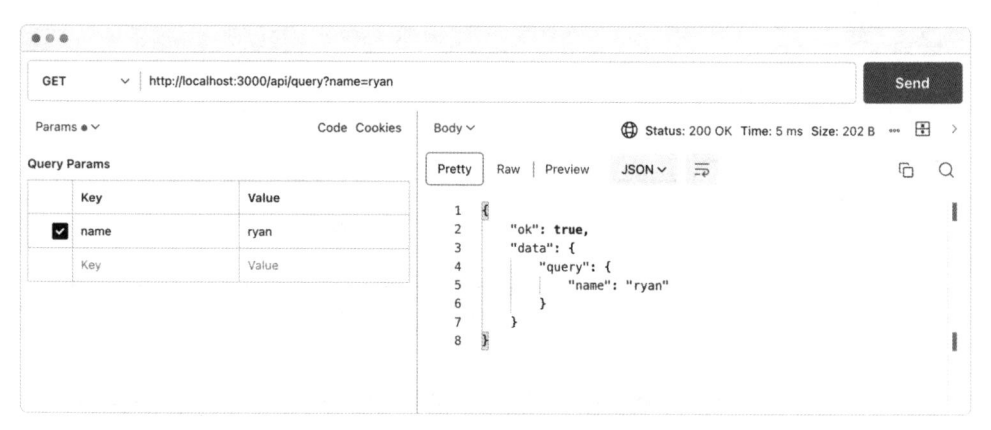

圖 4-9　解析 Server API 請求網址中的 Query

> </> 完整範例程式碼
>
> 處理 API 請求中的 Query　https://book.nuxt.tw/r/42

4.3.7 解析請求中所夾帶的 Cookie

在 Server API 的處理函式中，可以使用 `parseCookies` 函式來解析請求所夾帶的 Cookie。

```ts
// server/api/cookie.get.ts
export default defineEventHandler((event) => {
  const cookies = parseCookies(event)

  return {
    ok: true,
    data: {
      cookies,
    },
  }
})
```

發送請求至 `/api/cookie`，若請求中夾帶著 Cookie，當 API 收到請求後便會解析瀏覽器自動夾帶的 Cookie，如圖 4-10。

圖 4-10　解析請求中所攜帶的 Cookie

4-15

> **完整範例程式碼**
>
> 處理 API 請求中的 Cookie https://book.nuxt.tw/r/43

4.3.8　解析請求中所夾帶的請求標頭（Request Header）

可以使用處理函式所接收的 `event` 參數,並在這個處理函數內存取 `event.request.headers`,便能解析出請求標頭（Request Header）。

TS server/api/header.get.ts

```ts
export default defineEventHandler((event) => {
  const contentType = event.node.req.headers['content-type']

  return {
    ok: true,
    data: {
      headers: {
        contentType,
      },
    },
  }
})
```

發送請求至 `/api/header`,當 API 收到請求後便會解析請求中所夾帶的特定標頭,如圖 4-11。

圖 4-11　解析請求中所夾帶的 Header

> **完整範例程式碼**
>
> 處理 API 請求中的 Header　https://book.nuxt.tw/r/44

4.3.9　伺服器中介層

Nuxt 會自動匯入 `server/middleware` 目錄中的檔案，並添加至伺服器中介層，後端的伺服器中介層與前端的路由中介層代表著不同的意義，前端路由頁面的請求僅會執行路由頁面中介層，後端伺服器的中介層也僅會在每個 HTTP 請求（HTTP Request）進入伺服器 Server API 的路由前執行，後端伺服器的中介層通常用來添加或檢查請求的標頭、記錄請求或擴展調整請求的物件。

舉例來說，透過建立 `server/middleware/logger.ts` 檔案，可以用來記錄每個請求的 URL。

```ts
// server/middleware/logger.ts
export default defineEventHandler((event) => {
  console.log('新的請求：', event.path)
})
```

或者，`server/middleware/auth.ts` 檔案，用來擴展請求上下文物件，例如可以實作驗證後添加已驗證的使用者名稱。

TS server/middleware/auth.ts

```ts
export default defineEventHandler((event) => {
  event.context.auth = { name: 'ryan' }
})
```

> **！重點提示**
>
> 伺服器中介層的處理函式，不應該回傳任何內容，也不應任意中斷或直接回傳請求結果，伺服器中介層的處理函式中應該僅專注在執行檢查、擴展請求上下文或直接拋出錯誤。

</> 完整範例程式碼

伺服器中介層擴展請求物件 ⧉ https://book.nuxt.tw/r/45

4.3.10 伺服器插件

Nuxt 會自動掃描並載入 `server/plugins` 目錄下的檔案，並將這些檔案註冊為 Nitro 的插件。

舉例來說，透過建立 `server/plugins/nitroPlugin.ts` 檔案，在 Nitro 啟動時，插件將會在伺服器載入並執行，插件允許擴展 Nitro 執行時的行為及連接到生命週期的事件。

TS server/plugins/nitroPlugin.ts

```ts
export default defineNitroPlugin((nitroApp) => {
  console.log('Nitro 伺服器插件 :', nitroApp)
})
```

更多細節可以參考 Nitro Plugins[3]。

> **</> 完整範例程式碼**
>
> Nitro 伺服器自定義插件 ⧉ https://book.nuxt.tw/r/46

3　Nitro Plugins: https://nitro.build/guide/plugins

Note

CHAPTER 05

Nuxt 資料獲取（Data Fetching）

隨著網站技術和前端框架的進步，使用 AJAX（Asynchronous JavaScript and XML）技術向後端發送 API 進行資料獲取已成為常見的做法，這個過程通常被工程師們稱為「打 API」或「敲 API」，打 API 還衍生了幾個問題，就是用什麼打 API，打去哪裡，打的時候要夾東西嗎？這篇章節主要講述的就是開發 Nuxt 網站用什麼打 API。

5.1 前言

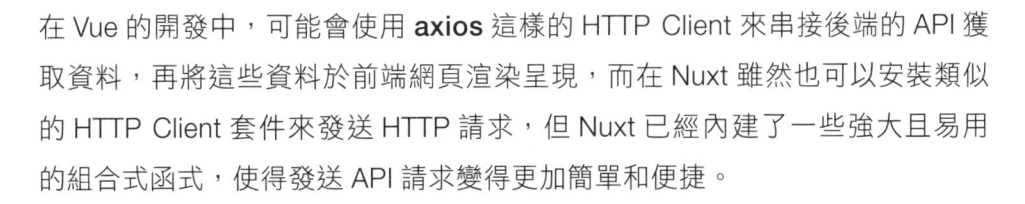

在 Vue 的開發中，可能會使用 **axios** 這樣的 HTTP Client 來串接後端的 API 獲取資料，再將這些資料於前端網頁渲染呈現，而在 Nuxt 雖然也可以安裝類似的 HTTP Client 套件來發送 HTTP 請求，但 Nuxt 已經內建了一些強大且易用的組合式函式，使得發送 API 請求變得更加簡單和便捷。

Nuxt 整合了 ofetch[1] 套件，並提供名為 `$fetch` 的輔助函式（Helper）和封裝好的組合式函式，大幅簡化了發送 API 請求的過程。

1　ofetch: https://github.com/unjs/ofetch

5.2 $fetch 是什麼？

`$fetch` 是一個基於 `ofetch` 套件的全域輔助函式，這意味著不需要在額外安裝任何 HTTP Client，如 `axios` 來發送 HTTP 請求，因為 Nuxt 本身就自帶了打 API 的方法，而且在頁面、元件或插件中都能直接呼叫做使用，使用 `$fetch` 可以輕鬆地 Nuxt 網站中的任何地方進行 GET、POST、PUT、DELETE 等各種 HTTP 請求。

`$fetch` 輔助函式的參數依序為 `url` 及 `options`：

`url`：發送 API 的端口（Endpoint），可以是完整的 URL 或內部 Server API 的路由路徑，例如傳入 `'/api/hello'`。

`options`：是一個可選參數，這個參數的型別為一個物件，物件內有數個屬性選項供選擇設定，例如請求的方法、標頭、Body 或攔截器等都可以進行設定，更完整的參數使用可以參考 `ofetch` 的官方文件。

舉例來說，實際在使用時，可以在 Vue 元件中的 `<script setup>` 直接使用 `$fetch('/api/count')`，便能發送一個 GET 請求至 `/api/count`，當這個函式呼叫後會回傳一個 Promise 物件，等待請求完成後便可以接收回傳的資料或進行異常處理。

Nuxt 的 `$fetch` 函式還具有一個很重要的最佳化特性，如果在伺服器端渲染的期間，呼叫 `$fetch` 打內部 API 路由（即 `server` 目錄下實作的後端 API）時，Nuxt 不會實際發送 HTTP 請求，而是模擬請求改由直接呼叫內部 API 的處理函式，這樣就能節省額外的 API 請求呼叫。

透過 `$fetch` 函式，確實可以很方便的發送 HTTP 請求，但在 Nuxt 中的通常也還會使用基於 `$fetch` 封裝的組合式函式，而不單單只使用 `$fetch`，會這樣做的主要原因是 Nuxt 預設的渲染模式和水合（Hydration）過程有關。

簡單來說，Nuxt 預設的渲染模式會是由伺服器端渲染後再交由用戶端接手繼續渲染，但其實同樣一段程式碼會在伺服器端與用戶端重複執行，所以在元件中使用 `$fetch` 發送的請求若沒有特別的處理，便會在伺服器端與用戶端重複發送，而 Nuxt 為了處理這樣的問題，提供了一些組合式函式讓已經在伺服器端發送 API 獲得的資料，可以直接回傳至用戶端使得獲取的資料可以同步，而不是在用戶端再次的發送請求，Nuxt 的這些組合式函式巧妙地解決了混合渲染模式下的資料獲取問題，後面的章節會更深入的講解渲染模式與水合（Hydration）階段，如此一來便能更清楚的理解為什麼不直接使用 `$fetch` 函式。

5.2.1 組合式函式 useAsyncData

`useAsyncData` 組合函式，其實並不是傳入 URL 就會發出 API 請求，而是 Nuxt 可以透過這個組合式函式來添加非同步請求資料的邏輯。

`useAsyncData` 組合函式能接收 `key`、`handler` 與 `options` 參數，其中 `handler` 會來添加請求非同步資料的邏輯處理函式。

舉例來說，建立一支 Server API，並在處理函式外宣告一個 `counter` 變數，用來儲存數值，每當呼叫這支 API 便會將數值加 1，用以模擬計數器的效果。

TS server/api/count.ts

```ts
let counter = 0

export default defineEventHandler(async () => {
  counter += 1

  return counter
})
```

建立一個路由頁面，內容如下，完成後記得在 `app/app.vue` 中添加使用 `<NuxtPage />` 元件來顯示所建立的路由頁面。

▼ app/pages/count/useAsyncData.vue

```vue
<script setup>
const { data } = await useAsyncData(
  'count',
  () => $fetch('/api/count'),
)
</script>

<template>
  <div class="my-24 flex flex-col items-center">
    <p class="text-4xl text-gray-600"> 瀏覽次數 </p>
    <span class="mt-4 text-6xl font-semibold text-sky-400">
      {{ data }}
    </span>
  </div>
</template>
```

先觀察實際效果最後再來講述為什麼要這樣撰寫，當瀏覽 `/count/useAsyncData` 頁面時，瀏覽次數會隨著進入這個頁面或重新整理頁面的次數而增加。

圖 5-1　使用 useAsyncData 獲取瀏覽次數

接下來再建立另一個路由頁面，改為直接使用 `$fetch` 發送請求。

▼ app/pages/count/fetch.vue

```vue
<script setup>
const data = await $fetch('/api/count')
</script>

<template>
  <div class="my-24 flex flex-col items-center">
    <p class="text-4xl text-gray-600"> 瀏覽次數 </p>
    <span class="mt-4 text-6xl font-semibold text-sky-400">
      {{ data }}
    </span>
  </div>
</template>
```

接著瀏覽 `/count/fetch`，應該會發現當首次進入頁面或重新整理頁面時，瀏覽次數竟連續的增加，本來瀏覽次數應該只會增加 1，卻變成了執行了兩次增加 1，導致瀏覽次數的重複計算。

圖 5-2　直接使用 $fetch 獲取瀏覽次數會重複呼叫 API 並增加兩次數值

會導致重複計算瀏覽次數的情況發生，原因正是因為 Nuxt 預設的渲染模式，當使用者首次進入頁面（即透過網址直接進入頁面路由或瀏覽器重新整理頁面）時，伺服器端接受到頁面請求開始渲染頁面元件，而頁面元件在 `<script setup>` 中直接呼叫 `$fetch` 第一次發送 API 請求，獲取瀏覽次數並將數值添加在畫面上，最終將渲染完成的 HTML 回傳至用戶端並由瀏覽器依據 HTML 進行畫面的繪製，此時用戶端接手後續的 JavaScript 的操作邏輯也再次的執行了一次這個頁面的 `<script setup>` 程式碼，導致又再一次的呼叫 `$fetch` 發送 API 獲取瀏覽次數，而瀏覽次數再一次的增加並重新渲染到畫面上，也就是說，在預設渲染模式下，前端與後端重複執行了相同的程式碼送出 API 請求，最終也就導致了瀏覽次數重複的增加，而非預期中每次重新整理頁面僅增加 1。

為了解決這樣的問題，可以透過 Nuxt 提供的 `useAsyncData` 組合式函式來進行前後端資料的同步，以前面瀏覽次數的例子來說，調整為使用 `useAsyncData` 組合式函式來獲取瀏覽次數。

```
const { data } = await useAsyncData(
  'count',
  () => $fetch('/api/count'),
)
```

首先講解一下頁面中使用 `useAsyncData` 的第二個參數 `helper`，`helper` 是一個處理函式的參數，在 `helper` 內可以透過各種方式來建構與處理資料，這裡是使用 `$fetch` 呼叫剛才所建立的 API，如果 `helper` 內的邏輯成功執行並回傳，便可以從 `useAsyncData` 回傳物件解構出 `data` 獲得回傳值，以這個例子來說，這段程式碼向後端 API 發送請求並獲得計數後的最終數值，`data` 也就是瀏覽次數的數值。

而 `useAsyncData` 的第一個參數 `key` 的用途是為了解決伺服器端與用戶端重複執行這段發送請求的程式碼時，能夠依據這個 `key` 來直接獲取已經得到資料而非再次發送請求；當第一次瀏覽頁面並在伺服器渲染時會發送 API 請求獲得瀏覽次數的數值，並標記上 `key` 參數所傳入的 `'count'`，最後伺服器渲染完整個頁面後會連同這個被標記為 `'count'` 的資料一併回傳給用戶端，而當用戶端因為水合（Hydration）階段重複觸發了這段 `useAsyncData`，便會檢查是否有存在被標記成 `'count'` 的資料，如果有就可以直接拿來做使用，反之就會執行發送 API 請求來取得資料。

> **！重點提示**
>
> 這個小節所提及的重複發送 API 請求，指的是第一次進入網頁（即直接透過網址或瀏覽器重新整理頁面）時，因為伺服器端首次收到請求會在後端進行網頁的渲染，回傳至用戶端後的 Hydration 階段再次執行了相同的程式碼導致的重複發送 API 請求。
>
> 如果進入頁面的方式是透過前端的路由導航，便不會有水合（Hydration）階段，頁面元件中的 `<script setup>` 內的程式邏輯，也僅遵循 Vue 的生命週期來做執行。

> **</> 完整範例程式碼**
>
> useAsyncData 使用範例 ⧉ https://book.nuxt.tw/r/47

`useAsyncData` 組合函式能接收 `key`、`handler` 與 `options`，其中 `handler` 會傳入請求非同步資料的邏輯，當在頁面、元件和插件中呼叫 `useAsyncData` 並等待回傳的 Promise 物件時，頁面或元件的渲染將會阻塞路由載入至 `handler` 非同步邏輯處理完畢後才會繼續執行，也就是說，整個頁面元件將會等待所有使用 `useAsyncData` 呼叫的 API 回傳完成後才會開始進行渲染。

舉例來說，在 Server API 的處理函式內添加延遲，模擬請求需要處理兩秒鐘。

```ts
TS server/api/count.ts

let counter = 0

export default defineEventHandler(async () => {
  await new Promise(resolve => setTimeout(resolve, 2000))
  counter += 1

  return counter
})
```

接著同樣在頁面元件中使用 `useAsyncData` 函式發送 API 請求，當從首頁導航至 `/count/useAsyncData` 頁面時，會發現網址的路由已經變化，但是頁面卻等了一會兒才出現，這就是因為頁面中使用了 `useAsyncData` 函式來獲取資料 **await** 將阻塞整個頁面元件的載入與渲染，直至 API 處理完畢回傳後才開始載入路由渲染元件。

> 🔊 **小提醒**
>
> 瀏覽 `/count/useAsyncData` 頁面時，若第一次都是由伺服器端渲染處理，只會感受到頁面等待了至少兩秒鐘才出現，可能看不太出導航有被阻塞的效果，建議可以添加一下路由連結來進行導航切換，能較明顯的感受到差異。

> </> **完整範例程式碼**
>
> useAsyncData 阻塞效果 🔗 https://book.nuxt.tw/r/48

useAsyncData() 傳入的參數

- key：唯一鍵，可以確保資料不會重複的獲取，也就是如果 Key 相同便不會再發送相同的請求，除非重新整理頁面由後端再次渲染獲取，或呼叫 `useAsyncData` 回傳的 `refresh()` 函式重新取得資料。

- handler：回傳非同步請求資料的處理函式，打 API 或加工的非同步邏輯都可以在這裡處理。

- options：
    - server：是否在伺服器端獲取資料，預設為 `true`。
    - lazy：是否於載入路由後才開始執行非同步請求函式，預設為 `false`，所以會阻止路由載入直到請求完成後才開始渲染頁面元件。
    - default：當傳入這個 Factory function，可以將非同步請求發送與回傳解析前，設定資料的預設值，對於設定 `lazy: true` 選項特別有用處，至少有個預設值可以使用及渲染顯示。
    - transform：修改加工 Handler 回傳結果的函式。
    - pick：Handler 內的回傳資料若為一個物件，從中依照需要的 Key 取出資料，例如只從 JSON 物件中取的某幾個 Key 組成新的物件。
    - watch：監聽 `ref` 或 `reactive` 響應式資料發生變化時，觸發重新請求資料，適用於資料分頁、過濾結果或搜尋等情境。
    - immediate：預設為 `true`，表示請求將會立即觸發。

useAsyncData() 的回傳值

- data：傳入非同步函式的回傳結果。
- status：表示資料請求的狀態，以字串表示 `idle`、`pending`、`success` 和 `error`。

- **error**：資料獲取失敗時回傳的物件。

- **refresh**：一個函式，可以用來重新執行 Handler 函式，回傳新的資料，類似重新整理、重打一次 API 的概念。預設情況下 `refresh()` 執行完並回傳後才能再次執行。

- **execute**：同 `refresh()` 函式功能，差別只在命名上的不同。

以下面的程式碼為例，再重新閱讀與解釋 `useAsyncData()` 的使用與說明。

```
<script setup>
const { data, status, error, refresh } = await useAsyncData(
  'count',
  () => $fetch('/api/count'),
)
</script>
```

呼叫 `useAsyncData` 並不是為了用來發送 HTTP 請求，而是在 `handler` 內使用 `$fetch` 來打 API 後，將獲取的資料能標記上 `'count'`，以此解決前後端資料同步的問題。`useAsyncData` 組合式函式，封裝了許多針對數據獲取與重新建構的使用方法與參數，這些方法與參數能與 API 請求的一些操作與狀態起到很好的配合，來因應不同的使用情境。如果真的有需要也可以使用其他 HTTP Client 套件來替換 `$fetch`，但可能就沒辦法享受它所帶來的好處與特性。

`useAsyncData` 回傳的物件中，包含了 `refresh`、`status` 和 `error` 等，讓元件可以重新執行一次請求或得知非同步資料請求的狀態與錯誤。

5.2.2 組合式函式 useLazyAsyncData

當頁面或元件中使用了 `useAsyncData` 組合式函式，會在路由進入時**立即執行**非同步請求，並暫停頁面渲染直到非同步請求的資料回傳或載入完成，這確保了頁面在渲染時已具備了所需的資料，但可能會稍微延遲頁面的初始載入，當請非同步請求時間較長，便會明顯感受到頁面載入的時間變久。

`useLazyAsyncData` 組合式函式實際上是對 `useAsyncData` 的封裝，內部實作也是呼叫 `useAsyncData`，並將所傳入的 `options` 選項 `lazy` 設置為 `true`，其他參數保留不變，如同 `useLazyAsyncData` 函式名稱中的 **Lazy**，`useLazyAsyncData` 組合式函式是 `useAsyncData` 延遲載入（Lazy loading）的版本。

當頁面或元件中使用了 `useLazyAsyncData` 函式請求資料時將不會阻塞頁面的渲染，也就是說，頁面內容及其他元件都會繼續渲染，雖然這樣可以加快頁面的初始載入速度，但初始渲染的頁面可能不包含完整資料，只能等待延遲載入的資料回傳時，觸發響應式更新及刷新頁面內容，讓有使用到資料的相關元件重新渲染，才能得到真正的完整內容，開發者需要在實務上根據需求在初始載入速度、頁面資料完整性和使用者體驗之間找到平衡點，再決定使用的函式或參數。

舉個例子，建立一支取得一個亂數的 Server API 並在處理函式內稍微添加一下延遲，模擬 API 約需要處理 2 秒才回傳資料。

```ts
// server/api/random.ts
export default defineEventHandler(async () => {
  await new Promise(resolve => setTimeout(resolve, 2000))

  return Math.floor(Math.random() * 100)
})
```

建立一個路由頁面並使用 `useLazyAsyncData` 和 `$fetch` 發送取得亂數的 API 請求。

▼ app/pages/random/useLazyAsyncData.vue

```
<script setup>
const { data } = await useLazyAsyncData(
  'random',
  () => $fetch('/api/random'),
)
</script>

<template>
  <div class="my-24 flex flex-col items-center">
    <p class="text-4xl text-gray-600">產生 0 ~ 99 之間的隨機數字 </p>
    <span class="mt-4 text-6xl font-semibold text-sky-400">
      {{ data }}
    </span>
  </div>
</template>
```

為了呈現延遲載入的效果，可以在首頁或其他頁面添加路由連結並設定導航路徑至 `/random/useLazyAsyncData`，透過路由導航進入頁面，透過組合式函式 `useLazyAsyncData` 發送請求來避免阻塞導航，可以發現到頁面上的「產生 0 ~ 99 之間的隨機數字」文字會先出現，用戶端同時也在背景發送產生隨機數 API 的請求，兩秒鐘後畫面上便會響應與重新渲染出 API 回傳的隨機數值。

圖 5-3　使用 useLazyAsyncData 發送 API 請求

可以發現，在使用 `useLazyAsyncData` 發送的 API 請求回傳之前，原本應該顯示資料的位置還是空白的狀態，如果沒有特別處理而直接在 `<template>` 使用這個 `data` 狀態，甚至預期回傳的 `data` 是一個 JSON 物件資料，那麼就很容易發生對未定義的物件存取屬性的問題。

當 `useAsyncData` 和 `useLazyAsyncData` 組合式函式的尚未開始建構理或是正在建構當中，`data` 狀態會是一個 `null` 值，為了避免直接對未定義的空值進行屬性存取，建議在使用 `useAsyncData` 和 `useLazyAsyncData` 組合式函式時，為 `options` 選項提供一個 `default` 選項可以用來設置資料回傳前的預設值作為初始狀態，`default` 選項是一個建構函式回傳值即為 API 請求的回傳預設值。

舉例來說，在 `useLazyAsyncData` 傳入用 `options.default` 選項，建構函式直接回傳 `'-'` 文字，表示產生隨機數字前的預設值。

▼ server/pages/random/useLazyAsyncData.vue

```
<script setup>
const { data } = await useLazyAsyncData(
  'random',
  () => $fetch('/api/random'),
  {
    default: () => '-',
  },
)
</script>

<template>
  <div class="my-24 flex flex-col items-center">
    <p class="text-4xl text-gray-600">產生 0 ~ 99 之間的隨機數字 </p>
    <span class="mt-4 text-6xl font-semibold text-sky-400">
      {{ data }}
    </span>
  </div>
</template>
```

再次透過路由導航進入 `/random/useLazyAsyncData` 頁面，可以發現顯示隨機數字的位置，先呈現了減號文字「-」，在請求產生隨機數值的 API 回傳後，便會重新渲染為產生的隨機數值。

圖 5-4　使用 options.default 建構資料初始狀態

> 🐰 **小技巧**
>
> 在實務上發送的請求若 `options.lazy` 為 `true`，強烈建議添加 `options.default` 來建構預設資料，這在預期回傳資料是一個巢狀結構的物件時，可以有效防止因為 `<template>` 中使用的物件屬性（Object Property）不存在而導致的錯誤。
>
> 此外，也建議在發送請求後判斷請求的狀態，據此顯示載入中的文字或動畫效果，待請求成功後再顯示內容，這樣做能有效的提升使用者體驗。

</> 完整範例程式碼

useLazyAsyncData 的延遲效果 🔗 https://book.nuxt.tw/r/49

5.2.3 組合式函式 useFetch

在 Nuxt 開發中,當需要發送 API 請求並處理非同步資料,可以像前面的例子使用 `useAsyncData` 和 `$fetch` 的組合來實現這一目的,因為這個組合非常的常見,所以 Nuxt 提供了一個更加便捷的 `useFetch` 組合式函式,這個組合式函式封裝了 `useAsyncData` 和 `$fetch`,可以用來發送 API 請求獲取資料,間接簡化了開發流程。

使用 `useFetch` 時,它會根據提供的 URL 和 `$fetch` 選項自動產生 `useAsyncData` 所需的 `key` 參數,如果呼叫的 API 是伺服器端所提供的,`useFetch` 還能自動根據伺服器 API 路由提供型別提示並自動推斷 API 的回傳型別。

useFetch() 傳入的參數

- **url**:要獲取資料的 URL 或 API Endpoint。
- **options**:(繼承自 ofetch 選項與 AsyncDataOptions)
  - **method**:發送 HTTP 請求的方法,例如 GET、POST 或 DELETE 等。
  - **params**:查詢參數(Query params)。
  - **body**:請求的 Body,可以傳入一個物件,它將自動被轉化為字串。
  - **headers**:請求的標頭(Headers)。
  - **baseURL**:請求的 API 路徑,基於的 URL。
- **options**:(繼承自 `useAsyncData` 的選項)
  - **key**:唯一鍵,可以確保資料不會重複的獲取,也就是如果 Key 相同便不會再發送相同的請求,除非重新整理頁面由後端再次渲染獲取,或呼叫 `useAsyncData` 回傳的 `refresh()` 函式重新取得資料。

- **server**：是否在伺服器端獲取資料，預設為 `true`。
- **lazy**：是否於載入路由後才開始執行非同步請求函式，預設為 `false`，所以會阻止路由載入直到請求完成後才開始渲染頁面元件。
- **immediate**：預設為 `true`，請求將會立即觸發。
- **default**：當傳入這個工廠函式（Factory function），可以將非同步請求發送與回傳解析前，建構資料的預設值，對於延遲發送請求的設定特別有用處，至少有個預設值可以提供使用及渲染顯示。
- **transform**：修改加工 `handler` 回傳結果的處理函式。
- **pick**：`handler` 處理函式若回傳一個物件，只從中依照需要的 Key 取出資料，例如只從 JSON 物件中取的某幾個 Key 組成新的物件。
- **watch**：監聽 ref 或 reactive 響應式資料發生變化時，觸發重新請求資料，適用於資料分頁、過濾結果或搜尋等情境。

`useFetch` 的回傳值與 `useAsyncData` 相同，接下來舉幾個例子實際使用 `useFetch` 組合式函式。

建立 `server/api/about.ts` 檔案，實作一支 Server API 模擬回傳使用者資料。

TS server/api/about.ts

```ts
let counter = 0

export default defineEventHandler(() => {
  counter += 1

  return {
    name: 'Ryan',
    gender: '男',
    email: 'ryanchien8125@gmail.com',
```

```
    counter,
  }
})
```

建立一個路由頁面並使用 `useFetch` 組合式函式取得使用者資料。

▼ app/pages/about/useFetch.vue

```
<script setup>
const { data, status, error, refresh } = await useFetch(
  '/api/about',
  {
    pick: ['name', 'counter'],
  },
)
</script>

<template>
  <div class="flex flex-col items-center">
    <p class="my-2 text-xl text-gray-600">請求狀態：{{ status }}</p>
    <p v-if="error" class="my-2 text-xl text-rose-600">
      錯誤資訊：{{ error }}
    </p>

    <span class="mt-4 text-2xl">回傳資料：</span>
    <p class="my-4 text-3xl font-semibold text-blue-500">
      {{ data }}
    </p>

    <button
      class="rounded bg-blue-500 px-4 py-2 font-medium text-white"
      @click="refresh"
    >
      重新獲取資料
    </button>
  </div>
</template>
```

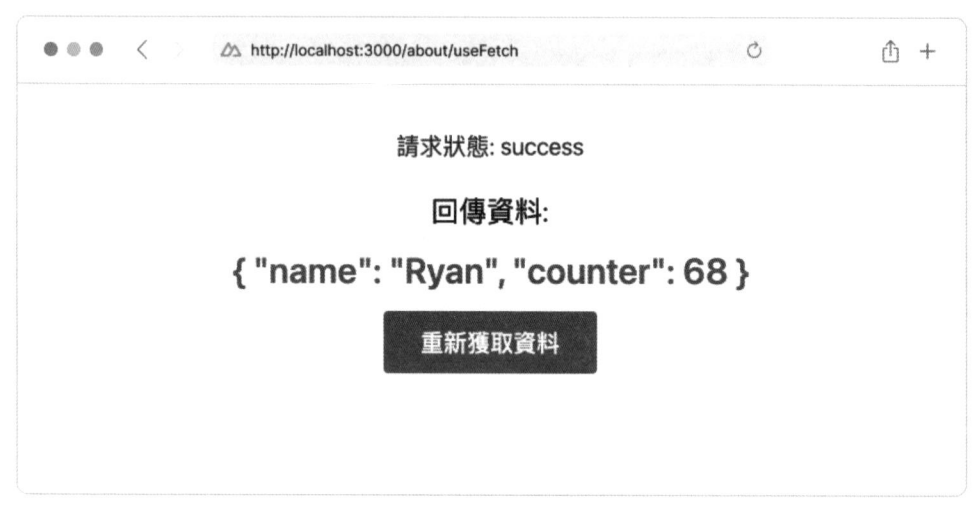

圖 5-5　使用 useFetch 獲取使用者資料

`useFetch` 組合式函式簡化了在 Nuxt 中發送 API 請求的過程，不僅提供了一種更簡潔的方式來獲取資料、管理請求狀態和重新獲取資料等功能。基於 `$fetch` 的 `useFetch` 還有一個特別優勢在於，當使用者首次進入頁面時，能利用 `$fetch` 直接呼叫伺服器端 API 處理函式，這種特性巧妙地減少了不必要的 API 請求次數，從而提高了網站的效能。

> **</> 完整範例程式碼**
> useFetch 使用範例　https://book.nuxt.tw/r/50

在使用 `useFetch` 時也能同時傳入 `$fetch` 所提供的功能選項來進行請求的配置，例如設置請求攔截器，可以參考下列程式碼。

```
const { data, status, error, refresh } = await useFetch(
  '/api/about',
  {
```

```
    onRequest({ request, options }) {
      // 設定請求時夾帶的標頭
      options.headers = options.headers || {}
      options.headers.authorization = '...'
    },
    onRequestError({ request, options, error }) {
      // 處理請求時發生的錯誤
    },
    onResponse({ request, response, options }) {
      // 處理請求回應的資料
    },
    onResponseError({ request, response, options }) {
      // 處理請求回應發生的錯誤
    },
  },
)
```

5.2.4 組合式函式 useLazyFetch

如同組合式函式 `useLazyAsyncData` 所描述，`useLazyFetch` 則是 `useFetch` 的 `options.lazy` 選項預設為 `true` 的封裝。

5.2.5 重新獲取資料

前面的例子有提到，當使用 `useAsyncData` 或其封裝的組合式函式，在呼叫後回傳的物件中可以解構出 `refresh` 函式，它允許重新執行非同步操作，再一次執行獲取資料的處理邏輯。

除此之外，也可以透過 `refreshNuxtData` 組合式函式，來重新獲取目前頁面中所有使用 `useAsyncData` 及 `useFetch` 取得的資料。如果在使用 `refreshNuxtData` 組合式函式時傳入一個字串或字串陣列，表示只針對特定的 Key 進行刷新。

舉例來說，透過 `refreshNuxtData` 與 Key 的搭配，能夠更靈活的配置多個非同步請求的快取失效，並觸發它們進行刷新，這在需要同時更新頁面上多個資料的情況下特別好用。

```
<script setup>
const { data: date } = await useAsyncData(
  'date',
  () => new Date().toISOString(),
)
const { data: count } = await useLazyAsyncData(
  'count',
  () => $fetch('/api/count'),
)
const { data: random } = await useFetch('/api/random')

const refreshDate = () => refreshNuxtData('date')
const refreshCountAndDate = () => refreshNuxtData(['count', 'date'])
const refreshAll = () => refreshNuxtData()
</script>
```

> </> 完整範例程式碼
>
> 重新獲取資料的方法 ⧉ https://book.nuxt.tw/r/51

CHAPTER 06

Nuxt 狀態管理（State Management）

在 Vue 中，處理元件間的資料傳遞和狀態共享有多種方法，主要包括 Props/Emit、Provide/Inject 或 Store，這些方法各有特點，適用於不同的場景。而在 Nuxt 框架中，除了沿用 Vue 的方法來處理資料流外，還可以使用一個強大的組合式函式 `useState` 來實現更簡便的狀態管理與定義元件間的共享狀態，同時也是 Nuxt 伺服器端渲染（SSR）的共享狀態解決方法。

6.1 Hydration Mismatch

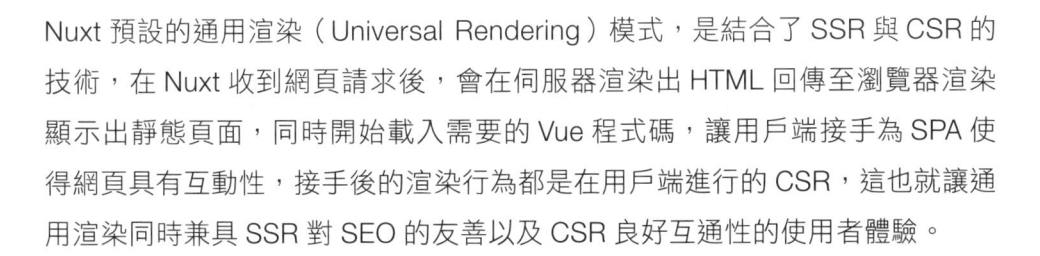

Nuxt 預設的通用渲染（Universal Rendering）模式，是結合了 SSR 與 CSR 的技術，在 Nuxt 收到網頁請求後，會在伺服器渲染出 HTML 回傳至瀏覽器渲染顯示出靜態頁面，同時開始載入需要的 Vue 程式碼，讓用戶端接手為 SPA 使得網頁具有互動性，接手後的渲染行為都是在用戶端進行的 CSR，這也就讓通用渲染同時兼具 SSR 對 SEO 的友善以及 CSR 良好互通性的使用者體驗。

在本書 Nuxt 介紹章節提到了預設的通用渲染（Universal Rendering）模式，Nuxt 在伺服器渲染網頁 HTML 給瀏覽器時，使用者可以正常的看見網頁，但是在 JavaScript 下載完成之前，網頁是不具有互動性的，也就是還不具有路由跳轉等 Vue 互動邏輯，直至 JavaScript 下載完後，水合（**Hydration**）過程開始，用戶端會再次執行與伺服器端相同的 Vue 元件程式碼直至完成後，頁面上的所有 Vue 功能（如事件處理、計算屬性、觀察者等）都變得可互動。

水和（Hydration）的過程有個重要的概念，就是會在用戶端瀏覽器重新執行程式碼，使網頁真正獲得互動能力，主因如下：

1. **事件綁定**：伺服器無法添加用戶端瀏覽器事件監聽器。
2. **響應式系統**：Vue 的響應式系統需要在前端瀏覽器初始化。
3. **前端特定邏輯**：某些程式碼可能只在前端環境中有意義（如 window 或 document 等瀏覽器 API）。

可以想像由後端伺服器首次渲染所回傳的 HTML，其實並不具有事件處理與互動的能力，所以前端瀏覽器會再次的執行相同的程式碼，進行事件的綁定等，正因為水和（Hydration）的過程中會重新執行程式碼，這也就需要小心 Hydration Mismatch 的問題發生。

什麼是 Hydration Mismatch？Hydration Mismatch 發生在伺服器渲染的 HTML 與用戶端 Vue 期望的 DOM 結構不一致時，而這種不一致可能導致網站行為異常和錯誤，甚至完全失效。

Hydration Mismatch 發生的常見原因：

1. **動態內容**：伺服器和用戶端產生不同的內容。
2. **時間相關或隨機性的渲染**：如日期或隨機數所產生的內容或判斷條件。
3. **環境差異**：伺服器和用戶端執行環境的不同，例如 window 這類 Web API 可用性。
4. **條件渲染**：基於環境的條件渲染可能導致差異。

為了更好解釋與呈現 Hydration Mismatch 的發生，來看一個例子，建立 `app/pages/random.vue` 內容如下：

▼ app/pages/random.vue
```vue
<script setup>
const number = ref(Math.floor(Math.random() * 1000))
</script>

<template>
  <div class="flex flex-col items-center">
    <span class="py-24 text-9xl font-semibold text-sky-400">
      {{ number }}
    </span>
  </div>
</template>
```

這個 `/random` 頁面，預期在呈現時會呈現一個隨機數值，並在每次重新整理頁面後，顯示新的隨機數。

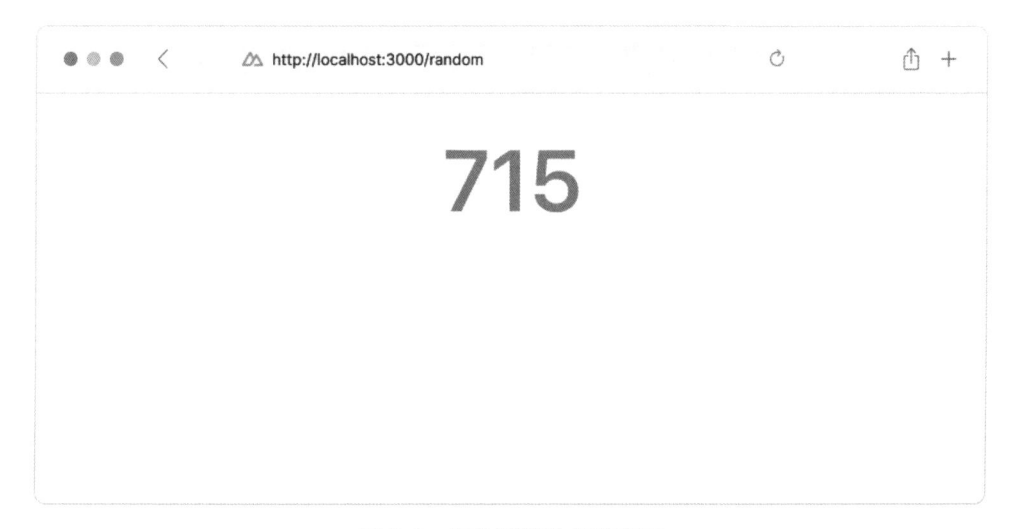

圖 6-1　產生隨機數值的頁面

6-3

細心的讀者在實作範例時可能會發現，每次重整頁面，數字好像變化了兩次，例如，圖 6-1 是我執行時的結果，首先數字停留在 414，重新整理網頁後竟然先顯示了 880 後再變成 715。

> 📎 補充說明
>
> 讀者在執行這裡的範例時，可能會出現不一樣的數字結果。主要需要瞭解的問題點會是在數字的變化與預期的結果不一致，因為後端伺服器與前端瀏覽器執行的程式獲得了不同的數字，導致數字改變了兩次。

這個現象其實是伺服器端渲染後與用戶端再次渲染所導致的。講的白話一點就是，因為 Nuxt 預設的通用渲染模式在 SSR 時期，將 random 頁面內容於伺服器端渲染時產生一個隨機數 880 作為初始值並回傳整個 HTML 至瀏覽器，意即 `const count = ref(880)`，所以網頁先顯示了 880 這個數字，同時，瀏覽器的背景也正在下載用戶端所需要的 JavaScript 準備接手做 CSR，當 JavaScript 載入完成後在 Hydration 階段又再一次的執行 Vue 元件的 `const count = ref(Math.floor(Math.random() * 1000))` 這段程式碼，這次的隨機數產生了 715 這個數字，用戶端也就重新渲染出了 715 於頁面上，這也就是為什麼每次重新整理數字會變化兩次的原因。

當出現了這類異常，可以在瀏覽器中開啟開發者工具的主控台（Console），可以發現到出現了 Hydration Mismatch 的位置與錯誤提示「**Hydration completed but contains mismatches.**」，提示開發者 Hydration 完成了，但是包含了不匹配的內容，正是前端與後端的初始值導致渲染在畫面上實際的 HTML 不同所導致的錯誤。

圖 6-2　Hydration Mismatch 警告與錯誤

避免 Hydration Mismatch 的發生通常有下列幾種方式：

1. 使用 `<ClientOnly>` 元件來包裹只在用戶端渲染的內容。

2. 判斷程式是否執行在用戶端再初始化動態內容。

3. 確保伺服器和用戶端使用相同的資料來源和邏輯。

4. 對於時間或具有不確定性的內容，應考慮使用用戶端更新策略。

5. 使用 `useAsyncData`、`useFetch` 或 `useState` 組合式函式。

Hydration Mismatch 發生於用戶端和伺服器端執行相同程式碼卻產生不同結果，解決方法之一是將元件或程式碼完全限制在用戶端執行，便可以解決內容不匹配問題，但同時會失去 SSR 的優勢也違背了 SSR 的初衷，即在伺服器端渲染完整的、有意義的 HTML 內容。

還記得資料獲取的章節所介紹的 `useAsyncData` 和 `useFetch` 組合式函式，它們透過一個 Key 來儲存伺服器端所得到的資料，並同步回傳給用戶端，當用戶端執行相同的程式碼時，會先根據 Key 檢查是否存在由伺服器端首次渲染時所帶回來的資料，如果存在便會直接使用資料，不會再次的執行資料獲取的動作，這個巧妙的機制不僅解決了處理動態內容的問題，還有效地避免了重複發送 API 請求。

Nuxt 提供的 `useState` 組合式函式，延續了這種的設計概念，透過 `useState` 組合式函式也能用來解決伺服器端與用戶端狀態不一致所導致的 Hydration Mismatch 問題。

> </> 完整範例程式碼
>
> Hydration Mismatch 範例 ⧉ https://book.nuxt.tw/r/52

6.2 組合式函式 useState

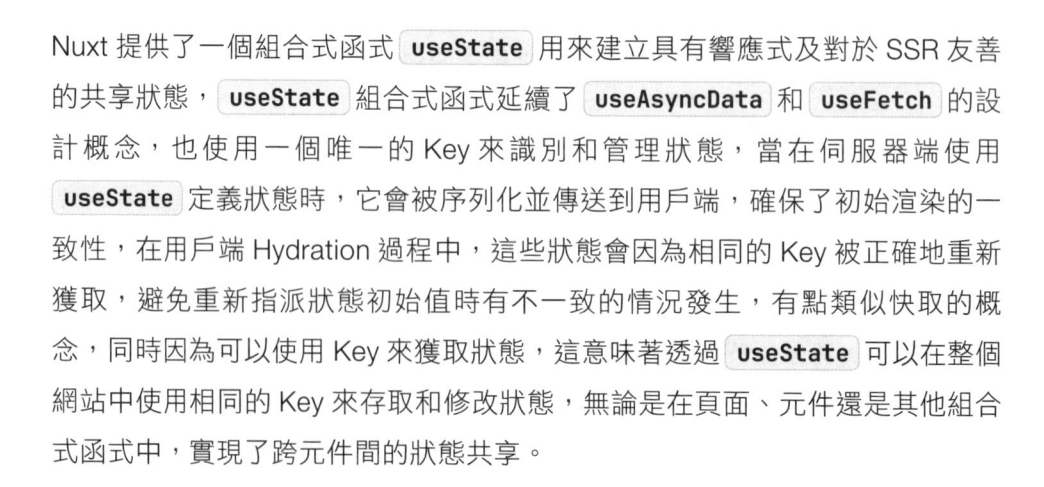

Nuxt 提供了一個組合式函式 `useState` 用來建立具有響應式及對於 SSR 友善的共享狀態，`useState` 組合式函式延續了 `useAsyncData` 和 `useFetch` 的設計概念，也使用一個唯一的 Key 來識別和管理狀態，當在伺服器端使用 `useState` 定義狀態時，它會被序列化並傳送到用戶端，確保了初始渲染的一致性，在用戶端 Hydration 過程中，這些狀態會因為相同的 Key 被正確地重新獲取，避免重新指派狀態初始值時有不一致的情況發生，有點類似快取的概念，同時因為可以使用 Key 來獲取狀態，這意味著透過 `useState` 可以在整個網站中使用相同的 Key 來存取和修改狀態，無論是在頁面、元件還是其他組合式函式中，實現了跨元件間的狀態共享。

6.2.1　useState 使用方法

在前面產生隨機數的例子提到因為 Hydration 而導致前後端的初始值可能不一致，而 `useState` 是一個對 SSR 友善的 `ref` 替代品，使用 `useState` 建立的響應式變數，它的值會在伺服器端渲染後與用戶端 Hydration 期間的得以被保留。

useState 有兩種接收不同數量參數的呼叫方式：

```
useState<T>(init?: () => T | Ref<T>): Ref<T>
useState<T>(key: string, init?: () => T | Ref<T>): Ref<T>
```

- **key**：唯一鍵，用於確保資料能被正確請求且不重複
- **init**：用於提供的初始值給 State 的初始化函式，這個函式也可以回傳一個 `ref`。

舉個例子，調整 `app/pages/random.vue`，使用 `useState` 建立響應式變數。

▼ app/pages/random.vue
```
<script setup>
const number = useState(
  'number',
  () => Math.floor(Math.random() * 1000),
)
</script>

<template>
  <div class="flex flex-col items-center">
    <span class="py-24 text-9xl font-semibold text-sky-400">
      {{ number }}
    </span>
  </div>
</template>
```

6-7

可以發現，使用 `useState` 初始化 `number` 的值後，瀏覽器重整頁面，就不像前面的例子會發生兩次的數值變動。

因為當使用 `useState` 並以 `'number'` 當作 Key，在網頁請求進入伺服器端執行時，還沒有這個 `number` 狀態，所以執行了初始化函式產生出一個亂數，例如產生隨機數 888 就會回傳給 `number` 當作響應式變數的初始值，此時這個網頁請求的回傳內容，已經有一個 `'number'` 的響應式狀態，當前端於 Hydration 步驟再次的執行了下列這段程式碼，`useState` 一樣是以 `'number'` 當作 Key，但是已經存在了一個由伺服器端建立好的 `number` 值 888，就會直接使用該狀態值，也就不會再次執行初始化函式，而導致前後端的初始狀態不一致的問題。

```
const number = useState(
  'number',
  () => Math.floor(Math.random() * 1000),
)
```

> </> 完整範例程式碼
> 使用 useState 同步前後端狀態 ⧉ https://book.nuxt.tw/r/53

6.2.2 useState 狀態保留

使用 `useState` 建立的狀態在不同頁面或路由之間導航時不會被重置，也就是說當使用者從一個頁面導航到另一個頁面時，`useState` 管理的狀態會被保留，使得資料狀態可以在整個 Nuxt 的前端生命週期內持續存在。

舉例來說，建立 `app/pages/counter/increment.vue` 檔案，使用 `useState` 組合式函式並以 `'counter'` 當作 Key，建立 `counter` 響應式狀態。

06 Nuxt 狀態管理（State Management）

▼ app/pages/counter/increment.vue

```vue
<script setup>
const counter = useState('counter', () => 0)
</script>

<template>
  <div class="flex flex-col items-center">
    <span class="my-12 text-9xl font-semibold text-sky-600">
      {{ counter }}
    </span>
    <div class="flex flex-row gap-2">
      <button
        class="rounded-full bg-sky-500 px-4 py-2 text-xl text-white"
        @click="counter++"
      >
        增加
      </button>
      <button
        class="rounded-full bg-sky-500 px-4 py-2 text-xl text-white"
        @click="counter--"
      >
        減少
      </button>
    </div>
    <p class="my-4 text-slate-500">
      如果是第一次進入這個頁面，數值初始設定為 0
    </p>
    <NuxtLink to="/"> 回首頁 </NuxtLink>
  </div>
</template>
```

首次於伺服器端渲染時會初始化為 `0`，當用戶端 Hydration 步驟載入 Vue 或導航跳轉頁面，因為使用相同的 Key 所以這個狀態也會繼續被保留，直至下一次重新整理網頁由伺服器端再次重新初始化。

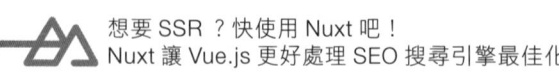

[圖片：瀏覽器顯示 http://localhost:3000/counter/increment 頁面，大大的數字「6」，下方有「增加」和「減少」按鈕，說明文字「如果是第一次進入這個頁面，數值初始設定為 0」，以及「回首頁」連結]

圖 6-3　使用 useState 建立具狀態保留的變數

> 🔔 **小提醒**　　　　　　　　　　　　　　　　　　　　　✕
>
> 建議可以在其他頁面建立路由連結至使用 `useState` 的頁面或參考完整範例程式碼，會比較容易觀察出路由導航切換時，測試出 `useState` 狀態保留的效果。

</> **完整範例程式碼**

useState 狀態保留效果 🔗 https://book.nuxt.tw/r/54

6.2.3　useState 共享狀態

前面的例子可以發現，使用 `useState` 組合式函式所建立的狀態，除了具有響應性以外狀態也會被保留在整個 Nuxt 的前端生命週期內，基於這種特性可以在不同的頁面或元件中再次使用相同的 Key 便可以把狀態拿出來做使用，也就達到了在任何元件中可以共享相同的響應式狀態。

接續上一個範例，建立 `app/pages/counter/surprise.vue` 檔案，使用 `useState` 組合式函式並以 `'counter'` 當作 Key 和建立初始化函式，建立 `counter` 響應式狀態。

▼ app/pages/counter/surprise.vue

```vue
<script setup>
const counter = useState(
  'counter',
  () => Math.floor(Math.random() * 1000),
)
</script>

<template>
  <div class="flex flex-col items-center">
    <span class="my-12 text-9xl font-semibold text-sky-600">
      {{ counter }}
    </span>
    <div class="flex flex-row gap-2">
      <button
        class="rounded-full bg-sky-500 px-4 py-2 text-xl text-white"
        @click="counter++"
      >
        增加
      </button>
      <button
        class="rounded-full bg-sky-500 px-4 py-2 text-xl text-white"
        @click="counter--"
      >
        減少
      </button>
    </div>
    <p class="my-4 text-slate-500">
      如果是第一次進入這個頁面，數值初始設定為亂數
    </p>
    <NuxtLink to="/">回首頁 </NuxtLink>
  </div>
</template>
```

接下來可以任意導航至 `/counter/increment` 或 `/counter/surprise` 頁面，可以發現兩個頁面共享相同的 `counter` 狀態，當首次進入或重新整理 `/counter/increment` 頁面，會將 `counter` 初始化為 `0`；而首次進入或重新整理 `/counter/surprise` 頁面則是產生一個 0 ~ 999 之間的隨機數值作為 `counter` 的初始值。

圖 6-4　不同頁面共享 useState 狀態

> **！重點提示**
>
> 在多個頁面或元件中使用 `useState` 並存取相同 Key 的狀態時，雖然能夠共享響應式狀態，但是如果這個元件是初次進入，而沒有添加初始化函式，可能會導致狀態沒有初始值而導致的一些錯誤，需要特別的注意。

</> 完整範例程式碼

共享 useState 建立的狀態　https://book.nuxt.tw/r/55

6.2.4 使用組合式函式建立共享狀態

當熟悉了 `useState` 的特性後，可以搭配組合式函式（Composable）來建立更靈活的狀態管理方式。

建立 `app/composables/useFullscreen.ts` 檔案，實作一個組合式函式，產生一個是否為全螢幕的狀態與控制狀態的函式。

TS app/composables/useFullscreen.ts

```ts
export const useFullscreen = () => {
  const isFullscreen = useState('isFullscreen', () => false)

  const toggle = () => {
    isFullscreen.value = !isFullscreen.value
  }

  return {
    isFullscreen,
    toggle,
  }
}
```

在頁面中直接呼叫 `useFullscreen` 組合式函式，取得使用 `useState` 建立的 `isFullscreen` 狀態與控制狀態開關的 `toggle` 方法。

▼ app/pages/fullscreen.vue

```vue
<script setup>
const { isFullscreen, toggle } = useFullscreen()
</script>

<template>
```

6-13

```
  <div class="flex flex-col items-center">
    <p class="my-12 text-4xl text-gray-600">
      isFullscreen: {{ isFullscreen }}
    </p>
    <button
      class="rounded bg-blue-500 px-4 py-2 font-medium text-white"
      @click="toggle"
    >
      {{ isFullscreen ? '取消全螢幕' : '啟用全螢幕' }}
    </button>
  </div>
</template>
```

定義好的組合式函式，在各個元件之間就可以呼叫這個組合函式來取得 `isFullscreen` 共享狀態。

圖 6-5　使用組合式函式和 useState 建立共享狀態

在 Nuxt 中，`useState` 是一個針對伺服器端渲染而設計的管理狀態的方式，它不僅能在伺服器端和用戶端之間保持狀態一致性，在通用渲染模式下，網頁在瀏覽器完成 Hydration 之前（即 Vue 重新接管頁面並使其具有可互動性），雖然可以瀏覽畫面，但還不能與畫面上的元件互動，為了確保 Hydration 前後的狀態初始值保持一致，建議使用 `useState` 而不是 `ref`。另外，`useState` 還可以透過 Key 在不同元件間共享狀態，進一步增強了其實用性，也使得 `useState` 成為管理 Nuxt 狀態的選擇之一。

> **完整範例程式碼**
> 使用組合式函式建立共享狀態 ⎘ https://book.nuxt.tw/r/56

6.3 狀態管理 - Pinia & Store

6.3.1 前言

Nuxt 中可以使用 `useState` 來建立元件間的共享狀態，這對於多數簡單專案來說已經足夠。然而，隨著專案規模的擴大和複雜度的增加，就可能需要一個更強大的方式來管理和儲存這些狀態。這時，Pinia 就成為了一個理想的選擇。

Pinia 是 Vue 官方推薦的狀態管理解決方案，它提供了一種更加靈活和直觀的方式來處理複雜的狀態，Pinia 的特點包括模組化設計、支援 TypeScript、極佳的開發者體驗，它允許在專案內建立多個 Store，每個 Store 都可以獨立管理特定的狀態邏輯，這大幅提高了程式碼的可維護性和可擴展性，基於這些特點，Pinia 很適合處理大型網站中的全域狀態管理，特別是需要處理複雜的狀態邏輯、非同步操作，或者需要在多個元件之間共享大量資料時。

6.3.2 安裝與使用 Pinia

在 Nuxt 導入 Pinia 非常簡單，首先，使用 NPM 或套件管理工具安裝相關套件。

```
npx nuxi@latest module add pinia
```

在 Nuxt Config 中確認 `modules` 屬性，包含模組的名稱 `'@pinia/nuxt'`。

```ts
// nuxt.config.ts
export default defineNuxtConfig({
  modules: ['@pinia/nuxt'],
})
```

至此便完成了在 Nuxt 導入 Pinia，接下來開始建立第一個 Pinia 的 Store。

Pinia 提供了一個函式 `defineStore` 用來定義和建立 Store，`defineStore` 呼叫時需要依序傳入兩個參數，第一個參數 `id` 作為 Store 的唯一識別，第二個參數為定義 Store 的實際內容，包括狀態 State、Getters 和 Actions 等。

通常會為每一個獨立的 Store 建立一個獨立的檔案，並匯出建立 Store 函式，函式遵循著組合式函式的命名規則，例如 `useCounterStore`，use 作為開頭是組合式函式命名的約定，來符合使用上的習慣。

`defineStore` 的第二個參數用來定義 Store 的實際內容，可以傳入 Options 物件或是 Setup 函式。

舉例來說，建立 `app/stores/counter.ts` 檔案，使用 Options 物件來定義一個 Store。

06 Nuxt 狀態管理（State Management）

```ts
// app/stores/counter.ts
import { defineStore } from 'pinia'

export const useCounterStore = defineStore('counter', {
  state: () => ({
    count: 0,
  }),
  actions: {
    increment() {
      this.count += 1
    },
    decrement() {
      this.count -= 1
    },
  },
  getters: {
    doubleCount: state => state.count * 2,
  },
})
```

可以發現到與 Vue 的 Options API 非常類似，可以傳遞帶有 `state`、`actions` 和 `getters` 屬性的物件。這些屬性正好讓 Store 與 Options API 呼應彼此的關係，例如 `state` 對應 `data`、`actions` 對應 `methods` 而 `getters` 對應 `computed`。

除了使用類似 Options API 還有另一種方式可以定義 Store，與 `<script setup>` 內使用 Composition API 類似，定義 Setup Store 可以傳入一個函式，這個函式內可以直接使用 Composition API 來定義響應式變數、方法等，最後在函式內回傳想公開的屬性和方法所組成的物件。

改以 Setup 函式定義 Counter Store。

6-17

```ts
// TS app/stores/counter.ts
import { defineStore } from 'pinia'

export const useCounterStore = defineStore('counter', () => {
  const count = ref(0)

  const increment = () => {
    count.value += 1
  }
  const decrement = () => {
    count.value -= 1
  }

  const doubleCount = computed(() => count.value * 2)

  return {
    count,
    increment,
    decrement,
    doubleCount,
  }
})
```

完成 Store 的定義後，只需要在元件中，匯入並呼叫 `useCounterStore` 就可以操作 Store 裡面的函式或狀態，例如，建立 `app/pages/counter.vue` 檔案，實際使用 Counter Store 和控制 `count` 狀態。

```vue
<!-- ▼ app/pages/counter.vue -->
<script setup>
import { useCounterStore } from '@/stores/counter'

const counterStore = useCounterStore()
```

```
</script>

<template>
  <div class="flex flex-col items-center">
    <span class="my-12 text-9xl font-semibold text-sky-600">
      {{ counterStore.count }}
    </span>
    <div class="flex flex-row gap-2">
      <button
        class="rounded-full bg-sky-500 px-4 py-2 text-xl text-white"
        @click="counterStore.increment"
      >
        增加
      </button>
      <button
        class="rounded-full bg-sky-500 px-4 py-2 text-xl text-white"
        @click="counterStore.decrement"
      >
        減少
      </button>
    </div>
    <p class="my-4 text-slate-500">
      如果是第一次進入這個頁面，數值初始設定為 0
    </p>
    <NuxtLink to="/"> 回首頁 </NuxtLink>
  </div>
</template>
```

至此，就完成了一個 Store 的定義，並能夠顯示 `counterStore` 內的 `count` 狀態值，並透過呼叫 `counterStore` 內定義的 `increment` 或 `decrement` 函式來改變狀態值。

圖 6-6　使用 Pinia 建立 Store 和控制狀態數值

在不同的元件間，也可以使用 `useCounterStore` 取得已經建立好的 Store 來共享這些狀態或進行狀態操作，例如，建立 `app/pages/show.vue` 檔案，僅實作顯示 Counter Store 內的 `count` 狀態值。

▼ app/pages/show.vue

```
<script setup>
import { useCounterStore } from '@/stores/counter'

const counterStore = useCounterStore()
</script>

<template>
  <div class="flex flex-col items-center">
    <span class="my-12 text-9xl font-semibold text-emerald-600">
      {{ counterStore.doubleCount }}
    </span>
    <p class="my-4 text-slate-500">
      這裡顯示的是 counterStore 的 doubleCount
```

06 Nuxt 狀態管理（State Management）

```
    </p>
    <NuxtLink to="/">回首頁 </NuxtLink>
  </div>
</template>
```

在 `/show` 頁面同樣使用 `useCounterStore` 取得 `counterStore`，若在其他頁面元件中已經有對 `counterStore` 內的 `count` 狀態操作過，那麼在這個頁面內 `counterStore` 的 `doubleCount` Getter，便會顯示計算後的數值。

圖 6-7　在不同元件中共享使用 Pinia Store 內的狀態

</> 完整範例程式碼

使用 Pinia 建立 Store ⧉ https://book.nuxt.tw/r/57

6-21

6.3.3 Pinia Store 的狀態（State）

在 Pinia 中，Store 的使用非常的直觀，不需要透過特定的方法或 Mutation，就可以直接對 Store 的實例來操作狀態（State），例如在 `<script setup>` 中可以直接使用如下列程式碼操作 `counterStore` 內的 `count` 狀態數值。

```
const counterStore = useCounterStore()
counterStore.count += 10
```

除了直接使用 `counterStore.count += 10` 修改狀態值，也可以使用 Pinia Store 提供的輔助函式 `$patch` 來修改部分的狀態，舉例來說 `userStore` 定義了 `name`、`age` 和 `money` 三個狀態數值，透過 `$patch` 可以傳入一個物件並指定僅修改 `name` 和 `money` 的數值。

```
const userStore = useUserStore()
userStore.$patch({
  name: 'Ryan',
  money: '88888888',
})
```

對於複雜類型的狀態修改，例如陣列的新增、刪除或指定修改某一個元素等操作，可以使用 `$patch` 傳入一個處理函式，這個函式會接收一個 `state` 參數讓處理函式內可以直接修改，對於比較複雜的操作會很方便。

```
const cartStore = useCartStore()
cartStore.$patch((state) => {
```

```
  state.items.push({ name: 'shoes', quantity: 1 })
  state.hasChanged = true
})
```

如果有必要，也可以透過 `$state` 將 Store 的整個 State 重新設置成一個新的狀態值。

```
const cartStore = useCartStore()

cartStore.$state = {
  items: [],
  hasChanged: false,
}
```

Sotre 的實例提供了一個 `$reset` 的輔助函式，呼叫它就可以將 Store 的狀態重置至初始值，不過目前只在使用 Options API 物件定義的 Option Store 才有效。

```
const counterStore = useCounterStore()

counterStore.$reset()
```

6.3.4　Pinia Store 的 Getters

在 Pinia Store 內可以組合與操作多個 Getter，在 Setup Store 下，可以透過使用 `computed` 建立多個 Getter。

```js
import { defineStore } from 'pinia'

export const useCounterStore = defineStore('counter', () => {
  const count = ref(0)

  const doubleCount = computed(() => count.value * 2)
  const doubleCountPlusOne = computed(() => doubleCount.value + 1)

  return {
    count,
    doubleCount,
    doubleCountPlusOne,
  }
})
```

在 Pinia Store 內也可以組合或直接呼叫其他 Store 的 Getter 或狀態，只要建立出其他 Store 實例就可以直接操作使用。

```js
import { defineStore } from 'pinia'
import { useOtherStore } from '@/stores/other'

export const useMainStore = defineStore('main', () => {
  const localData = ref(0)
  const otherStore = useOtherStore()

  const localGetter = computed(() => {
    return localData.value + otherStore.getter
  })

  return {
    localGetter
  }
})
```

6.3.5　Pinia Store 的 Actions

Pinia Store 的 Actions 相當於元件中的方法，也是修改狀態邏輯定義的位置，Action 可以是同步或非同步的處理函式，因此，在函式中也可以透過打後端 API 來取得資料及更新狀態。

```
import { defineStore } from 'pinia'

export const useUserStore = defineStore('user', () => {
  const profile = ref({
    name: '',
    gender: '',
    email: ''
  })

  const getUserProfile = async () => {
    profile.value = await $fetch('/api/profile')
  }

  return { profile, getUserProfile }
})
```

6.3.6　Pinia Store 的解構和參考

有些情況，可能需要將 Pinia Store 中的狀態或函式獨立的提取出來，但為了保持狀態的響應性，則需要使用 Pinia 提供的 `storeToRefs` 來建立屬性的參考，就像使用 `toRefs` 來建立 `props` 內的屬性參考一樣。

```
import { storeToRefs } from 'pinia'
import { useCounterStore } from '@/stores/counter'

const counterStore = useCounterStore()

const { count } = storeToRefs(counterStore)
const { increment, decrement } = counterStore
```

6.3.7　Pinia 持久化插件 – Pinia Plugin Persistedstate

Pinia 不僅是一個輕量級的狀態管理解決方案，它還提供了強大的擴展性，允許開發者透過插件系統來增強其功能。

在實務上其中一個常見的需求便是狀態持久化，使用者在瀏覽網站時會產生或變更 Pinia Store 內特定的狀態，為了在下次使用者瀏覽時恢復這些狀態，可以將這些狀態儲存在使用者的瀏覽器中，對於儲存使用者資訊、登入狀態或偏好設置等場景非常有用。

Pinia Plugin Persistedstate 就是為了解決這個需求而生的插件，使用這個 Pinia 插件，可以輕鬆地實現 Pinia Store 的持久化儲存。

首先，使用套件管理工具安裝 Pinia Plugin Persistedstate。

```
npm install pinia-plugin-persistedstate
```

在 Nuxt Config 中添加 Pinia Plugin Persistedstate 模組。

```ts [nuxt.config.ts]
export default defineNuxtConfig({
  modules: ['@pinia/nuxt', 'pinia-plugin-persistedstate/nuxt'],
})
```

使用組合式函式定義的 Store，可以在 `defineStore` 傳入第三個參數並添加 `persist` 屬性，並設定 `storage`。

```
import { defineStore } from 'pinia'

export const useCounterStore = defineStore(
  'counter',
  () => {
    const count = ref(0)

    const increment = () => {
      count.value += 1
    }
    const decrement = () => {
      count.value -= 1
    }

    const doubleCount = computed(() => count.value * 2)

    return {
      count,
      increment,
      decrement,
      doubleCount,
    }
  },
  {
    persist: {
      storage: piniaPluginPersistedstate.localStorage(),
    },
  },
)
```

如果使用的是選項 API 定義的 Store，可以在物件中添加 `persist` 屬性，來配置 `storage` 持久化選項。

```
import { defineStore } from 'pinia'

export const useCounterStore = defineStore('counter', {
  state: () => ({
    count: 0,
  }),
  actions: {
    increment() {
      this.count += 1
    },
    decrement() {
      this.count -= 1
    },
  },
  getters: {
    doubleCount: state => state.count * 2,
  },
  persist: {
    storage: piniaPluginPersistedstate.localStorage(),
  },
})
```

當設置好 `counterStore` 的持久化後，`counterStore` 內的狀態就會被同步儲存在瀏覽器的 **localStorage** 之中，就算關閉瀏覽器或重新整理網頁，`counterStore` 的狀態都會因為 Pinia 的設定再從瀏覽器的 **localStorage** 讀取出來，以達到狀態持久化的效果。

如圖 6-8，可以發現 `counterStore` 內的 `count` 狀態數值，被同步儲存在瀏覽器的 **localStorage**，儲存的名稱 counter 對應 `counterStore` 定義時的唯一名稱。

圖 6-8　持久化 Pinia Store 內的狀態

Pinia Plugin Persistedstate 是一個很實用的插件，能夠將 Pinia Store 的狀態持久化至瀏覽器的 **localStorage**、**sessionStorage** 或 **Cookie** 中，在實務上可以根據不同的 Store 來決定持久化的策略與位置，也可以透過設定 `key` 屬性來定義儲存的名稱，對於更細緻的控制與設定，可以參考官方文件。

> **</> 完整範例程式碼**
>
> Pinia Store 持久化插件　https://book.nuxt.tw/r/58

6-29

Note

CHAPTER 07

Nuxt Runtime Config & App Config

Nuxt 中提供了兩種方式設定前後端使用的共用設定和僅有前端使用的共用設定，分別是在 Nuxt 啟動時會在伺服器後端載入使用的 Runtime Config 以及可以在前端被使用的 App Config，這兩種方法的主要區別在於其用途、可存取性和安全性，使開發者能夠靈活地管理不同類型的配置，選擇合適的配置方法對於有效管理不同環境下的設置至關重要。

7.1 Runtime Config

在開發網站或部署時，總是有一些需要依據執行環境來配置的不同設定，例如，API 的 Base URL 或第三方服務的 Token 等，這些提供給 Nuxt 網站使用的共用或私密設定，可以透過 Nuxt 的內建功能來做建立，在 Nuxt 中也稱之為執行時的設定（Runtime Config）。

這些提供給服務使用的設定值有些具有敏感性不能夠外洩，例如，資料庫的帳號密碼、第三方服務的 Token 或 API Key 等，通常只會在伺服器被讀取做使用，也不會洩漏這些設定給使用者知道，那些不能公開的 Key 或敏感的設定值，也通常不會與整個專案一起進行版本控制，而是針對不同環境與機器，配置於 `.env` 或環境變數之中。

Dotenv[1] 就是一個實用的套件，能夠將專案下 `.env` 檔案載入到 Node.js 的 `process.env` 之中，Nuxt 的框架巧妙的結合 Dotenv 與環境變數的命名規則，讓執行時的設定（Runtime Config）可以被設定檔或特定的環境變數所覆蓋，以達到在不同環境下，Nuxt 能使用不同的環境變數設定。

接下來，就來講解如何建立與使用 Runtime Config，Nuxt 又是如何透過 Dotenv 與環境變數的命名規則來覆蓋設定。

7.1.1 配置 Runtime Config

首先，在 Nuxt Config 也就是 `nuxt.config.ts` 檔案中，添加 `runtimeConfig` 屬性，便能在 `runtimeConfig` 屬性傳入一個物件來設定提供給 Nuxt 使用的變數。

例如，在 `runtimeConfig` 屬性物件中，添加一個 `apiSecret` 屬性，作為後端使用的 API 密鑰設定。

```
△ nuxt.config.ts

export default defineNuxtConfig({
  runtimeConfig: {
    apiSecret: '怎麼可以讓你知道呢 :P',
  },
})
```

當 Nuxt 伺服器啟動時，就可以使用 `useRuntimeConfig` 組合式函式獲得執行時的設定，再從中取得 `apiSecret` 變數。

---

1 Dotenv: https://github.com/motdotla/dotenv

```ts
TS server/api/hello.get.ts
export default defineEventHandler((event) => {
  const { apiSecret } = useRuntimeConfig()

  console.log(`接收到了一個 Server API 請求：${event.path}`)
  console.log(`執行時的環境變數 [apiSecret]: ${apiSecret}`)

  return 'Hello World!'
})
```

除了在元件的 `<script setup>` 中，也可以在後端 API、插件或 Nuxt Lifecycle Hooks 使用 `useRuntimeConfig` 來取得執行時的設置。

> **完整範例程式碼**
>
> 建立 Runtime Config ☞ https://book.nuxt.tw/r/59

7.1.2 用戶端使用 Runtime Config

在 Nuxt 中，開發者所添加的 Runtime Config 設定，**僅能在伺服器端存取與使用**。而 Runtime Config 提供了一個 `public` 屬性，用於儲存可以在伺服器端和用戶端共享使用的變數，一個常見的例子是 API 的 Base URL，由於這個 URL 在伺服器端和用戶端可能都需要用來發送 API 請求，所以可以將它放在 `public` 屬性中，確保前後端都能存取到相同的配置。

例如，在 Nuxt Config 中，添加一個 `apiBase` 至 `runtimeConfig.public` 屬性內。

nuxt.config.ts

```ts
export default defineNuxtConfig({
  runtimeConfig: {
    apiSecret: '怎麼可以讓你知道呢 :P',
    public: {
      apiBase: '/api',
    },
  },
})
```

接續前一個範例所建立的 `/hello` API 後,再建立 `app/pages/hello.vue` 檔案,實作發送 API 請求獲取資料,完成後記得在 `app/app.vue` 中添加使用 `<NuxtPage />` 元件來顯示所建立的路由頁面。

▼ app/pages/hello.vue

```vue
<script setup>
const runtimeConfig = useRuntimeConfig()
const { apiBase } = runtimeConfig.public

console.log(runtimeConfig)

const { data, refresh } = await useFetch(
  `${apiBase}/hello`,
  {
    immediate: false,
  },
)
</script>

<template>
  <div class="flex flex-col items-center">
    <span class="mt-4 text-2xl">回傳資料:</span>
    <p class="my-4 text-3xl font-semibold text-blue-500">
      {{ data }}
    </p>
```

```
    <button
      class="rounded bg-blue-500 px-4 py-2 font-medium text-white"
      @click="refresh"
    >
      獲取資料
    </button>
  </div>
</template>
```

最後，在 `/hello` 頁面點擊按鈕，發送請求獲取資料後，如圖 7-1 可以發現，添加在 `runtimeConfig.public` 屬性的環境變數，在伺服器端與用戶端都可以讀取得到，所以在瀏覽器中的主控台（Console）所印出的 `runtimeConfig`，包含 `apiBase` 屬性，但不包含 `apiSecret`，而在終端機（Terminal）內由伺服器端印出的設定則有包含 `apiSecret`。

圖 7-1　Runtime Config 前後端能存取設定的差異

> **!重點提示**
>
> 簡單來說，想要建立一個全域的設定，可以建立在 Runtime Config 中，並謹記 `runtimeConfig.public` 下的屬性，只放置一些非密鑰類或不敏感的設定，因為這些設定在用戶端也能讀取的到。

> **</> 完整範例程式碼**
>
> 建立前後端都能存取的 Runtime Config ☞ https://book.nuxt.tw/r/60

7.1.3 使用 .env 建立環境變數

在 Nuxt 開發模式或執行預覽時，會使用 Dotenv 套件，如果在專案目錄下添加了 `.env`，Nuxt 會在啟動開發伺服器期間、建構時或產生靜態網站時，自動匯入 `.env` 內的環境變數。

> **補充說明**
>
> Dotenv 可以理解為它是一個可以協助專案執行時載入環境變數檔案的套件，它可以協助 Nuxt 載入 `.env` 檔案作為啟動時的設定。

舉例來說，建立 `.env` 檔案。

`.env`
```
TEST_ENV=ryan
```

當啟動 Nuxt 的開發伺服器後，將被 Dotenv 自動匯入至 Node.js 的 `process.env` 中，作為環境變數，使用時可以透過直接存取 `process.env.TEST_ENV`，來取得環境變數設定值。

> **! 重點提示**
>
> 這一小節所舉的例子，雖然同樣能在 Nuxt 中使用 `process.env.TEST_ENV` 存取設定值，但是可發現只有在頁面元件於伺服器後端渲染時或在後端 API 的處理函式使用時，才能正確的得到設定值。
>
> 這是因為這個環境變數僅能夠於 Node 環境中使用，所以在瀏覽器存取這個設定，是會得到 `undefined` 的，因此這種設定方式，僅適合純伺服器端使用或建構時期等特定情況下，接下來會講解 Nuxt 針對環境變數所具有的特性與設定方式。

> **</> 完整範例程式碼**
>
> 使用 .env 檔案建立環境變數 ☐ https://book.nuxt.tw/r/61

7.1.4 環境變數的覆蓋

前面有提到，在開發環境下或建構時期，可以透過建立或參數指定 `.env` 檔案來配置環境變數，因為 Nuxt 整合了 Dotenv 來自動處理與匯入 `.env` 檔案內所配置的環境變數設定。

撇除 Nuxt 整合的 Dotenv，Nuxt 對於環境變數還有一項核心特性，針對目前執行環境下的環境變數，只要環境變數的命名是 `NUXT_` 開頭的前綴，這個環境變數將會覆蓋 Runtime Config 的設定值。

舉例來說，將 Runtime Config 設置如下。

```ts
// nuxt.config.ts
export default defineNuxtConfig({
  runtimeConfig: {
    apiSecret: '怎麼可以讓你知道呢 :P',
    public: {
      apiBase: '/api',
    },
  },
})
```

在專案目錄下，建立 `.env` 檔案設置下列環境變數。

```
# .env
NUXT_API_SECRET=api_secret_token
NUXT_PUBLIC_API_BASE=https://nuxtjs.org
```

當 Nuxt 啟動開發伺服器時，會自動載入 `.env` 檔案內所設定的環境變數，其中 `NUXT_API_SECRET` 環境變數，將會覆蓋 `runtimeConfig.apiSecret`，而 `NUXT_PUBLIC_API_BASE` 將會覆蓋 `runtimeConfig.public.apiBase`，最後 `runtimeConfig` 物件內的設定值會變成如下。

```
{
  // 被 NUXT_API_SECRET 環境變數覆蓋
  apiSecret: 'api_secret_token',
  public: {
    // 被 NUXT_PUBLIC_API_BASE 環境變數覆蓋
    apiBase: 'https://nuxtjs.org'
  }
}
```

> **!重點提示**
>
> 環境變數覆蓋 Runtime Config 設定值的特性與 Dotenv 沒有關係，但為了方便展示仍以 `.env` 檔案和 Dotenv 作為建立開發伺服器啟動時的環境變數建立方式。
>
> 讀者們也可以嘗試使用其他建立環境變數的方式來測試這個特性，只要符合 Nuxt 的環境變數覆蓋規則，都能正確讀取與覆蓋設定值。

透過環境變數覆蓋 Runtime Config 內的設定是常見且推薦的做法，不僅能有效隔離環境也能避免敏感資料暴露在版本控制上，接下來講述一下這個特性與過程。

首先，Nuxt 會在啟動時，會先載入 Runtime Config 的設定，建立出呼叫組合式函式 `useRuntimeConfig` 所得到的執行時設定，例如，先建構出了如下的 `_inlineRuntimeConfig` 物件。

```
const _inlineRuntimeConfig = {
  apiSecret: '怎麼可以讓你知道呢 :P',
    public: {
      apiBase: '/api'
  }
}
```

在第一次呼叫使用 `useRuntimeConfig` 組合式函式時，會走訪這個 `_inlineRuntimeConfig` 物件裡面的 Key，逐一將 Key 的名稱轉換蛇形命名法（Snake case），並將這些名稱轉成全大寫後再加上 `NUXT_` 前綴後，再依據名稱取得對應的環境變數，如果存在就會以新值來覆蓋 `_inlineRuntimeConfig` 內的屬性。

例如 `apiSecret` 經過蛇行命名法的轉換變成 `api_secret`，接著轉大寫 `API_SECRET` 並加上前綴變成 `NUXT_API_SECRET`，若環境變數中存在 `NUXT_API_SECRET` 值就覆蓋 `runtimeConfig.apiSecret`。

而在 `public` 下的設置，也會先轉為 `public_apiBase` 再經過蛇行命名法轉換成 `public_api_base` 等步驟，最後變成 `NUXT_PUBLIC_API_BASE` 來檢查並覆蓋 `runtimeConfig.public.apiBase`。

透過建立 `.env` 檔案來載入環境變數是 Nuxt 整合 Dotenv 所提供的功能，而環境變數中具有 `NUXT_` 前綴的名稱會覆蓋 Runtime Config 的特性與 Dotenv 本身沒有關係，這兩者是完全獨立的 Nuxt 功能與特性。

在實務上推薦可以結合者兩種功能與特性，將 Nuxt 需要使用的全域變數先定義在 Rumtime Config 中，非敏感的設定值可以放置在 `runtimeConfig.public` 屬性下，而屬於敏感不能外洩的設定值，則僅使用一些代表性或範例作為屬性值。後續再結合 Nuxt 特定環境變數會覆蓋設定值的特性，來配置具有 `NUXT_` 前綴名稱的環境變數與敏感資訊。如此一來，專案內的 Nuxt Config 檔案就不會包含敏感資訊，僅是提示開發者有這些配置可以做使用，在專案版本控制也能有效避免敏感資訊包含在專案內，最後再於部署時期或不同環境下使用帶前綴環境變數來覆蓋設定。

> **！重點提示**
>
> Dotenv 和 `.env` 檔案僅會在 Nuxt 於開發環境時自動載入，當建構出生產環境的網站，如 `.output` 目錄後，Dotenv 並不會包含在建構的網站內，需要再啟動伺服器前載入或配置環境變數才能讓 Nuxt 特殊名稱的環境變數正常運作，例如在執行環境或 PM2 配置環境變數（Environment Variables）。

> **</> 完整範例程式碼**
>
> 使用環境變數覆蓋 Runtime Config 設定 ⧉ https://book.nuxt.tw/r/62

7.2 App Config

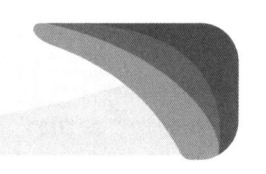

Nuxt 除了 Runtime Config 可以用來配置全域設定變數外,也提供了一個 App Config 的配置方式,來提供給整個 Nuxt App 使用的響應式狀態配置,並且能夠在生命週期執行之中更新它,在使用上也與 Runtime Config 有所不同。

7.2.1 在 Nuxt Config 配置 App Config

在 Nuxt Config 中,可以添加一個名為 `appConfig` 的屬性,這個屬性可以設置一個物件用於建立 App Config,例如,添加像網站主題的主色等偏好設定,讓網站可以使用這個設置,通常這些設定會是公開的配置,因為在前後端都會使用到,所以並不建議在 App Config 中放置具有敏感或機密性的設定值。

nuxt.config.ts

```ts
export default defineNuxtConfig({
  appConfig: {
    theme: {
      primaryColor: '#34d399',
    },
  },
})
```

當建立好 App Config 後,就可以使用組合式函式 `useAppConfig` 來取得設定。

例如,建立 `app/pages/config.vue` 檔案,使用 App Config 中的主題設定。

▼ app/pages/config.vue

```vue
<script setup>
const appConfig = useAppConfig()
const { theme } = appConfig
</script>

<template>
  <div class="flex flex-col items-center">
    <p class="my-12 text-3xl text-gray-400">theme.primaryColor:</p>
    <span class="text-4xl font-semibold text-emerald-400">
      {{ theme.primaryColor }}
    </span>
  </div>
</template>
```

</> 完整範例程式碼

建立 App Config ⧉ https://book.nuxt.tw/r/63

7.2.2 app.config 檔案

除了在 Nuxt Config 內設定 App Config 外，也可以在專案的 `app` 目錄內建立 `app.config.ts` 來配置 App Config，這個檔案的副檔名可以是 .ts、.js 或 .mjs。

TS app/app.config.ts

```ts
export default defineAppConfig({
  theme: {
    primaryColor: '#34d399',
    darkMode: false,
  },
})
```

當建立了 `app/app.config.ts` 檔案，檔案內的設定會與 `nuxt.config.ts` 檔案中的 `appConfig` 屬性結合，如果具有相同的命名，則以 `app/app.config.ts` 檔案內的設置為主來做覆蓋。

7.2.3 具有響應式的設定

當設定好的 App Config 在使用時，解構出的屬性是具有響應性的，也就是說在其他頁面修改主題顏色或深色模式的設定，可以響應至 `<template>` 做更新，也能在所有元件中使用這個設定的。

舉個例子，調整 `app/pages/config.vue` 檔案，實作顯示與設置主題相關設定。

▼ app/pages/config.vue

```
<script setup>
const appConfig = useAppConfig()
const { theme } = appConfig
</script>

<template>
  <div class="flex flex-col items-center">
    <p class="mt-6 text-2xl text-gray-400">theme.primaryColor:</p>
    <span class="mt-2 text-3xl font-semibold text-emerald-400">
      {{ theme.primaryColor }}
    </span>
    <p class="mt-6 text-2xl text-gray-400">theme.darkMode:</p>
    <span class="mt-2 text-3xl font-semibold text-blue-500">
      {{ theme.darkMode }}
    </span>
    <button
      class="my-6 rounded bg-blue-500 px-4 py-2 font-medium text-white"
      @click="theme.darkMode = !theme.darkMode"
    >
```

```
        {{ theme.darkMode ? '取消深色模式' : '啟用深色模式' }}
      </button>
      <NuxtLink to="/">回首頁 </NuxtLink>
    </div>
</template>
```

建立 `app/pages/index.vue` 檔案,顯示主題設定的深色模式的設定值並添加路由連結至 `/config`。

▼ app/pages/index.vue

```
<script setup>
const appConfig = useAppConfig()
const { theme } = appConfig
</script>

<template>
  <div class="flex flex-col items-center">
    <h1 class="my-12 text-6xl font-semibold text-gray-800">
      這裡是首頁
    </h1>
    <div class="flex gap-4">
      <NuxtLink to="/config">前往 /config</NuxtLink>
    </div>
    <p class="mt-4 text-2xl text-gray-500">
      theme.darkMode: {{ theme.darkMode }}
    </p>
  </div>
</template>
```

如圖 7-2,首頁取得了 App Config 中的 `theme.darkMode` 預設值為 `false`,接著切換至 `/config` 頁面,頁面中將從 `useAppConfig` 解構出的 `theme` 進行屬性操作,當使用按鈕來設置 `theme.darkMode` 為 `true` 或 `false` 表示啟用

或取消深色模式,當變更完成後再次回至首頁,可以發現 `theme.darkMode` 值會同步改變。

在 Nuxt 中,當使用 App Config 設置並解構出配置變數時,這些變數具有響應特性。這意味著,無論是在不同頁面修改主題顏色,還是切換深色模式,這些變更都會即時反映在整個 Nuxt 中。這種響應式設計使得 App Config 的設定可以在所有元件中被動態使用和更新,而無需手動更新或刷新頁面。

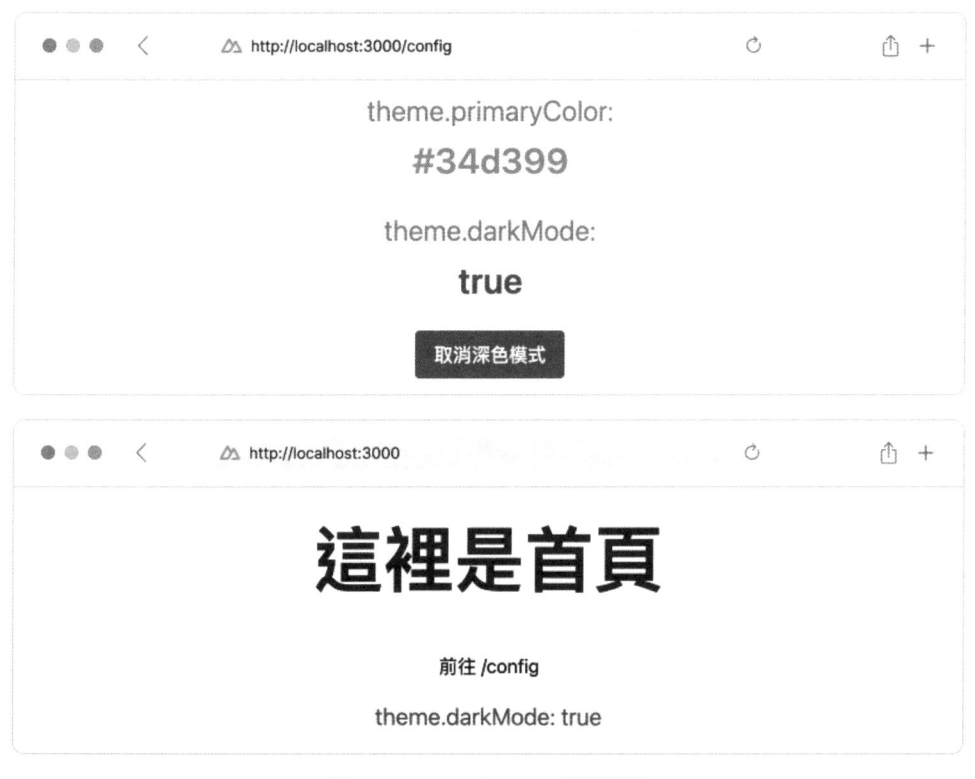

圖 7-2　App Config 的響應性

> 完整範例程式碼
>
> App Config 設定的響應性　https://book.nuxt.tw/r/64

7.3 Runtime Config 及 App Config 特性與差異

Nuxt 框架中的 Runtime Config 和 App Config 是兩種不同的配置方式，各自有其特定用途和優勢。

Runtime Config 主要用於處理敏感資訊和環境相關的靜態配置，在伺服器啟動時載入，適合儲存 API 密鑰等不公開的數據，確保了敏感資訊的安全性。相對 App Config 則用於管理公開的、可能需要動態更改的設置，如主題顏色或深色模式等，App Config 的一大特點是具有響應性，可以在 Nuxt 執行過程中即時更新。

還有一個最大的區別是 Runtime Config 的設定是針對 Nuxt 整個服務，這些執行時的設定，在某個部署環境下任何使用者瀏覽網頁時，這些設定都是固定，例如 API 的 Base URL，每個使用者得到的設定都會相同。

而 App Config 的設定是針對首次請求由經過用戶端瀏覽器接手渲染，直到使用者關閉這個分頁或瀏覽器的這個生命週期。所以不同的使用者或不同的瀏覽器分頁，Nuxt 在瀏覽器執行應用程式時的設定（App Config），如果被程式邏輯調整都是彼此獨立互不干擾，例如，主題顏色的設定、深色模式的啟用，都僅作用在同一個分頁內，在這個分頁的會話（Session）尚未結束前，分頁內切換 Nuxt 頁面路由，也能享有 App Config 的響應性。

下列稍微整理了 Runtime Config 和 App Config 兩種各自有不同的用途和特性。

Runtime Config：

- 用於儲存不可公開的金鑰或敏感訊息，這些建議放置在 `runtimeConfig` 中，且不在 `runtimeConfig.public` 屬性內。
- `runtimeConfig.public` 用於儲存前後端都會使用到且不常修改的常數，如 Google 分析追蹤碼等。
- 可以透過環境變數覆蓋與控制不同環境如開發、測試、生產的 Runtime Config。
- 這些設定在同一個部署環境與環境變數作用下，每一位使用者操作網站時所得到的設定皆相同。

App Config：

- 用於儲存伺服器端與用戶端都需要使用的設置，如主題配置等，這類可能被使用者調整的設定。
- 具有響應性，可以在 Nuxt 的生命週期中動態更新。
- 不同的使用者或不同的瀏覽器分頁所瀏覽的網站，可以透過操作 App Config 的設定，保持完全獨立且不干擾的應用程式設定。

開發者可以根據設定的敏感度、更新頻率和使用範圍來選擇適當的配置方式，以實現安全且靈活的應用配置管理。這兩種配置方式互補，共同為 Nuxt 應用提供了全面的配置解決方案。

Note

CHAPTER

08 | Cookie 設置與應用

Cookie 在網站開發中扮演著重要角色，用於儲存臨時資訊或辨識使用者，這些儲存在瀏覽器的文字資料會在每次瀏覽器發送 HTTP 請求時自動夾帶，常用於維持登入狀態和驗證身份。在 Nuxt 框架中，提供了一個強大而簡潔的解決方案來處理 Cookie，也確保了在伺服器端和用戶端之間的無縫協作，大幅提高了開發效率。

8.1 Nuxt 管理 Cookie 的方式

Nuxt 提供了一個強大的組合式函式 `useCookie`，用於在 Nuxt 中方便地讀寫 Cookie，開發者可以在頁面、元件或插件中使用 `useCookie` 組合式函式來建立一個具有響應性的 Cookie，使得管理用戶偏好設置、身份驗證狀態等涉及 Cookie 的功能變得更直觀。

8.1.1 組合式函式 useCookie

組合式函式 `useCookie` 使用方式。

```
const cookie = useCookie(name, options)
```

參數說明：

- name：對應的就是 Cookie 的名稱。
- options：傳入一個物件來設置多個 Cookie 屬性
  - maxAge：指定 Max-Age 屬性的值，單位是秒。如果沒有設置，則這個 Cookie 將會是 Session Only，意即網頁關閉後就會消失。
  - expires：指定一個 Date 物件來作為過期的時間，通常是要相容比較舊的瀏覽器做使用，如果 `maxAge` 與 `expires` 屬性都有設定，則過期時間應該要設定為一樣。
  - httpOnly：是一個布林值，預設為 `false`，當設置為 `true` 時，表示用戶端的 JavaScript 將無法使用 `document.cookie` 來存取這個 Cookie。通常會將敏感或機密的訊息，如 Token 或 Session ID 會設定為 `true`，只讓瀏覽器發出請求時自動夾帶。
  - secure：是一個布林值，預設為 `false`，當設置為 `true` 時瀏覽器得是 HTTPS 的加密傳輸協定的情境下，才會自動夾帶這個 Cookie。
  - domain：指定 Cookie 可以適用的 Domain，通常會保持預設，表是適用於自己的 Domain 之下。
  - path：指定 Cookie 適用的路徑。
  - sameSite：為一個布林值或是字串，用於設定安全策略。
  - default：為一個函式，可以用於回傳 Cookie 的預設值，也可以是回傳一個 Ref。
  - 更多 options 的設定可以參考官方文件。

8.1.2 設置 Cookie

建立 `app/pages/cookie.vue` 檔案，實作 Cookie 的操作，完成後記得在 `app/app.vue` 中添加使用 `<NuxtPage />` 元件來顯示所建立的路由頁面。

▼ app/pages/cookie.vue

```vue
<script setup>
const name = useCookie('name')
const counter = useCookie('counter', { maxAge: 60 })

const setNameCookie = () => {
  name.value = 'Ryan'
}

const setCounterCookie = () => {
  counter.value = Math.floor(Math.random() * 1000)
}
</script>

<template>
  <div class="flex flex-col items-center">
    <p class="my-6 text-center text-3xl font-bold text-gray-700">
      Cookie
    </p>
    <button
      class="rounded bg-emerald-500 px-4 py-2 text-white"
      @click="setNameCookie"
    >
      設置 name
    </button>
    <p class="my-2 text-xl font-semibold text-emerald-500">
      name: <span class="text-slate-700">{{ name }}</span>
    </p>
    <button
      class="rounded bg-emerald-500 px-4 py-2 text-white"
      @click="setCounterCookie"
```

```
    >
      設置 counter
    </button>
    <p class="my-2 text-xl font-semibold text-emerald-500">
      counter: <span class="text-slate-700">{{ counter }}</span>
    </p>
  </div>
</template>
```

在 `/cookie` 頁面中可以設置 Cookie 為分別是只有目前網頁有效的 `name` 及過期時間為 60 秒後的 `counter`，在頁面上可以嘗試點擊「設置 counter」按鈕，每次點擊都將產生新的一組隨機數，透過 `useCookie` 函式所回傳的響應式狀態，只要修改狀態值便會響應至瀏覽器的 Cookie 內做更新。

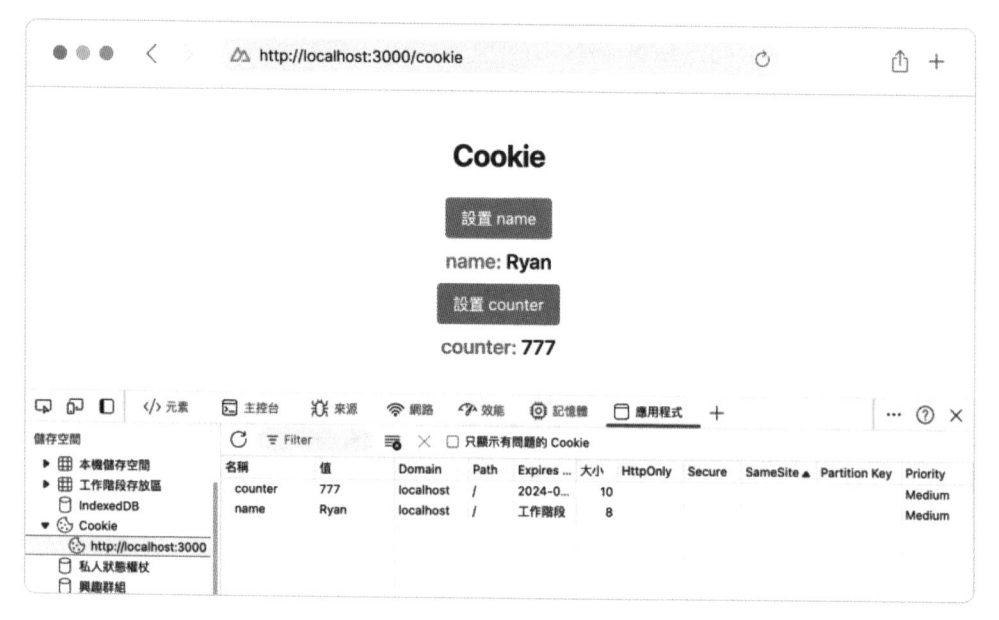

圖 8-1　使用 useCookie 設置 Cookie

使用 `useCookie` 組合式函式設置的 Cookie，會同步至使用者的瀏覽器中，只要 Cookie 尚未過期，即使重新整理網頁或關閉並重新打開瀏覽器，再次進入頁面時，`useCookie` 仍能正確讀取並還原儲存在瀏覽器中的 Cookie 值，這個特性確保了使用者資料的持久性，使得開發者可以輕鬆實現如使用者偏好設置保存、登入狀態維持等功能。

> </> 完整範例程式碼
>
> 使用 useCookie 建立 Cookie ⧉ https://book.nuxt.tw/r/65

8.1.3 伺服器端使用 getCookie 與 setCookie

當瀏覽器發送 API 請求並夾帶 Cookie 至伺服器端後，在伺服器端的 API 處理函式中，可以使用 `getCookie` 函式來取得夾帶過來的 Cookie 資訊，此外，伺服器端的 API 處理函式中也可以使用 `setCookie` 來設置 Cookie 回傳至用戶端。

```ts
// server/api/cookie.get.ts
export default defineEventHandler((event) => {
  let counter = Number(getCookie(event, 'counter')) || 0
  counter += 1
  setCookie(event, 'counter', counter.toString())
})
```

當前端打 `/api/cookie` 這支 Server API 時，就會自動夾帶瀏覽器中的 Cookie，伺服器端收到請求，解析 Cookie 後得到 `counter`，將其轉為數值或預設為 **0** 後增加 **1**，再回傳 Cookie 設定給前端。

▼ app/pages/cookie.vue

```vue
<script setup>
// ...
const sendRequest = () => {
  $fetch('/api/cookie')
}
</script>

<template>
  <div class="flex flex-col items-center">
    <!-- ... -->
    <button
      class="rounded bg-emerald-500 px-4 py-2 text-white"
      @click="sendRequest"
    >
      打 /api/cookie API
    </button>
  </div>
</template>
```

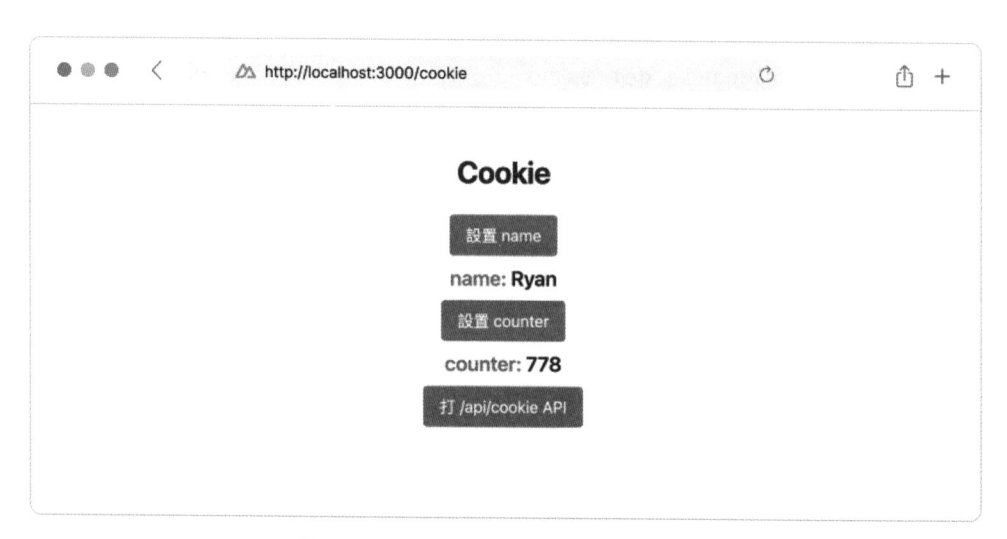

圖 8-2　Server API 取得與設置 Cookie

08 Cookie 設置與應用

> **！重點提示**
>
> 在 Nuxt 中操作 Cookie 時，需要特別注意 Cookie 的存取時機，一般來説沒有特別對 Cookie 設定其他屬性，預設是可以在用戶端與伺服器端使用 `useCookie` 組合式函式來操作並與瀏覽器的 Cookie 做同步。如果伺服器端設定 Cookie 時有特別指定 HttpOnly 屬性為 `true`，在用戶端瀏覽器就無法使用 `useCookie` 組合式函式（包括 JavaScript）來進行操作，HttpOnly 是基於安全性的規範，僅允許 Cookie 只在瀏覽器發送 API 請求時自動夾帶，後續的 Cookie 操作也都只能透過後端的回傳來進行設定。

> **</> 完整範例程式碼**
>
> 在伺服器端回傳與設定 Cookie ⧉ https://book.nuxt.tw/r/66

8.2 ｜ Google OAuth 與 JWT Cookie 的搭配

Cookie 是網站開發中廣泛使用的技術，不論是用來儲存臨時的資訊或是辨識使用者等，這一儲存在瀏覽器的文字資料，會在每次發送 HTTP 請求時自動夾帶，所以 Cookie 最常見的用途就包含了登入狀態、驗證身份等。

接下來以實際例子示範在 Nuxt 整合 Google OAuth，並依據 Google 使用者資訊與產生 JWT（JSON Web Token）來做使用者的驗證。

8.2.1　串接 Google OAuth 登入

首先，為了在 Nuxt 整合 Google OAuth 提供使用者第三方登入的功能，需要有一組 Google OAuth 使用的 Client ID，申請與建立的方式可以到 Google Cloud 控制台的 **API 和服務**中新增一個「OAuth 2.0 用戶端 ID」。這裡就不再贅述申請過程，但在建立 OAuth Client ID 時，已授權的 JavaScript 來源，記得填寫上正式環境或開發環境的 URI 且建議使用 HTTPS，在本機測試環境下可以填寫 `http://localhost:3000` 和 `https://localhost:3000`，如圖 8-3 所示。

圖 8-3　設定已授權的 JavaScript 來源

建立完成後，記得保管好用戶端密鑰（Client Secret），稍後實作時會需要，而用戶端編號（Client ID）格式會像下列這樣：

```
409866140631-r2y0a2n5nbuoxotk.apps.googleusercontent.com
```

接下來將用戶端密鑰（Client Secret）和用戶端編號（Client ID），放置在 Nuxt 的 Runtime Config 之中，並額外添加一個公開的設定 `googleRedirectUri`，其值為啟動伺服器時瀏覽的 URI。

nuxt.config.ts

```ts
export default defineNuxtConfig({
  runtimeConfig: {
    googleClientSecret: '這邊放上你的 Google Client Secret',
    public: {
      googleClientId: '這邊放上你的 Google Client ID',
      googleRedirectUri: 'http://localhost:3000',
    },
  },
})
```

> 🔔 **小提醒**
>
> Runtime Config 中放置的相關設定，也可以透過 `.env` 檔案或環境變數來做覆蓋取代，不必真的把敏感資訊放置在 `nuxt.config.ts` 檔案中。

接下來，使用套件管理工具安裝 Vue 的 Google OAuth 相關套件。

```
npm install vue3-google-login
```

根據套件說明文件的安裝方式，建立 Nuxt 自定義插件來安裝 **vue3-google-login** 套件。

app/plugins/vue3-google-login.client.ts

```ts
import vue3GoogleLogin from 'vue3-google-login'

export default defineNuxtPlugin((nuxtApp) => {
  const runtimeConfig = useRuntimeConfig()
```

```
  const { googleClientId: GOOGLE_CLIENT_ID } = runtimeConfig.public

  nuxtApp.vueApp.use(vue3GoogleLogin, {
    clientId: GOOGLE_CLIENT_ID,
  })
})
```

接著建立登入頁面,並使用 **vue3-google-login** 套件所提供的 `<GoogleLogin>` 元件,並添加一個 `callback` 屬性傳入回呼函式。最後,建議使用 Nuxt 提供的 `<ClientOnly>` 元件,將 `<GoogleLogin>` 包裹起來,以確保該元件僅在用戶端渲染,避免登入按鈕在初始化時發生問題,完成後記得在 `app/app.vue` 中添加使用 `<NuxtPage />` 元件來顯示所建立的路由頁面。

▼ app/pages/login.vue

```
<script setup>
const callback = (response) => {
  console.log(response)
}
</script>

<template>
  <div class="flex flex-col items-center py-12">
    <ClientOnly>
      <GoogleLogin :callback="callback" />
    </ClientOnly>
  </div>
</template>
```

瀏覽 `/login` 頁面,可以發現畫面上出現了熟悉的 Google 登入按鈕,點擊後選擇要登入的帳號,Google 登入成功後便會呼叫 `callback` 屬性的函式,如

08 Cookie 設置與應用

圖 8-4 可以在主控台看見印出的回傳值，包含 `clientId` 和 `credential` 等值，後續就可以使用 `credential` 來取得 Google 使用者的資訊等操作。

圖 8-4　使用 Google Login 取得 Credential

> </> 完整範例程式碼
>
> 使用 Google 帳號登入取得憑證 ⧉ https://book.nuxt.tw/r/67

8.2.2　伺服器端驗證

當使用者於前端成功登入後，通常會在前端組織一些資訊和登入憑證回傳至後端進行登入或記錄使用者，也可以再依據使用者資訊產生使用於網站的 Token、Cookie 或 Session 等，以供後續的網站驗證做使用。

在後端可使用 **google-auth-library** 套件進行一系列的有關 Google OAuth 驗證或取得使用者資訊。

首先,使用套件管理工具安裝 **google-auth-library** 套件。

```
npm install google-auth-library
```

接下來,依據 Google OAuth 所提供的不同種登入方式以及獲得的資訊,來建立相對應的驗證流程,舉例來說,當使用者於前端瀏覽器透過 Google 登入後,獲得了 Auth Code,於後端 API 可以建立一個,只接受 POST 方法並在 Body 中夾帶 Auth Code 請求來做驗證。

建立 `server/api/auth/google.post.ts` 檔案,實作處理 Auth Code 驗證流程。

```ts
// server/api/auth/google.post.ts
import { OAuth2Client } from 'google-auth-library'

const runtimeConfig = useRuntimeConfig()
const oauth2Client = new OAuth2Client({
  clientId: runtimeConfig.public.googleClientId,
  clientSecret: runtimeConfig.googleClientSecret,
  redirectUri: runtimeConfig.public.googleRedirectUri,
})

export default defineEventHandler(async (event) => {
  const body = await readBody(event)
  const { tokens } = await oauth2Client.getToken(body.authCode)
  oauth2Client.setCredentials({ access_token: tokens.access_token })

  const userInfo = await oauth2Client
    .request({
      url: 'https://www.googleapis.com/oauth2/v3/userinfo',
```

```
  })
    .then((response) => response.data)
    .catch(() => null)

  if (!userInfo) {
    throw createError({
      statusCode: 400,
      statusMessage: '無效的 authCode',
    })
  }

  return userInfo
})
```

調整頁面元件內的登入流程,改為使用自訂登入按鈕並使用取得 Auth Code 的 Google 登入方法。

▼ app/pages/login.vue

```
<script setup>
import { googleAuthCodeLogin } from 'vue3-google-login'
const {
  googleClientId: GOOGLE_CLIENT_ID,
} = useRuntimeConfig().public

const userInfo = ref({})
const handleGoogleLogin = async () => {
  const authCode = await googleAuthCodeLogin({
    clientId: GOOGLE_CLIENT_ID,
  }).then(response => response?.code)

  await $fetch('/api/auth/google', {
    method: 'POST',
    body: { authCode },
  }).then((response) => {
    userInfo.value = response
```

```
  })
}
</script>

  <template>
  <div class="flex flex-col items-center">
    <div class="my-4 flex max-w-xl flex-col gap-1">
      <template
        v-for="property in Object.keys(userInfo)"
        :key="property"
      >
        <p class="text-xl font-semibold break-words text-emerald-500">
          {{ property }}:
          <span class="text-slate-700">
            {{ userInfo[property] }}
          </span>
        </p>
      </template>
    </div>
    <button
      class="rounded bg-emerald-500 px-4 py-2 text-white"
      @click="handleGoogleLogin"
    >
      使用 Google 登入
    </button>
  </div>
</template>
```

當使用 Google OAuth 登入成功後，會取得 Auth Code，並將其傳至 Server API，`/api/auth/google` 接收 Auth Code 並將其兌換成 Access Token 再使用 Google API 取得使用者的資訊，最後就能依據取得的使用者資訊回傳給前端。

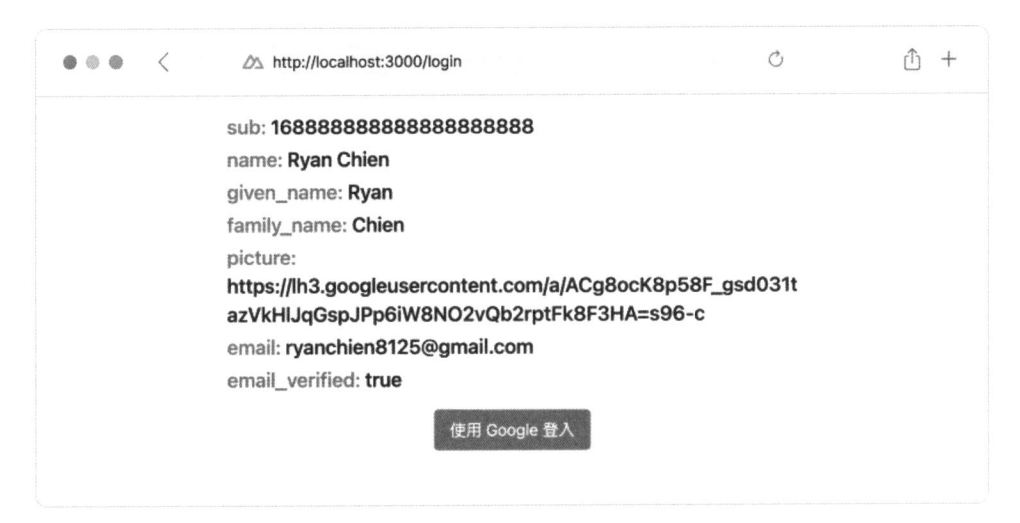

```
● ● ●     <     ⚠ http://localhost:3000/login              ↻        ⬆ +

          sub: 168888888888888888888
          name: Ryan Chien
          given_name: Ryan
          family_name: Chien
          picture:
          https://lh3.googleusercontent.com/a/ACg8ocK8p58F_gsd031t
          azVkHlJqGspJPp6iW8NO2vQb2rptFk8F3HA=s96-c
          email: ryanchien8125@gmail.com
          email_verified: true

                        [ 使用 Google 登入 ]
```

圖 8-5　使用 Google Login 並取得 Google 使用者資訊

> </> **完整範例程式碼**
>
> 使用 Google 帳號登入並取得使用者資訊 ⧉ https://book.nuxt.tw/r/68

8.2.3　產生 JWT 搭配 Cookie 做使用者驗證

熟悉了 Nuxt 中操作與設定 Cookie 的方式，可以將 Cookie 的運作機制應用在如網站的會員系統當中，當使用者登入成功後，後端產生的 Token 或 Session 回傳並儲存在使用者的瀏覽器中，之後的請求將會自動夾帶可以辨識出使用者的 Cookie，後端所收到的請求可以解析或比對 Cookie 來驗證使用者的資訊，並依照策略給予不同的處理邏輯。

不論網站中是否使用 Google OAuth 做登入，網站都可以實作產生 Token 或 Session 的流程提供辨識使用者的機制。本書將採以產生 JWT（JSON Web Token）和 Cookie 搭配的方式來做使用者驗證。

在 JWT Payload 中放置使用者資訊，可以是由資料庫或 Google OAuth 登入後所獲得的使用者資料來建構，最後將產生的 JWT 回傳與設定至瀏覽器的 Cookie 中表示登入完成，登入後只要 Cookie 尚未過期或登出註銷，後續網站中的 API 請求便會自動夾帶來做使用者身份驗證。

首先，使用 NPM 或套件管理工具安裝產生與驗證 JWT 的套件。

```
npm install fast-jwt
```

接下來需要設定核發 JWT 的簽署金鑰，這個金鑰可以放置在 Runtime Config 之中，名稱設為 `jwtSignSecret` 並將值設定為一組密碼或密鑰。

nuxt.config.ts

```ts
export default defineNuxtConfig({
  runtimeConfig: {
    jwtSignSecret: 'PLEASE_REPLACE_WITH_YOUR_SECRET',
    googleClientSecret: '這邊放上你的 Google Secret ',
    public: {
      googleClientId: '這邊放上你的 Google Client ID',
      googleRedirectUri: 'http://localhost:3000',
    },
  },
})
```

調整使用 Google 登入的後端 API，在取得 Google 使用者資訊之後，建構使用者的 Payload 用於核發 JWT，`server/api/auth/google.post.ts` 程式碼如下：

08 Cookie 設置與應用

TS server/api/auth/google.post.ts

```ts
import { OAuth2Client } from 'google-auth-library'
import { createSigner } from 'fast-jwt'

const runtimeConfig = useRuntimeConfig()
const oauth2Client = new OAuth2Client({
  clientId: runtimeConfig.public.googleClientId,
  clientSecret: runtimeConfig.googleClientSecret,
  redirectUri: runtimeConfig.public.googleRedirectUri,
})

interface GoogleUserInfo {
  sub: string
  name: string
  given_name: string
  family_name: string
  picture: string
  email: string
  email_verified: boolean
}

export default defineEventHandler(async (event) => {
  const body = await readBody(event)
  const { tokens } = await oauth2Client.getToken(body.authCode)
  oauth2Client.setCredentials({ access_token: tokens.access_token })

  const userInfo = await oauth2Client
    .request<GoogleUserInfo>({
      url: 'https://www.googleapis.com/oauth2/v3/userinfo',
    })
    .then(response => response.data)
    .catch(() => null)

  if (!userInfo) {
    throw createError({
      statusCode: 400,
      statusMessage: '無效的 authCode'
```

8-17

```
  })
}

const jsonWebTokenPayload = {
  id: userInfo.sub,
  nickname: userInfo.name,
  email: userInfo.email,
}

const expirationTime = 7 * 24 * 60 * 60 * 1000

const signSync = createSigner({
  key: runtimeConfig.jwtSignSecret,
  expiresIn: expirationTime * 1000,
})

const jsonWebToken = signSync(jsonWebTokenPayload)

setCookie(event, 'access_token', jsonWebToken, {
  httpOnly: true,
  maxAge: expirationTime,
  expires: new Date(Date.now() + expirationTime),
  secure: process.env.NODE_ENV === 'production',
  path: '/',
})

return jsonWebTokenPayload
})
```

> **！重點提示**
>
> JWT 在核發時使用的加密金鑰，建議使用非對稱式的金鑰進行加密，這邊僅是為了範例展示方便而使用相同的 Secret 進行加解密，同時也可以搭配 `.env` 檔案或環境變數來做覆蓋取代 Runtime Config 內的設定值。

接著，實作一支 Server API，用於解析使用者所夾帶的 `access_token` Cookie，並驗證 JWT 的是否有效，最終回傳 JWT 攜帶的使用者資訊。

TS server/api/whoami.get.ts

```ts
import { createVerifier } from 'fast-jwt'

const runtimeConfig = useRuntimeConfig()

export default defineEventHandler((event) => {
  const jsonWebToken = getCookie(event, 'access_token')
  try {
    if (!jsonWebToken) {
      setResponseStatus(event, 204)
      return
    }

    const verifySync = createVerifier({
      key: runtimeConfig.jwtSignSecret,
    })

    const jsonWebTokenPayload = verifySync(jsonWebToken)
    return {
      id: jsonWebTokenPayload.id,
      nickname: jsonWebTokenPayload.nickname,
      email: jsonWebTokenPayload.email,
    }
  } catch (error) {
    console.error(error)
    throw createError({
      statusCode: 401,
      statusMessage: '未經授權的錯誤',
    })
  }
})
```

接著建立一個可以查詢使用者資訊的頁面。

▼ app/pages/whoami.vue

```vue
<script setup>
const userInfo = ref({})
const sendWhoamiRequest = async () => {
  await $fetch('/api/whoami').then((response) => {
    userInfo.value = response
  })
}
</script>

<template>
  <div class="flex flex-col items-center">
    <div class="my-4 flex max-w-xl flex-col gap-1">
      <template
        v-for="property in Object.keys(userInfo)"
        :key="property"
      >
        <p class="text-xl font-semibold break-words text-sky-500">
          {{ property }}:
          <span class="text-slate-700">
            {{ userInfo[property] }}
          </span>
        </p>
      </template>
    </div>
    <button
      class="rounded bg-sky-500 px-4 py-2 text-white"
      @click="sendWhoamiRequest"
    >
      查詢使用者資訊
    </button>
  </div>
</template>
```

這裡要特別注意，如果是用戶端執行取得使用者資料，可以使用 `$fetch` 來發送請求，便會自動夾帶瀏覽器的 Cookie，而如果是在伺服器端渲染時期打 API 獲取使用者資料，需要使用 `useRequestHeaders` 組合式函式，來從伺服器端存取和代理 Cookie 到 API，例如下面的範例。

```
<script setup>
const { data: userInfo } = await useFetch('/api/whoami', {
  headers: useRequestHeaders(['cookie']),
})
</script>
```

當使用者在前端透過 Google 登入後，再前往 `/whoami` 頁面，點擊按鈕發送 `/api/whoami` 請求，便可以得到使用者的資訊。

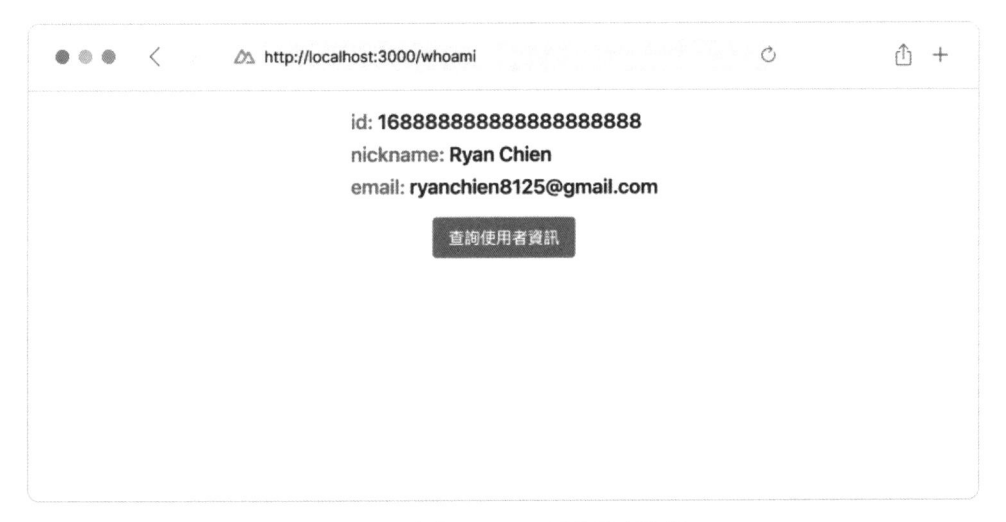

圖 8-6　解析 JWT 取得使用者資訊

完整的流程說明如下：

1. 前往登入頁面 `/login`，並使用 Google 進行登入，會彈出一個新視窗提供使用者輸入 Google 帳號密碼或選擇一個以登入的帳號。

2. Google 登入成功後會得到 Auth Code，接著前端打 `/api/auth/google` 後端 API，Body 夾帶 Auth Code。

3. `/api/auth/google` 後端 API 收到請求後，解析出 Body 夾帶的 Auth Code，並透過 google-auth-library 套件取得 Google 使用者資料。

4. 將 Google 使用者資料中的屬性重新組成新的 `jsonWebTokenPayload`，並核發有效時間為七天的 JWT，最後回傳至前端瀏覽器，並設置於 Cookie 的 `access_token`。

5. 前端切換至 `/whoami` 頁面，點擊按鈕送出 `/api/whoami` API 請求，瀏覽器會自動夾帶 Cookie 至後端。

6. 伺服器後端 API `/api/whoami` 收到請求後，從 Cookie 中解析出 `access_token` 的值，並驗證解析出 JWT 內含的使用者資訊，資料經重組後回傳前端瀏覽器，最後便能根據回傳資訊進行渲染。

至此，就實作出一個 Google OAuth 的登入及在伺服器端核發新 JWT 供後續驗證的服務。

在實際應用中，後端可以實現一個更安全和靈活的驗證登入機制，將 Google 使用者資訊與資料庫內的資料進行比對。這種方法與前面的範例大同小異，通常包括以下步驟：

1. 首先，當使用者透過 Google 登入後，得到 Google 提供的令牌（Token）、憑證（Credential）或授權碼（Authorization Code），並將這些資訊發送到後端伺服器。

2. 後端會驗證授權碼、憑證等的真實性，通常是透過呼叫 Google 的 API，驗證通過後，便能獲得使用者的資訊，如電子郵件地址、姓名等。

3. 接著，後端會在自己的資料庫中尋找這個電子郵件地址，檢查是否已有對應的使用者記錄。如果找到匹配的記錄，後端可以進行額外的驗證步驟，比如檢查使用者狀態或權限，如果沒找到電子信箱表示不存在，可以視為新的使用者註冊。

4. 最後，後端生成一個自定義的 Token 或 Session，例如產生 JWT 並設置在 Cookie 中，發送回前端，用於後續的身份驗證。

這種方法不僅提高了安全性，也提供開發者為網站添加自定義的使用者管理邏輯。

> **</> 完整範例程式碼**
>
> 整合 Google 使用者資訊建立 JWT ⧉ https://book.nuxt.tw/r/69

Note

CHAPTER 09

動態調整網頁標題與頭部標籤

Nuxt 框架中的 `useHead` 組合式函式，允許開發者以程式化和響應式的方式來管理 HTML 標題與 HTML Head 內的標籤，這個組合式函式背後使用的正是 Unhead 套件，透過 `useHead` 可以輕鬆地為每個頁面定制獨特的標題，具體反映頁面的內容或功能，除此之外，也可以自定義 HTML Head 的內容，控制不同頁面載入外部的 JS 或 CSS 等，也能針對 SEO 搜尋引擎最佳化為每個頁面設置最適合的 Meta Tag。

9.1 組合式函式 useHead

9.1.1 頁面 Head 管理

使用組合式函式 `useHead` 可以設定的標籤屬性包含了 `<title>`、`<link>`、`<meta>`、`<style>` 和 `<script>` 等，例如想要變更目前頁面的網頁標題，可以在 `<script setup>` 中直接呼叫使用。

```
<script setup>
useHead({
  title: 'Nuxt學習網站',
})
</script>
```

屬性除了可以直接設定外，也可以透過 `ref`、`reactive` 或 `computed` 響應式的狀態來綁定動態調整，例如下列範例可以在 `title` 屬性傳入一個響應式狀態 `count`，當 `count` 數值變動時，便會響應資料動態變更網頁標題。

```
<script setup>
const count = ref(0)

if (import.meta.client) {
  setInterval(() => (count.value += 1), 1000)
}

useHead({
  title: count,
})
</script>
```

> </> 完整範例程式碼
>
> 使用 useHead 變更網頁標題 ⧉ https://book.nuxt.tw/r/70

9.1.2 網頁標題模板

網頁標題也透過標題模板屬性 `titleTemplate` 來動態的設定，下例子使用 `%s` 作為 `title` 參數填充的位置。

```
<script setup>
useHead({
  title: '首頁',
  titleTemplate: '%s | Nuxt 學習網站',
})
</script>
```

也可以使用 `templateParams` 屬性來建立多個 `titleTemplate` 內使用的參數。

```
<script setup>
useHead({
  title: '首頁',
  titleTemplate: '%s %separator %siteName',
  templateParams: { separator: '|', siteName: 'Nuxt 學習網站' },
})
</script>
```

通常網頁標題模板會設置在如 `app/app.vue` 檔案中，當有內嵌路由頁面時，再由內嵌的路由頁面設定標題，就可以套用至外部的標題模板參數之中。

> **</> 完整範例程式碼**
>
> 使用 useHead 的標題模板 ↗ https://book.nuxt.tw/r/71

9.1.3 使用外部函式庫檔案

當需要使用外部的函式庫、字型或 CSS 等等，傳統的做法可能會再頁面中的 Head 來做添加，而在 Nuxt 中可以使用 `useHead` 在特定頁面載入外部的檔案，以載入 Goole 的雲端字型為例，可以撰寫如下程式碼。

9-3

```
<script setup>
useHead({
  link: [
    {
      rel: 'preconnect',
      href: 'https://fonts.googleapis.com',
    },
    {
      rel: 'stylesheet',
      href: 'https://fonts.googleapis.com/css2?family=Roboto',
      crossorigin: '',
    },
  ],
})
</script>
```

渲染出來的 HTML。

```
<html>
    <head>
        <link rel="preconnect" href="https://fonts.googleapis.com">
        <link rel="stylesheet" href="https://fonts.googleapis.com/
          css2?family=Roboto" crossorigin>
    </head>
</html>
```

Nuxt 針對常用的 HTML 標籤提供了相對應的元件，如 `<title>`、`<script>`、`<link>`、`<style>` 等可以用來直接在 SFC 的 `<template>` 中來設置標題、載入外部的 JS 或 CSS 等。

```
<template>
  <div>
    <Link rel="preconnect" href="https://fonts.googleapis.com" />
    <Link
      rel="stylesheet"
      href="https://fonts.googleapis.com/css2?family=Roboto&display"
      crossorigin
    />
  </div>
</template>
```

> </> 完整範例程式碼
>
> 使用外部函式庫檔案 ⬈ https://book.nuxt.tw/r/72

9.1.4 標籤渲染位置

在載入外部 JS 的標籤中也可以使用 `tagPosition` 屬性選項來決定標籤附加到 HTML 的位置，舉例來說，想要將載入 JS 檔案的標籤添加於 `<body>` 的最末處。

```
<script setup>
useHead({
  script: [
    {
      src: 'https://third-party-script.com',
      // 允許的值 head（預設）, bodyClose, bodyOpen
      tagPosition: 'bodyClose',
    },
  ],
})
</script>
```

渲染出來的 HTML。

```html
<html>
  <!-- ... -->
  <body>
    <div id="__nuxt">...</div>
    <!-- ... -->
    <script src="https://third-party-script.com"></script>
  </body>
</html>
```

> **</> 完整範例程式碼**
>
> useHead 控制標籤渲染位置 ⧉ https://book.nuxt.tw/r/73

9.1.5 頁面中的 Meta Tags

透過 Nuxt 的 `useHead` 組合式函式，也可以設定頁面的 Meta Tag，而頁面中的 Meta Tag 也是 SEO 搜尋引擎最佳化不可或缺的設定步驟之一。

```
<script setup>
useHead({
  meta: [
    { name: 'title', content: 'Nuxt 學習網站' },
    { name: 'description', content: '使用 Nuxt 開發一個網站' },
    { name: 'keywords', content: 'Nuxt,Vue' },
  ],
})
</script>
```

渲染出來的 HTML。

```
<html>
  <head>
    <meta name="title" content="Nuxt 學習網站 ">
    <meta name="description" content=" 使用 Nuxt 開發一個網站 ">
    <meta name="keywords" content="Nuxt,Vue">
  </head>
</html>
```

除了使用 `useHead` 外，也可以在 `<template>` 中使用 `<Meta>` 元件來設置，效果也是一樣的。

```
<template>
  <div>
    <Meta name="title" content="Nuxt 學習網站 " />
    <Meta name="description" content=" 使用 Nuxt 來開發一個網站 " />
    <Meta name="keywords" content="Nuxt,Vue" />
  </div>
</template>
```

> </> 完整範例程式碼
>
> 建立 HTML 中的 Meta Tags ⤴ https://book.nuxt.tw/r/74

9.2 組合式函式 useHeadSafe

在網頁中動態的渲染資料其實需要非常的注意，只要是有可能渲染資料的地方，都要注意是否有將特殊符號進行轉義，因為**跨網站指令碼（Cross-site scripting, XSS）**攻擊的媒介有很多，為了網站的安全性，**永遠不要將不可信任的內容作為模板內容使用**。

`useHeadSafe` 正是 `useHead` 組合式函式的包裝，僅允許特定白名單內的安全屬性和屬性值來做為 `useHead` 的屬性參數。

這些安全值的白名單如下：

```
{
  htmlAttrs: ['id', 'class', 'lang', 'dir'],
  bodyAttrs: ['id', 'class'],
  meta: ['id', 'name', 'property', 'charset', 'content'],
  noscript: ['id', 'textContent'],
  script: ['id', 'type', 'textContent'],
  link: ['id', 'color', 'crossorigin', 'fetchpriority', 'href',
    'hreflang', 'imagesrcset', 'imagesizes', 'integrity', 'media',
    'referrerpolicy', 'rel', 'sizes', 'type']
}
```

白名單的限制非常嚴格，如果嘗試使用了不在白名單內的標籤或屬性，它將被忽略不被設定，如果需要使用不在白名單的標籤或屬性，一定要確保輸入是乾淨且安全的。

CHAPTER

10 實戰部落格網站

這個章節將實際使用 Nuxt 框架建立一個部落格網站,包含簡易的登入系統、權限驗證、文章內容管理與 SEO 搜尋引擎最佳化的基本配置,部落格內的文章會依賴一個資料庫系統來做儲存,以此來展示從 Server API 與資料庫串接的範例,透過實作部落格網站的過程,可以讓讀者們更熟悉整個 Nuxt 框架的特性。

10.1 建立部落格網站的框架與開發環境

10.1.1 初始化 Nuxt 專案

首先,使用 Nuxt CLI 建立一個全新的 Nuxt 專案,名稱設定為 **nuxt-blog**。

```
npm create nuxt@latest nuxt-blog
```

接下來根據本書的 2.2 章節,建立初始專案和配置開發環境,並根據 2.3 章節介紹導入 Tailwind CSS。

10.1.2 導入 Nuxt Icon 模組

在部落格網站中為了更豐富網站的呈現效果，網站內的圖示使用 Nuxt Icon。

首先，使用 Nuxt CLI 或套件管理工具安裝 Nuxt Icon 模組。

```
npx nuxi@latest module add icon
```

在 Nuxt Config 中確認 `modules` 屬性，包含模組的名稱 `'@nuxt/icon'`。

▲ nuxt.config.ts

```ts
export default defineNuxtConfig({
  modules: ['@nuxt/icon'],
})
```

10.1.3 建立預設布局模板

在 `app/layouts` 目錄下建立預設布局模板。

▼ app/layouts/default.vue

```vue
<template>
  <div>
    <slot />
  </div>
</template>
```

在 `app/pages` 目錄下建立首頁。

▼ app/pages/index.vue

```
<template>
  <div class="flex flex-col items-center">
    Nuxt 實戰部落格
  </div>
</template>
```

修改 `app/app.vue` 檔案，添加 `<NuxtLayout>` 和 `<NuxtPage>` 元件。

▼ app/app.vue

```
<template>
  <div>
    <NuxtLayout>
      <NuxtPage />
    </NuxtLayout>
  </div>
</template>
```

10.2 建立登入與驗證相關 API

部落格網站通常有發布文章或刪除文章的功能，但是這些功能通常僅會允許具有相對應權限的使用者做使用，因此需要建立如會員系統或管理人員專用的 API，為了方便展示，在這個網站內只要有登入的皆視為有權限發文的使用者，其餘未登入的表示一般瀏覽的訪客。

10.2.1 安裝與配置 JWT 套件

安裝 fast-jwt 套件。

```
npm install fast-jwt
```

接下來需要設定核發 JWT 的簽署金鑰，這個金鑰可以放置在 Runtime Config 之中，名稱設為 `jwtSignSecret` 並將值設定為一組密碼或密鑰。

nuxt.config.ts

```ts
export default defineNuxtConfig({
  runtimeConfig: {
    jwtSignSecret: 'PLEASE_REPLACE_WITH_YOUR_SECRET',
  },
})
```

10.2.2 建立登入 API 並產生 JWT（JSON Web Token）

在 `server/api` 目錄下建立一個檔案用於建立登入 API，登入成功後產生一組 JWT 回傳至前端保存於 Cookie 中。這裡為了方便展示，將接收的帳號密碼判斷寫死在處理邏輯內帳號密碼皆為 **ryan**，實務上可以根據需求決定驗證的方式，例如串接資料庫進行使用者的帳號密碼驗證。

TS server/api/login.post.ts

```ts
import { createSigner } from 'fast-jwt'

const runtimeConfig = useRuntimeConfig()

export default defineEventHandler(async (event) => {
  const body = await readBody(event)

  if (!(body.account === 'ryan' && body.password === 'ryan')) {
    throw createError({
      statusCode: 400,
      statusMessage: '登入失敗',
    })
  }

  const jsonWebTokenPayload = {
    id: 1,
    nickname: 'Ryan',
    email: 'ryanchien8125@gmail.com',
    avatar: 'https://book.nuxt.tw/r/0',
  }

  const expirationTime = 7 * 24 * 60 * 60 * 1000

  const signSync = createSigner({
    key: runtimeConfig.jwtSignSecret,
    expiresIn: expirationTime * 1000,
  })

  const jsonWebToken = signSync(jsonWebTokenPayload)

  setCookie(event, 'access_token', jsonWebToken, {
    httpOnly: true,
    maxAge: expirationTime,
    expires: new Date(Date.now() + expirationTime),
```

```
    secure: process.env.NODE_ENV === 'production',
    path: '/',
  })

  return jsonWebTokenPayload
})
```

10.2.3　建立登出 API

為了保護登入後存放於 Cookie 的 JWT，在後端設置 Cookie 時有添加了 `httpOnly` 為 `true` 的屬性，當 `httpOnly` 設定為 `true` 時，表示前端的 JavaScript 是無法直接存取或修改這個 Cookie，僅有在瀏覽器發送 API 請求時，才會依據 Domain 及 Path 自動夾帶。

為了實現使用者登出後能夠清除瀏覽器 Cookie 中的 `access_token`，可以建立一支 API 來透過伺服器的回傳來清除或覆蓋 Cookie。

TS server/api/logout.post.ts
```
export default defineEventHandler((event) => {
  deleteCookie(event, 'access_token')
})
```

10.2.4　建立查詢使用者資訊 API

當使用者登入後，也需要提供一支 API 讓前端可以依據登入後所獲得的 JWT 來進行使用者資訊的查詢，也可以用來檢查使用者登入後瀏覽器內所儲存的 `access_token` 是否已經過期。

TS server/api/whoami.get.ts

```ts
import { createVerifier } from 'fast-jwt'

const runtimeConfig = useRuntimeConfig()

export default defineEventHandler((event) => {
  const jsonWebToken = getCookie(event, 'access_token')
  try {
    if (!jsonWebToken) {
      setResponseStatus(event, 204)
      return
    }

    const verifySync = createVerifier({
      key: runtimeConfig.jwtSignSecret,
    })

    const jsonWebTokenPayload = verifySync(jsonWebToken)

    return {
      id: jsonWebTokenPayload.id,
      nickname: jsonWebTokenPayload.nickname,
      email: jsonWebTokenPayload.email,
      avatar: jsonWebTokenPayload.avatar,
    }
  } catch (error) {
    console.error(error)
    throw createError({
      statusCode: 401,
      statusMessage: '未經授權的錯誤',
    })
  }
})
```

10.2.5 建立伺服器中介層（Server Middleware）

為了後續的 Server API 可以辨識使用者所夾帶的 `access_token`，可以建立一個伺服器中介層來為每個 API 請求添加解析與驗證 JWT 的流程，並將解析出來的 Payload 也就是使用者資訊，添加於請求事件的上下文中，提供給後續 API 處理邏輯做使用。

TS server/middleware/auth.ts

```ts
import { createVerifier } from 'fast-jwt'

const runtimeConfig = useRuntimeConfig()

export default defineEventHandler((event) => {
  event.context.auth = {
    user: null,
  }

  const jsonWebToken = getCookie(event, 'access_token')

  if (jsonWebToken) {
    try {
      const verifySync = createVerifier({
        key: runtimeConfig.jwtSignSecret,
      })
      const jsonWebTokenPayload = verifySync(jsonWebToken)

      event.context.auth = {
        user: jsonWebTokenPayload,
      }
    } catch (error) {
      console.error(error)
    }
  }
})
```

10.3 配置 Neon Serverless Postgres 資料庫

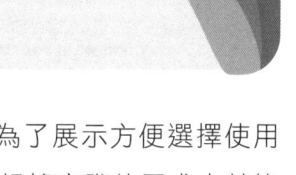

部落格網站中的文章內容會儲存在資料庫之中，本書為了展示方便選擇使用 Neon Serverless Postgres 作為資料庫，讀者們可以再根據實際的需求來替換成不同的資料庫。

10.3.1 建立 Neon Serverless Postgres 資料庫

前往 Neon 官方網站 [1]，註冊後建立一個 Serverless Postgres 資料庫專案，通常可以直接使用預設推薦的 Postgres 版本，地區根據需求選擇。

完成資料庫專案建立後，前往 Neon 主控台的 SQL Editor 頁面，使用下列 SQL 指令建立文章資料表 **article**。

```sql
CREATE SEQUENCE IF NOT EXISTS "article_id_seq";

CREATE TABLE "public"."article" (
  "id" int4 NOT NULL DEFAULT nextval('article_id_seq'),
  "title" text,
  "description" text,
  "content" text,
  "cover" text,
  "updated_at" timestamptz NOT NULL DEFAULT NOW(),
  PRIMARY KEY ("id")
);
```

---

1 Neon Serverless Postgres: https://neon.com/

回到 Neon 主控台的 Dashboard 頁面，找到 Connect 連線資訊，複製資料庫的連線 URL 進行保存，稍後會使用到這個 URL 連線資訊。

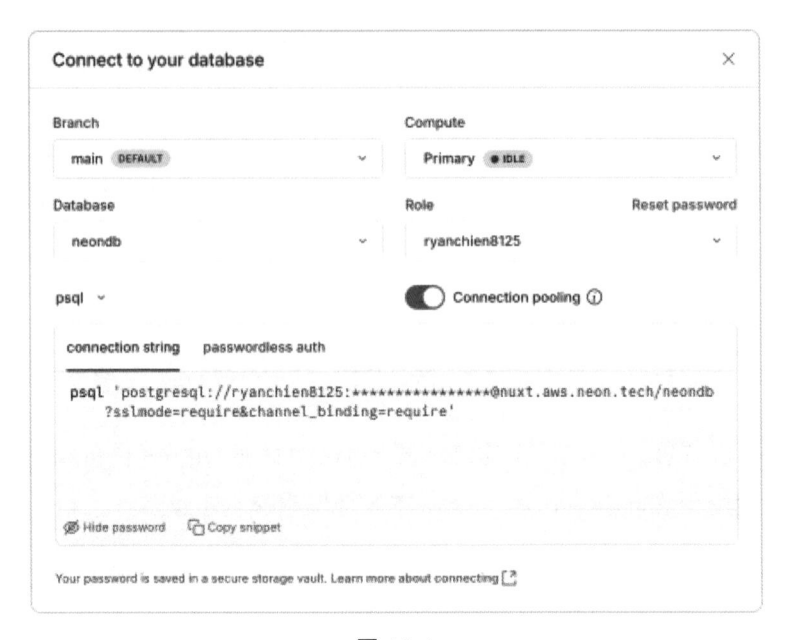

圖 10-1

10.3.2 建立專案 .env 檔案與設定資料庫連線的環境變數

將設定連線資料庫的 URL 預先建立在 Runtime Config 之中，名稱設為 `databaseUrl`，可以不用放置真實的連線資訊 URL，因為後續會使用環境變數來覆蓋這個設定。

```ts
// nuxt.config.ts
export default defineNuxtConfig({
  runtimeConfig: {
    databaseUrl: 'postgres://<USERNAME>:<PASSWORD>@<HOST>',
  },
})
```

在部落格的專案下,建立 `.env` 檔案,並在檔案內添加 `NUXT_DATABASE_URL` 環境變數。

將剛才從 Neon Serverless Postgres 所保存下來的資料庫的連線 URL 添加於 `NUXT_DATABASE_URL` 環境變數,這裡放置真實的連線資訊 URL。

```
# .env
NUXT_DATABASE_URL="postgres://<USERNAME>:<PASSWORD>@<HOST>"
```

10.3.3　建立 Neon Serverless Postgres 資料庫的連線

部落格的文章中相關 API 的操作都會依賴 Neon Serverless Postgres 資料庫,依據 Neon 官方所提供的套件,快速封裝一個資料庫的 Pool 提供給後續文章相關 API 的處理邏輯做使用。

首先,安裝 Neon 官方提供操作資料庫的套件。

```
npm install @neondatabase/serverless ws @types/ws
```

在 `server/utils` 目錄下建立 `server/utils/db.ts` 檔案。

TS server/utils/db.ts

```ts
import { Pool, neonConfig } from '@neondatabase/serverless'
import ws from 'ws'
neonConfig.webSocketConstructor = ws

export const pool = new Pool({
  connectionString: useRuntimeConfig().databaseUrl,
})

export default {
  pool,
}
```

10.4 建立文章相關的 Server API

10.4.1 建立新增文章 API

在 `server/api` 目錄下建立 `server/api/articles.post.ts` 檔案，實作新增文章 API。

TS server/api/articles.post.ts

```ts
import { pool } from '@@/server/utils/db'

export default defineEventHandler(async (event) => {
  if ((event.context?.auth?.user?.id > 0) === false) {
    throw createError({
      statusCode: 401,
      message: '未經授權的錯誤',
    })
  }

  const body = await readBody(event)
  const description = body.content
    .replace(/\n/g, ' ').substring(0, 300)

  const articleRecord = await pool
    .query(
      `
        INSERT INTO "article"
        ("title", "description", "content", "cover")
        VALUES ($1, $2, $3, $4) RETURNING *;
      `,
      [body.title, description, body.content, body.cover],
    )
    .then(result => result.rows?.[0])
    .catch((error) => {
      console.error(error)
    })

  if (!articleRecord) {
    throw createError({
      statusCode: 400,
      message: '建立文章失敗',
    })
  }
  return articleRecord
})
```

10.4.2 建立取得指定文章 API

建立 `server/api/articles/[id].get.ts` 檔案，實作取得指定文章 API。

```ts
// server/api/articles/[id].get.ts
import { pool } from '@@/server/utils/db'

export default defineEventHandler(async (event) => {
  const articleId = getRouterParam(event, 'id')

  const articleRecord = await pool
    .query(
      'SELECT * FROM "article" WHERE "id" = $1;',
      [articleId],
    )
    .then(result => result.rows?.[0])
    .catch((error) => {
      console.error(error)
    })

  if (!articleRecord) {
    throw createError({
      statusCode: 400,
      message: '取得文章失敗',
    })
  }

  return articleRecord
})
```

10.4.3 建立取得文章列表 API

建立 `server/api/articles.get.ts` 檔案，實作取得文章列表 API。

TS server/api/articles.get.ts

```ts
import { pool } from '@@/server/utils/db'

export default defineEventHandler(async (event) => {
  const query = getQuery(event)

  const page = Math.max(Number(query.page) || 1, 1)
  const pageSize = Math.max(Number(query.pageSize) || 10, 1)

  const articleRecords = await pool
    .query(
      `
        SELECT * FROM "article"
        ORDER BY "updated_at" DESC OFFSET $1 LIMIT $2;
      `,
      [(page - 1) * pageSize, pageSize],
    )
    .then(result => result.rows)
    .catch((error) => {
      console.error(error)
      throw createError({
        statusCode: 500,
        message: '無法取得文章列表',
      })
    })

  return {
    items: articleRecords,
    page,
    pageSize,
  }
})
```

10.4.4 建立刪除指定文章 API

建立 `server/api/articles/[id].delete.ts` 檔案，實作刪除指定文章 API。

```ts
// server/api/articles/[id].delete.ts
import { pool } from '@@/server/utils/db'

export default defineEventHandler(async (event) => {
  if ((event.context?.auth?.user?.id > 0) === false) {
    throw createError({
      statusCode: 401,
      message: '未經授權的錯誤',
    })
  }

  const articleId = getRouterParam(event, 'id')
  const result = await pool
    .query(
      'DELETE FROM "article" WHERE "id" = $1;',
      [articleId],
    )
    .catch((error) => {
      console.error(error)
    })

  if (result?.rowCount !== 1) {
    throw createError({
      statusCode: 400,
      message: '刪除文章失敗',
    })
  }

  return {
    message: '刪除文章成功',
  }
})
```

10.5 建立登入頁面

10.5.1 登入頁面

建立 `app/pages/login.vue` 檔案,實作登入頁面,提供可以使用帳號及密碼進行登入。

▼ app/pages/login.vue

```
<script setup>
definePageMeta({
  layout: false,
})

const loginData = reactive({
  account: '',
  password: '',
})

const handleLogin = async () => {
  await $fetch('/api/login', {
    method: 'POST',
    body: {
      account: loginData.account,
      password: loginData.password,
    },
  })
    .then((response) => {
      if (!response?.id) {
        throw new Error('無法取得使用者資訊')
      }
```

10-17

```
      navigateTo('/')
    })
    .catch((error) => {
      alert(error?.data?.message ?? '登入失敗')
    })
}
</script>

<template>
  <div class="m-auto flex w-full max-w-md flex-col p-6">
    <div class="my-4 flex flex-col items-center">
      <NuxtLink class="my-2" to="/">
        <Icon name="logos:nuxt-icon" size="40" />
      </NuxtLink>
      <h2 class="text-3xl font-bold text-gray-700">
        登入帳號
      </h2>
    </div>
    <form class="flex flex-col" @submit.prevent="handleLogin">
      <label class="mb-1 text-sm font--medium text-gray-700">
        帳號
      </label>
      <input
        v-model="loginData.account"
        type="text"
        class="rounded border border-gray-300 px-3 py-2
          focus:outline-emerald-500"
      >
      <label class="mt-4 mb-1 text-sm font-medium text-gray-700">
        密碼
      </label>
      <input
        v-model="loginData.password"
        type="password"
        class="rounded border border-gray-300 px-3 py-2
          focus:outline-emerald-500"
      >
      <button
```

```
      type="submit"
      class="mt-8 rounded bg-emerald-500 px-4 py-2
        font-medium text-white"
    >
      登入
    </button>
  </form>
 </div>
</template>
```

10.6 建立文章相關頁面

10.6.1 新增文章頁面

建立 `app/pages/articles/create.vue` 檔案，實作新增文章的頁面，包含標題、內容和圖片網址。

▼ app/pages/articles/create.vue
```
<script setup>
const articleData = reactive({
  title: '',
  content: '',
  cover: '',
})

const handleSubmit = async () => {
  await $fetch('/api/articles', {
    method: 'POST',
```

```
      body: {
        title: articleData.title,
        content: articleData.content,
        cover: articleData.cover,
      },
    })
      .then((response) => {
        navigateTo({
          name: 'articles-id',
          params: { id: response.id },
        })
      })
      .catch(error => alert(error?.data?.message ?? '建立文章失敗'))
}
</script>

<template>
  <div class="m-auto flex w-full max-w-xl flex-col items-center">
    <h1 class="my-4 text-xl font-medium text-gray-900">
      新增文章
    </h1>

    <form
      class="flex w-full flex-col px-6"
      @submit.prevent="handleSubmit"
    >
      <label class="text-sm font-medium text-gray-700">
        文章標題
      </label>
      <input
        v-model="articleData.title"
        type="text"
        class="mt-1 mb-4 rounded border border-gray-300
          px-3 py-2 focus:outline-emerald-500"
      >
      <label class="text-sm font-medium text-gray-700">
        代表性圖片連結
      </label>
```

```
      <input
        v-model="articleData.cover"
        type="text"
        class="mt-1 mb-4 rounded border border-gray-300
          px-3 py-2 focus:outline-emerald-500"
      >
      <label class="text-sm font-medium text-gray-700">
        文章內容
      </label>
      <textarea
        v-model="articleData.content"
        rows="4"
        class="mt-1 mb-4 rounded border border-gray-300
          px-3 py-2 focus:outline-emerald-500"
      />
      <div class="my-4 flex justify-end gap-4">
        <button
          type="button"
          class="rounded border border-gray-300 bg-white
            px-4 py-2 font-medium text-gray-700"
          @click="$router.go(-1)"
        >
          取消
        </button>
        <button
          type="submit"
          class="rounded bg-emerald-500  px-4 py-2
            font-medium text-white"
        >
          發布
        </button>
      </div>
    </form>
  </div>
</template>
```

10.6.2 指定文章頁面

建立 `app/pages/articles/[id].vue` 檔案,實作指定文章頁面,透過路由參數的指定文章編號取得指定文章內容。

▼ app/pages/articles/[id].vue

```
<script setup>
const route = useRoute()

const {
  data: article,
  error,
  status,
} = await useFetch(`/api/articles/${route.params.id}`)

const userInfo = useState('userInfo')

const handleDeleteArticle = () => {
  const answer = confirm('確定要刪除文章嗎?')
  if (answer === false) {
    return
  }
  $fetch(`/api/articles/${route.params.id}`, {
    method: 'DELETE',
  })
    .then(() => {
      navigateTo('/')
    })
    .catch((error) => {
      alert(error?.data?.message ?? '刪除文章失敗')
    })
}

useHead({
```

```
  title: article.value.title,
})

useSeoMeta({
  description,
  ogTitle: article.value.title,
  ogDescription: article.value.description,
  ogImage: article.value.cover,
  ogUrl: useRequestURL().href,
  twitterTitle: article.value.title,
  twitterDescription: article.value.description,
  twitterImage: article.value.cover,
  twitterUrl: useRequestURL().href,
  twitterCard: 'summary_large_image',
})
</script>

<template>
  <div class="flex w-full justify-center px-6 lg:px-0">
    <div v-if="status === 'pending'">
      <Icon
        name="eos-icons:loading"
        size="32"
        class="my-4 text-gray-500"
      />
    </div>
    <div v-else-if="error" class="my-4">
      <span class="text-gray-500"> 發生了一點錯誤，請稍後再嘗試 </span>
      <p class="my-2 text-rose-500">{{ error }}</p>
    </div>
    <div
      v-else-if="article"
      class="mb-8 flex w-full flex-col justify-center md:max-w-3xl"
    >
      <div class="mt-4 flex justify-center overflow-hidden rounded">
        <img :src="article.cover">
```

```html
      </div>
      <div
        class="my-2 flex flex-col justify-between
          sm:my-0 sm:flex-row sm:items-center"
      >
        <time class="my-2 text-sm text-gray-400">
          {{ new Date(article.updated_at).toLocaleString() }}
        </time>
        <div v-if="userInfo?.id" class="flex flex-row gap-3">
          <button
            class="flex items-center text-sm text-gray-400
              hover:text-rose-500"
            @click="handleDeleteArticle"
          >
            <Icon name="ri:delete-bin-line" size="16" class="mr-1" />
            刪除
          </button>
        </div>
      </div>
      <h1 class="text- gray-700 text-4xl font-semibold break-words">
        {{ article.title }}
      </h1>
      <div class="mt-6 break-words">
        {{ article.content }}
      </div>
    </div>
  </div>
</template>
```

10.6.3 調整首頁為展示最新文章列表

調整 `app/pages/index.vue` 檔案，實作首頁展示部落格最新文章列表。

▼ app/pages/index.vue

```
<script setup>
const route = useRoute()
const currentPage = computed(() => Number(route.query.page) || 1)

const {
  data: articles,
  error,
  status,
} = await useFetch('/api/articles', {
  query: {
    page: currentPage,
    pageSize: 10,
  },
})

</script>

<template>
  <div class="m-auto flex w-full max-w-4xl flex-col items-center">
    <h1 class="my-6 text-3xl font-semibold text-gray-800">最新文章</h1>
    <div v-if="status === 'pending'">
      <Icon
        name="eos-icons:loading"
        size="32"
        class="my-4 text-gray-500"
      />
    </div>
    <div v-else-if="error">
      <span class="text-gray-500">發生了一點錯誤,請稍後再嘗試 </span>
      <p class="my-2 text-rose-500">{{ error }}</p>
    </div>
    <template v-else-if="Array.isArray(articles?.items)">
      <div v-if="articles.items.length <= 0">
        <span class="text-gray-500">目前尚無最新文章 </span>
```

10-25

```html
      </div>
      <div
        class="flex flex-col gap-4
          md:border-l md:border-gray-100 md:pl-6"
      >
        <article
          v-for="article in articles.items"
          :key="article.id"
          class="md:grid md:grid-cols-4 md:items-baseline"
        >
          <NuxtLink
            class="group items- start mx-4 flex cursor-pointer
              flex-col rounded-md p-6 transition
              hover:bg-gray-50 md:col-span-3 md:mx-0"
            :to="{
              name: 'articles-id',
              params: {
                id: article.id,
              },
            }"
          >
            <h2
              class="text-base font-semibold
                tracking-tight text-gray-700"
            >
              <span class="">{{ article.title }}</span>
            </h2>
            <time
              class="order-first mb-3 flex items-center
                text-sm text-gray-400 md:hidden"
            >
              {{ new Date(article.updated_at).toLocaleString() }}
            </time>
            <p class="mt-2 text-sm text-gray-500">
              {{ article.description }}
            </p>
            <span
```

```
              aria-hidden="true"
              class="mt-4 flex items-center text-sm
                font-medium text-emerald-500"
            >
              繼續閱讀
              <Icon name="ri:arrow-right-s-line" />
            </span>
          </NuxtLink>
          <time
            class="order-first hidden items-center
              text-sm text-gray-400 md:flex"
          >
            {{ new Date(article.updated_at).toLocaleString() }}
          </time>
        </article>
      </div>
    </template>
    <nav
      v-if="articles"
      class="justify- between my-6 flex items-center px-4 py-3 sm:px-6"
    >
      <div class="flex flex-1 justify-center sm:justify-end">
        <NuxtLink
          v-if="currentPage > 1"
          :to="{
            name: 'index',
            query: {
              page: currentPage - 1,
            },
          }"
          class="flex items-center text-xl font-medium
            text-gray-600 hover:text-emerald-500"
        >
          <Icon name="ri:arrow-left-s-line" />
        </NuxtLink>
        <label class="mx-2 text-sm text-gray-600">
          第 {{ articles.page }} 頁
        </label>
```

想要 SSR？快使用 Nuxt 吧！
Nuxt 讓 Vue.js 更好處理 SEO 搜尋引擎最佳化

```
<NuxtLink
  v-if="articles.items.length > 0"
  :to="{
    name: 'index',
    query: {
      page: currentPage + 1,
    },
  }"
  class="flex items-center text-xl font-medium
    text-gray-600 hover:text-emerald-500"
>
  <Icon name="ri:arrow-right-s-line" />
</NuxtLink>
        </div>
      </nav>
    </div>
</template>
```

10.7 ｜ 建立網站導覽列

10.7.1 導覽列元件

建立 `app/components/LayoutHeader.vue` 檔案，作為布局模板的上方導覽列。

▼ app/components/LayoutHeader.vue

```vue
<script setup>
const userInfo = useState('userInfo')

if (!userInfo.value) {
  userInfo.value = await $fetch('/api/whoami', {
    headers: useRequestHeaders(['cookie']),
  })
    .catch(error => console.error(error))
}

const handleLogout = () => {
  $fetch('/api/logout', {
    method: 'POST',
  }).then(() => {
    userInfo.value = null
    navigateTo('/')
  })
}
</script>

<template>
  <header
    class="m-auto flex w-full max-w-7xl
      items-center justify-between px-6 py-2"
  >
    <NuxtLink class="flex items-center justify-between" to="/">
      <Icon class="mr-3" size="24" name="logos:nuxt-icon" />
      <div
        class="hidden h-6 text-2xl font-semibold
          text-gray-700 sm:block"
      >
        Nuxt Blog
      </div>
    </NuxtLink>
    <div v-if="userInfo" class="group relative">
```

```html
<img
  class="size-10 cursor-pointer rounded-full
    object-cover object-center p-0.5 shadow-lg"
  alt=" 使用者選單 "
  :src="userInfo.avatar"
>
  <div
    class="absolute right-0 hidden w-60
      pt-1 text-gray-700 group-hover:block"
  >
    <div
      class="divide-y divide-gray-100 rounded
        bg-white ring-1 shadow-xl ring-black/5"
    >
      <NuxtLink
        class="flex w-full cursor-pointer items-center
          p-3 text-sm hover:text-emerald-500"
        to="/articles/create"
      >
        <Icon
          class="mr-2 text-emerald-400"
          name="ri:pencil-line"
          size="16"
        />
        撰寫文章
      </NuxtLink>
      <button
        class="flex w-full cursor-pointer items-center
          p-3 text-sm hover:text-emerald-500"
        @click="handleLogout"
      >
        <Icon
          class="mr-2 text-emerald-400"
          name="ri:logout-box-line"
          size="16"
        />
```

```
        登出
      </button>
    </div>
  </div>
</div>
<NuxtLink
  v-else
  class="px-3 py-2 text-gray-700
    transition hover:text-emerald-500"
  to="/login"
>
  登入
</NuxtLink>
  </header>
</template>
```

調整預設布局模板 `app/layouts/default.vue` 檔案，在布局內添加使用 `<LayoutHeader />` 元件至預設插槽上方。

▼ app/layouts/default.vue

```
<template>
  <div>
    <LayoutHeader />
    <slot />
  </div>
</template>
```

10-31

10.8 頁面權限判斷

為了在使用者首次進入網站時可以判斷是否已經具有登入狀態，可以添加路由中介層來進行判斷，例如建立文章的頁面，當使用者首次進入時，可以檢查是否已登入，否則直接重新定向回首頁。

10.8.1 建立路由中介層

建立 `app/middleware/auth.ts` 檔案，作為前端頁面權限驗證的路由中介層。

```ts
// app/middleware/auth.ts
export default defineNuxtRouteMiddleware(async () => {
  const userInfo = useState('userInfo')

  if (!userInfo.value) {
    await $fetch('/api/whoami', {
      headers: useRequestHeaders(['cookie']),
    })
      .then((response) => (userInfo.value = response))
      .catch((error) => console.error(error))
  }

  if (!userInfo.value) {
    return navigateTo('/')
  }
})
```

10.8.2 添加建立文章時的路由中介層權限判斷

調整建立文章頁面元件檔案,添加路由中介層 `'auth'`,使建立文章頁面需要具有登入權限才能瀏覽。

▼ app/pages/articles/create.vue

```
<script setup>
definePageMeta({
  middleware: 'auth',
})
// ...
</script>
```

10.9 SEO 搜尋引擎最佳化

當部落格網站建立完成後,可以使用 `useHead` 和 `useSeoMeta` 組合式函式,來為部落格的頁面添加標題、Meta Tags 等標籤,以此加強部落格網頁被分享或搜尋引擎檢索時,能夠提供更多資訊來做呈現,進一步完成 SEO 搜尋引擎最佳化。

10.9.1　網站頁面標題和 HTML Head 區塊中的標籤

調整 `app/app.vue` 檔案。

▼ app/app.vue

```
<script setup>
useHead({
  titleTemplate: (title) => {
    return title ? `${title} - Nuxt Blog` : 'Nuxt Blog'
  },
  htmlAttrs: {
    lang: 'zh-TW',
  },
})
</script>
```

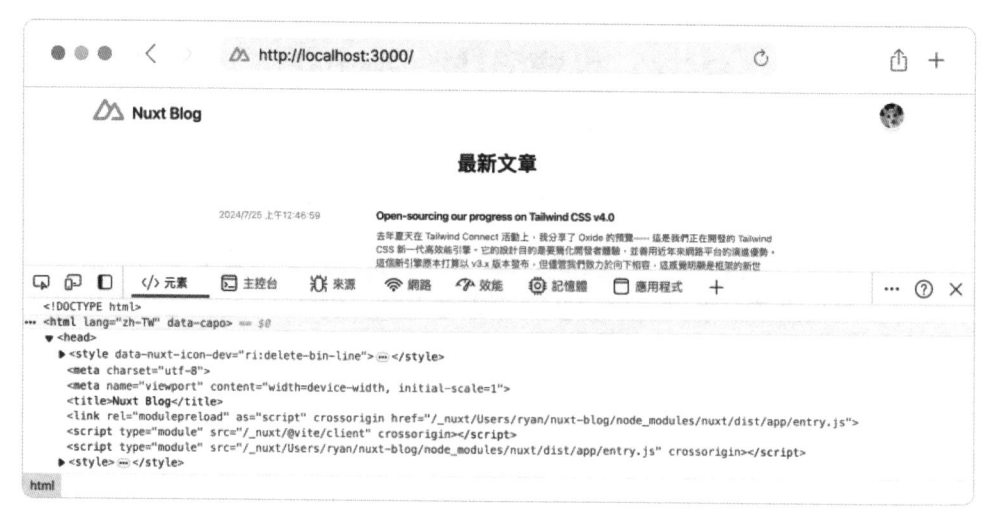

圖 10-2　使用 useHead 添加 HTML Head 區塊內的標籤

10.9.2 首頁套用頁面的標題模板

調整 `app/pages/index.vue` 檔案中的 `useHead` 函式所傳入的物件。

▼ app/pages/index.vue

```
<script setup>
// ...
useHead({
  title: '首頁',
})
</script>
```

圖 10-3　使用 useHead 添加網頁標題

10.9.3 指定文章頁面的頁面標題

調整 `app/pages/articles/[id].vue` 檔案。

▼ app/pages/articles/[id].vue

```
<script setup>
// ...
useHead({
  title: article.value.title,
})
</script>
```

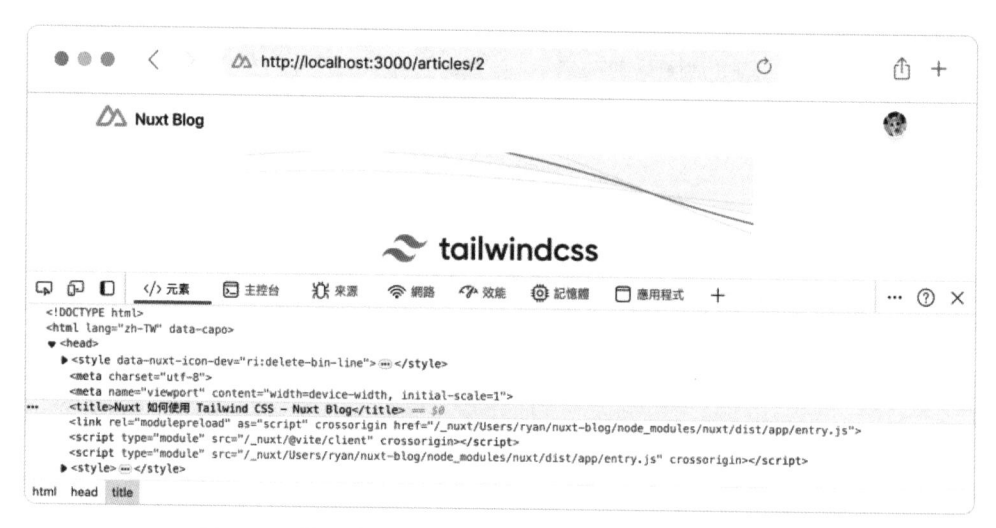

圖 10-4　使用文章標題作為瀏覽指定文章頁面的網頁標題

10.9.4 添加 SEO 搜尋引擎最佳化相關的 Meta Tags

調整 `app/app.vue` 檔案，使用 `useSeoMeta` 組合式函式建立 Meta Tags，同時也可以在 `public` 目錄下，放置一張圖片 `social.jpg` 作為連結縮圖。

▼ app/app.vue

```
<script setup>
// ...
useSeoMeta({
  description: '歡迎來到使用 Nuxt 開發的部落格網站',
  ogTitle: 'Nuxt Blog',
  ogDescription: '歡迎來到使用 Nuxt 開發的部落格網站',
  ogUrl: useRequestURL().href,
  ogImage: `${useRequestURL().origin}/social.jpg`,
})
</script>
```

圖 10-5　使用 useSeoMeta 添加描述和 Meta Tags 標籤

調整 `app/pages/articles/[id].vue` 檔案。

▼ pages/articles/[id].vue

```vue
<script setup>
// ...
useSeoMeta({
  description: article.value.description,
  ogTitle: article.value.title,
  ogDescription: article.value.description,
  ogImage: article.value.cover,
  ogUrl: useRequestURL().href,
  twitterTitle: article.value.title,
  twitterDescription: article.value.description,
  twitterImage: article.value.cover,
  twitterUrl: useRequestURL().href,
  twitterCard: 'summary_large_image',
})
</script>
```

使用 `useSeoMeta` 組合式函式建立頁面的 Meta Tags 後，頁面在被搜尋引擎檢索器收錄時能更有效的被解析出網頁內的資訊，在社群媒體分享文章連結時的縮圖簡介，也能更好的呈現進而吸引使用者點擊，如果熟悉 Nuxt DevTools 工具的使用，也可以在 Open Graph 功能分頁檢查設定的標籤和預覽呈現，如圖 10-6。本書後面的章節也會針對 Nuxt DevTools 和 SEO 搜尋引擎最佳化做更深入的介紹。

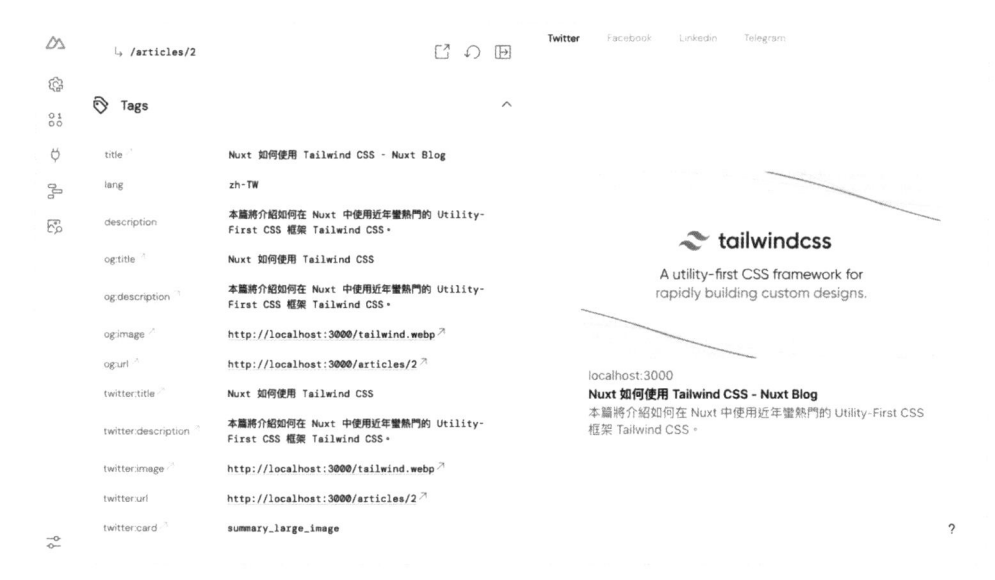

圖 10-6　使用 Nuxt DevTools 檢查 Open Graph 相關標籤

</> 完整範例程式碼

實戰部落格網站 https://book.nuxt.tw/r/75

Note

CHAPTER 11

視覺化開發工具 Nuxt DevTools

Nuxt 是一個強大且完整的框架，但也因為框架的複雜程度可能導致學習與除錯成本的提升，當開發者在開發上遇到錯誤或需要邊測試邊調整時，可能需要在龐大的專案內尋找檔案和問題點，若沒有適當的工具輔助，在除錯、效能分析和最佳化的效率會受到影響，適當工具的運用對開發工作來說至關重要。**Nuxt DevTools** 是一款開發使用的視覺化工具，為開發者提供了直觀的介面，簡化了問題定位和最佳化效能的過程，使得新手也能快速上手並提高開發效率，並且能夠顯著提升 Nuxt 專案的開發體驗。

11.1 前言

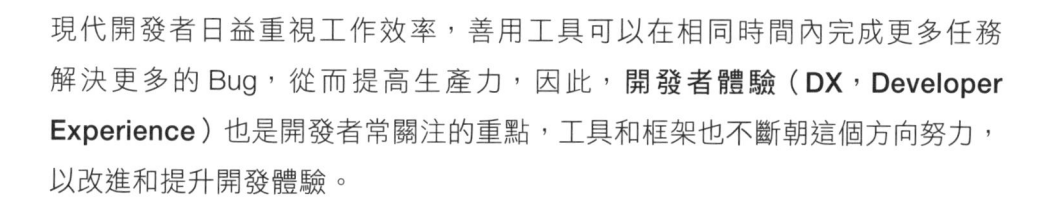

現代開發者日益重視工作效率，善用工具可以在相同時間內完成更多任務解決更多的 Bug，從而提高生產力，因此，**開發者體驗（DX，Developer Experience）** 也是開發者常關注的重點，工具和框架也不斷朝這個方向努力，以改進和提升開發體驗。

Nuxt 隨著版本更新不斷推出創新功能，框架的約定特性大幅提升了開發的便捷性和效率，Nuxt 也擁有一個龐大的開發人員社群，並為 Nuxt 建構成千上萬高質量的模組，讓開發人員可以整合想要的功能，而無需再擔心配置與最佳實踐，開發者們能使用 Nuxt 輕鬆的建立大型應用程式，然而常令人困擾的便是框架本身**缺乏透明度**。

在 Nuxt 中使用的每一項功能與約定，其實都是在框架中添加了更多的抽象（Abstraction），抽象能夠轉移複雜性，在建構時變得更加容易也能有更多的時間來關注其他事情。另一方面抽象與約定同時也帶給開發者額外的負擔，開發者需要額外的學習這些約定與背後可能發生的狀況，例如自動匯入（Auto Imports）的元件或函式來自哪裡，有多少模組或元件相依，這些不透明性使得專案迭代過程，變得越來越難以調整與除錯。

Nuxt DevTools 是一款提供 Nuxt 開發上使用的視覺化工具，它存在的目的就是期望能改善框架所缺乏的透明度，透過工具來協助開發者了解背後的運作，並為開發者提供直觀的介面，簡化問題定位和最佳化效能的過程，進而提升 Nuxt 專案的開發體驗。

11.2 起手式

11.2.1 安裝與啟用 Nuxt DevTools

最新版的 Nuxt CLI 在建立新 Nuxt 專案時已預設安裝並啟用 Nuxt DevTools，無需額外設置，若要確認專案是否已啟用此功能，可以在 Nuxt Config 中，尋找 `devtools.enabled` 屬性，確認其值是否設為 `true`。

```
nuxt.config.ts

export default defineNuxtConfig({
  devtools: {
    enabled: true,
  },
})
```

如果專案尚未啟用 Nuxt DevTools，可以使用下列指令來為專案加入並啟用開發工具。

```
npx nuxi devtools enable
```

同樣也可以透過下列指令或設定 `devtools.enabled` 屬性為 `false` 來禁用 Nuxt DevTools。

```
npx nuxi devtools disable
```

11.2.2　Nuxt DevTools 迷你面板

安裝並啟用 Nuxt DevTools 後，在開發伺服器運行時，瀏覽網站頁面會看到一個 Nuxt Logo 圖示，這個圖示預設通常吸附在頁面底部，如圖 11-1，當把滑鼠游標移入圖示時，便會展開懸浮迷你面板，如果它遮擋著頁面的內容，也可以拖曳它來移動畫面中吸附的位置。

圖 11-1　Nuxt DevTools 懸浮迷你面板

如圖 11-1 展開的懸浮迷你面板共有三欄，左邊第一欄為 Nuxt 圖示，點擊後可以開啟 Nuxt DevTools 面板；中間一欄為導航至頁面的載入時間；最右邊一欄圖示為檢查器（Inspector）。

11.2.3 開啟 Nuxt DevTools 面板

當需要開啟 Nuxt DevTools 面板介面時，可以點擊頁面懸浮迷你面板最左方的 Nuxt 圖示，除此之外，也可以透過鍵盤快捷鍵，例如 macOS 使用 `shift` + `option` + `D` 來開啟，開啟後的面板視窗也可以根據需求來調整大小。

當點擊顯示 Nxut DevTools 面板，會出現如圖 11-2 的概覽，包含了 Nuxt 與 Vue 的版本資訊，如果專案使用的版本有落後，也可以在介面上操作進行更新。概覽頁面所呈現的資料包含了整個 Nuxt 專案的頁面、元件、匯入、模組與插件的數量等資訊，讓開發者可以很快速的掌握專案概況。

Nuxt DevTools 面板除了專案概況外，如圖 11-2，面板介面的左側選單有一個個圖示，表示不同的功能分頁，如果專案內使用的模組有被工具支援，那麼也會顯示圖示在左側的功能選單中，如 ES Lint 與 Tailwind CSS 這兩個 Icon 圖示。

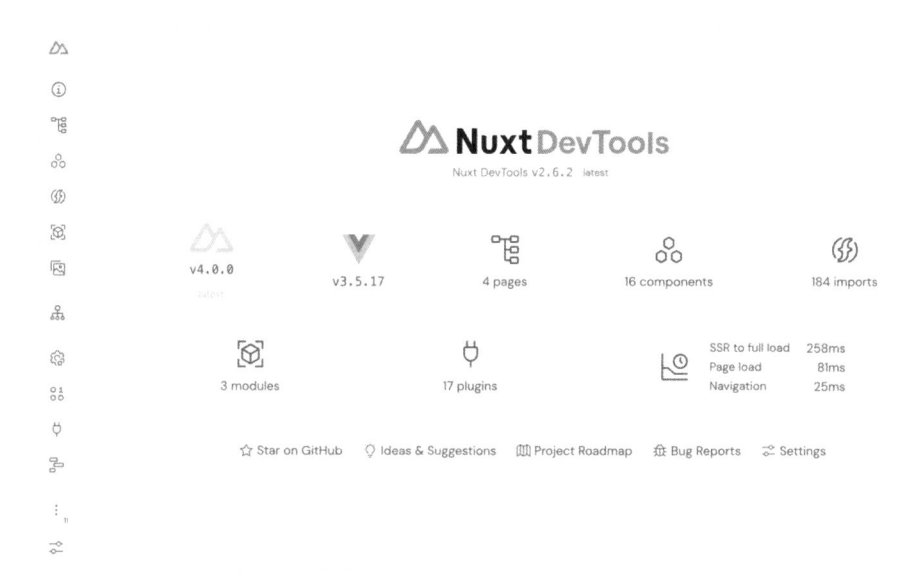

圖 11-2　Nuxt DevTools 專案概覽介面

當使用 Nuxt DevTools 時，可以在左側選單圖示依據所需要使用的功能來切換至不同的功能分頁，而面板中的右側則是顯示功能分頁的內容與工具。

如果是首次使用 Nuxt DevTools 或想要調整工具面板的相關設定，可以點選左下角的圖示，就會切換至設定的分頁，在設定頁面可以調整左側選單的功能項目顯示或隱藏，並可以將常用的功能圖示做釘選，設定頁面也能調整深色模式、懸浮迷你面板的自動縮小間隔時間與 UI 縮放等。

基本上 Nuxt DevTools 面板上提供的功能，多數只要切換至該功能分頁，便能理解它想提供給開發者的資訊與輔助，Nuxt DevTools 目前已經有許多強大的功能，未來也計畫提供更直觀、更有趣的方式來呈現專案的數據資料和資訊，使用 Nuxt DevTools 除了能更方便管理與除錯外，也進而提高 Nuxt 框架約定的透明度，增強 Nuxt 的開發體驗。

11.3 Pages

11.3.1 簡介

Pages 分頁展示了目前專案所有自動產生和已註冊的頁面路由（Routes）與路由中介層（Middleware），可以在這裡看到註冊的路由名稱與頁面所套用的中介層與布局名稱，最上方的輸入框可以編輯與前往特定的路由頁面。

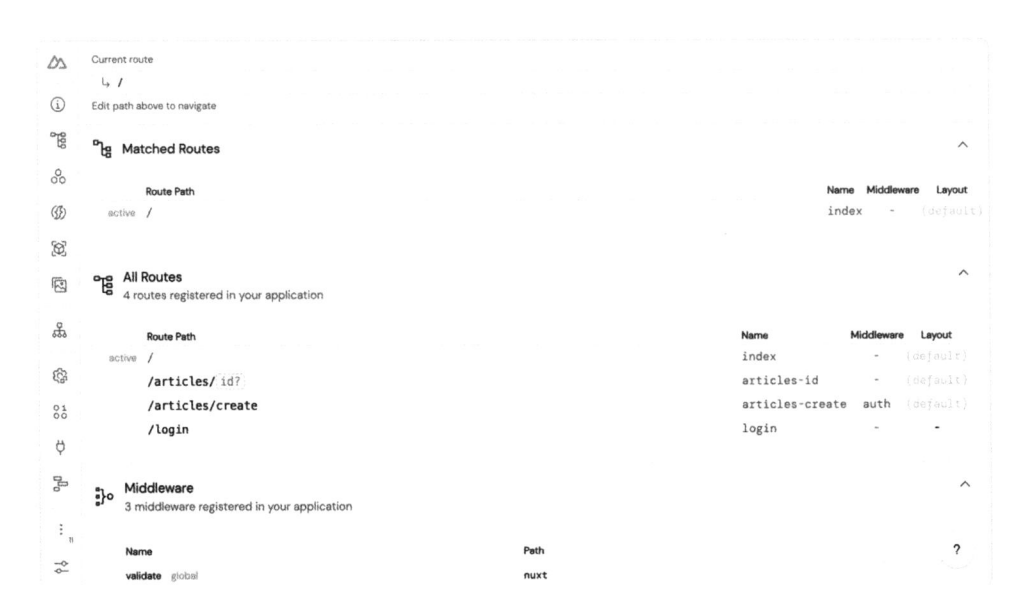

圖 11-3　頁面路由與中介層資訊

11.3.2 All Routes

All Routes 區塊會條列出所有自動產生和已註冊的路由路徑，在 Route Path 的欄位中，透過點擊路由的路徑網址就可以同步網頁進行路由導航，例如點擊圖 11-4 框起處的路徑，瀏覽器就會跳轉至 `/articles/create` 建立文章頁面，若路由具有動態參數，會以虛線框表示，點擊虛線框的動態參數可以進行路由參數填寫並觸發導航至相對應的頁面。

圖 11-4 頁面元件自動產生的路由路徑

路由路徑列表中，Name 的欄位便是約定路由透過 Vue Router 自動產生的路由名稱，如果不熟悉頁面檔案所產生的路由名稱，這個欄位，可以幫助開發者在使用程式化進行路由導航時，以具名的方式來前往指定的路由，如 `router.push({ name: 'login' })`。

圖 11-5 頁面元件自動產生的路由名稱

11.3.3 Middleware

在 Middleware 的區塊，可以看到屬於全域、匿名、僅適用於用戶端或伺服器的路由中介層，點擊圖 11-6 框起處的檔案路徑，就能開啟文字編輯器並跳轉至程式實作的特定行數，非常便於直接修改程式碼。

```
Middleware
3 middleware registered in your application

Name                          Path
validate  global              nuxt
auth                          ./app/middleware/auth.ts
manifest-route-rule  global   nuxt                                    ?
```

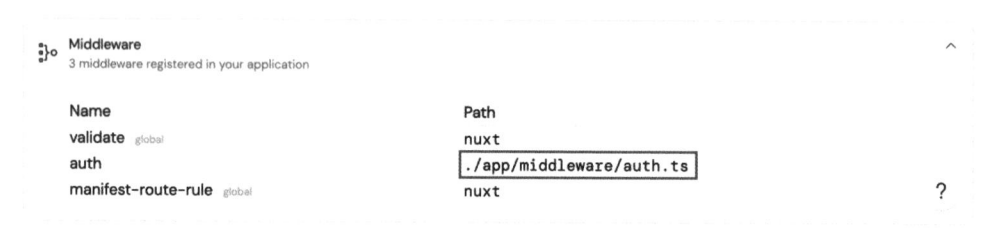

圖 11-6　頁面元件對應的實際路徑

11.4 Components

11.4.1 簡介

Components 分頁展示了目前專案所有的元件（Components），也可以在最上方使用搜尋框直接搜尋元件的名稱或依據使用與非使用中的元件來進行篩選過濾。

11 視覺化開發工具 Nuxt DevTools

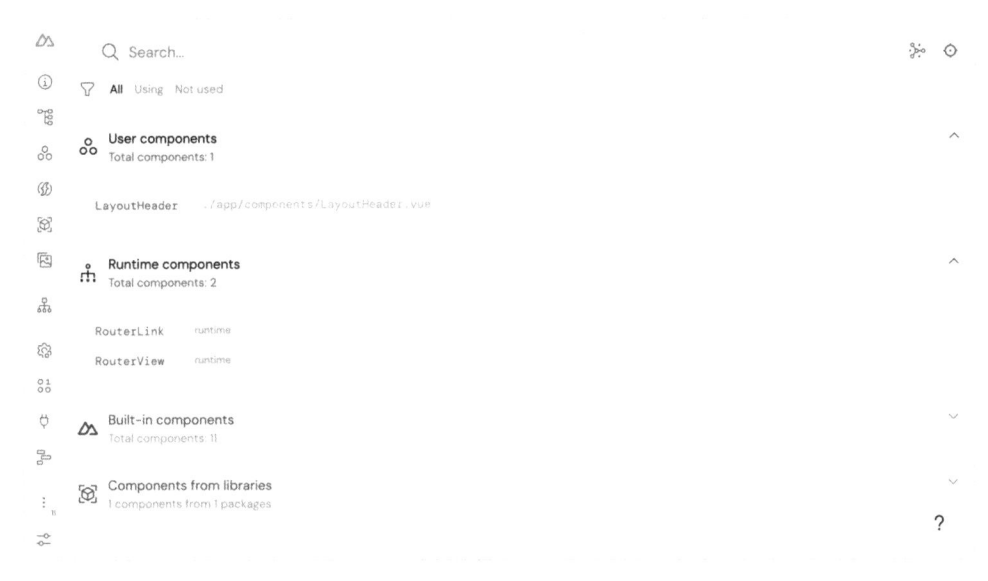

圖 11-7　專案中元件資訊概覽

元件以四種分類的方式於面板上呈現，分別如下：

- **User components**：使用者自行建立的元件，通常是放置在專案 `app/components` 目錄下的元件。

- **Runtime components**：在執行時期使用的元件，通常有使用才會一同打包進來。

- **Built-in components**：Nuxt 的內建元件，例如 `<NuxtWelcome>` 或 `<NuxtLink>` 等。

- **Components from libraries**：由外部模組或套件所提供的元件。

11-9

11.4.2 元件自動分類與計數

展開這四個分類可以瀏覽該分類下的元件，面板上也會在各個元件的名稱標示綠色 `x1` 、 `x2` 表示元件使用的次數，點開元件後也可以查看元件使用的位置與依賴的元件關係，點擊元件的檔案路徑，也能開啟編輯器並跳轉至實作的特定行數。

11.4.3 元件依賴關係圖

點擊元件功能分頁上方右邊的 圖示，元件將會以圖（Graph）的視覺化效果來呈現專案中使用的元件彼此之間的關聯，每個元件都是獨立的一個元素，當有依賴或使用會以箭頭線條相連，透過元件關係圖可以清楚的得知元件與元件之間的相依關係與使用的地方，也可以輔助開發者針對元件進行重構或解耦。

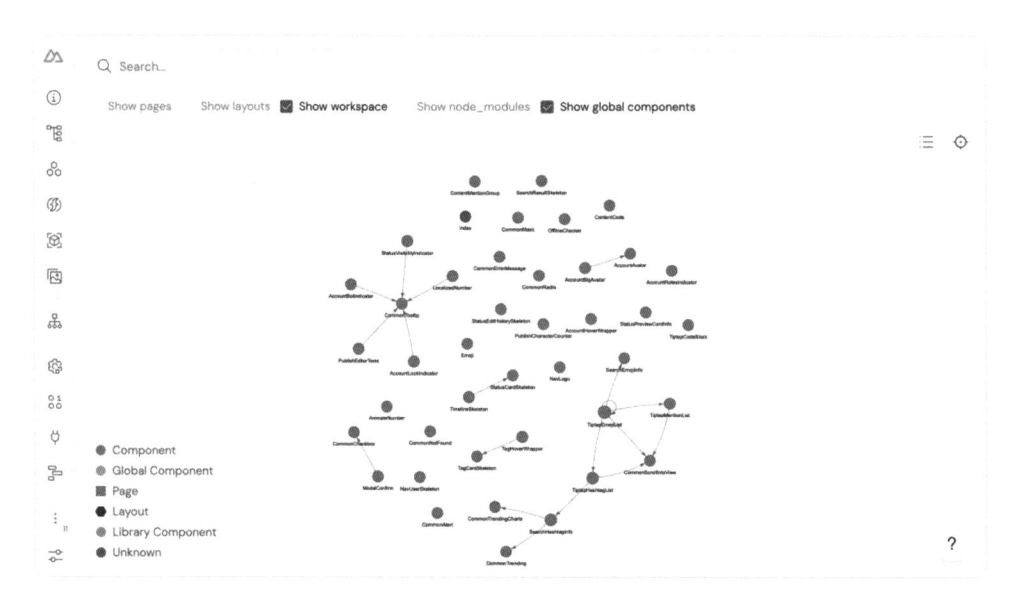

圖 11-8　元件間的依賴關係圖

11.4.4 元件檢查器

在元件功能分頁上方的右邊還有另一個 ⊕ 圖示（Inspect Vue components），如圖 11-9，這個圖示的用途是使用檢查器（Inspector）檢查畫面中的元素，它的執行方式類似於瀏覽器的檢查元素功能。

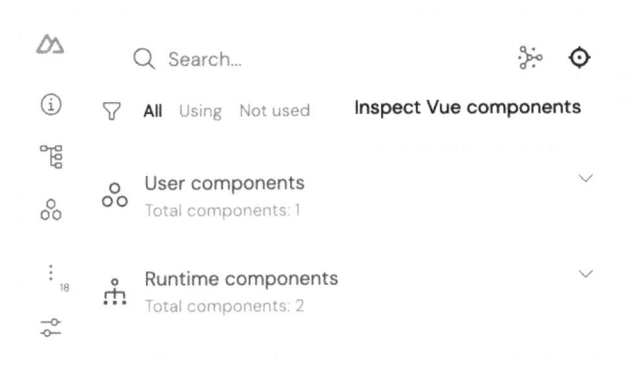

圖 11-9　元素檢查器（Inspector）的功能位置

檢查器（Inspector）是 Nuxt DevTools 整合了 **vite-plugin-vue-inspector** 插件，懸浮迷你面板也有具有一個相同圖示，兩個功能是一樣的，這項功能使元件的除錯與調整更加的容易，點擊檢查器圖示後，當滑鼠游標移入畫面中的元素便會提示元件檔案位置與行數，如圖 11-10，點擊後能前往編輯元件檔案，透過檢查器可以不必深入了解專案結構，便能快速定位渲染的程式碼。

圖 11-10　檢查器實際使用效果

11.5 | Imports

11.5.1 簡介

🔗 Imports 分頁展示了目前專案所有的組合式函式（Composables），同樣可以使用搜尋框搜尋組合式函式的名稱或依據使用與非使用到的組合式函式來進行篩選過濾。

圖 11-11　專案中組合式函式資訊概覽

組合式函式以三種分類的方式於面板上呈現：

- **User composables**：使用者自行建立的組合式函式，通常是放置在專案 `app/composables` 目錄下的組合式函式。

- **Built-in composables**：內建組合式函式，例如 Nuxt 提供的 `navigateTo` 和 Vue 的 `computed` 等。
- **Components from libraries**：由外部模組或套件所提供的組合式函式。

在這個分頁中，可以搜尋與篩選組合式函式，專案中若有使用的組合式函式名稱上也會標示綠色 `x1`、`x2` 表示使用的次數，當點擊組合式函式所顯示的提示，包含複製功能與使用的檔案路徑，點擊路徑也會跳轉至原始碼的實作，部分的組合式函式也可以透過按鈕快速地前往官方文件查看使用說明。

圖 11-12　組合式函式的引用次數

11.6 Modules

11.6.1 簡介

Modules 分頁展示了，Nuxt 專案內所使用的模組、模組版本號、官方網站與 GitHub 專案等資訊。

圖 11-13　專案安裝的模組概覽

在這個模組面板中可以點選如圖 11-13 右下角的「Install New Module」來搜尋和安裝 Nuxt 模組，在面板上選擇想安裝的模組後，如圖 11-15 會顯示模組的安裝方式或透過介面上的「Install」按鈕直接安裝模組。

圖 11-14　透過 Nuxt DevTools 安裝模組

如果專案中使用的模組版本落後，在模組面板上也會顯示目前模組最新的版本號，如果有升級需求可以點擊模組，檢視升級的指令或透過介面一鍵升級。

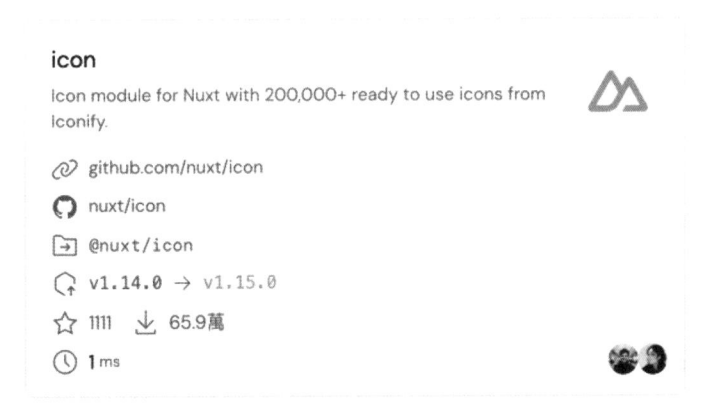

圖 11-15　模組最新版本號提示

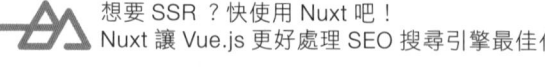

11.7 Assets

11.7.1 簡介

Assets 分頁展示專案內的靜態資源，預設是 `public` 目錄下的靜態資源，讓開發者可以在此快速瀏覽與搜尋，也可以透過這個介面來拖曳上傳圖片或檔案。

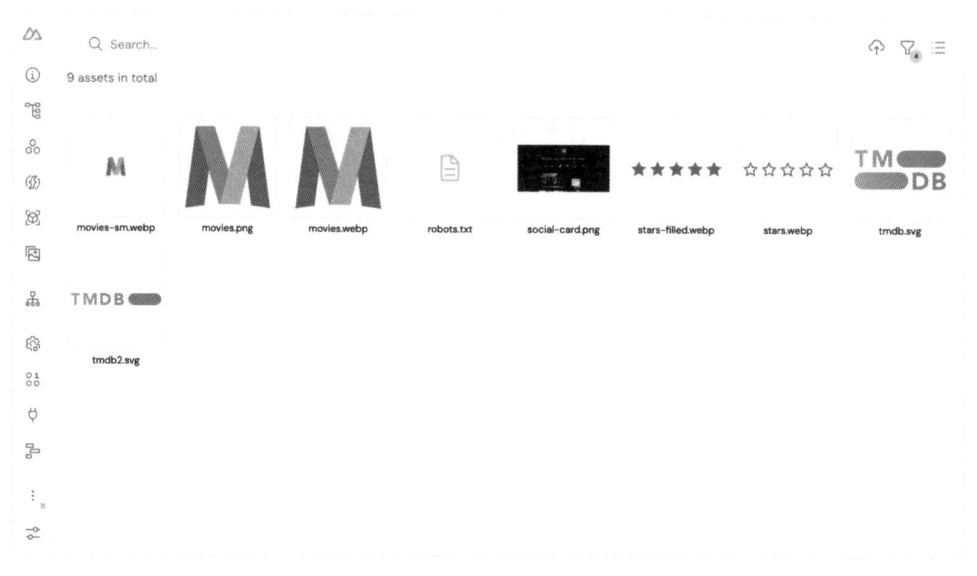

圖 11-16　專案靜態資源概覽

當點擊資源圖片時，面板上會列出檔案的詳細資訊，包含了實體路徑、瀏覽網址及圖片大小等資訊，也可以直接使用介面提供的程式碼片段來放置圖片，在面板上的檔案都可以直接下載、重新命名與刪除，如果是文字檔案也可以使用簡易的編輯器快速修改內容。

圖 11-17　靜態資源詳細資訊

11.8 Render Tree

11.8.1 簡介

Render Tree 分頁展示了目前頁面所渲染的元件樹，也就是畫面呈現時的元件結構。在介面上可以使用搜尋框搜尋元件，逐層展開元件的瀏覽元件節點樹狀結構。當點擊樹狀結構上的元件，可以觀察該元件的狀態數值、屬性參數等，也能瀏覽元件的渲染函式與快速定位在專案檔案中的位置。

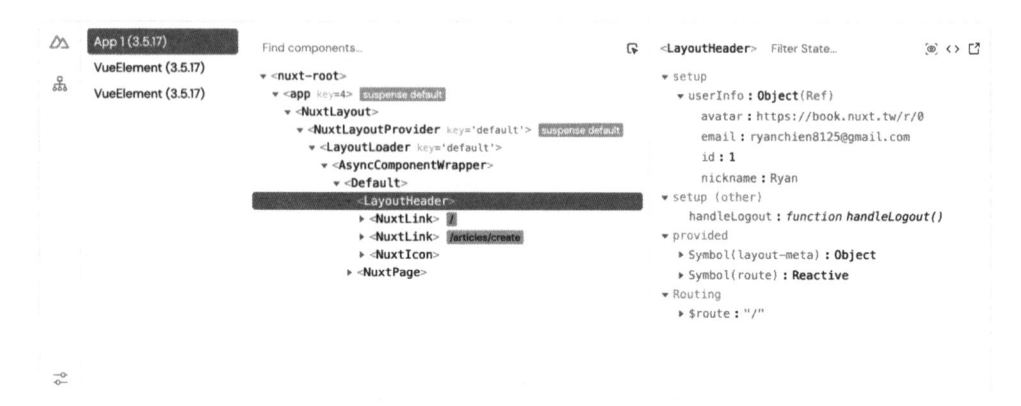

圖 11-18　頁面組成的元件樹和元件狀態資訊

11.9 | Runtime Configs

11.9.1 簡介

Runtime Configs 分頁展示了目前專案 App Config、公開與私有的 Runtime Configs，這邊也有個小細節，如果是私有的設定 Private Runtime Config，預設是不會展開顯示的。

圖 11-19　AppConfig 和 Runtime Config 資訊

在每個分類的設定中，都可以使用 JSON Editor 來進行新增編輯與驗證等操作，在編輯數值時也會同步響應頁面上有使用的地方。

11.10　Payload

11.10.1　簡介

Payload 分頁展示了網站中使用到組合式函式 `useState`、`useAsyncData` 與 `useFetch` 所獲取的狀態資料，這些狀態在伺服器端建立與獲取時，會以 JSON Payload 與 HTML 一併回傳給用戶端重複做使用，讓用戶端可以透過 Key 直接在 Payload 中取得，不必再次請求資料。

圖 11-20　Payload 狀態資訊

在開發過程中也可以在 State 或 Data 狀態分類中修改各個狀態 JSON 結構的 Payload，修改的值也會同步的響應至狀態。例如，頁面中使用 `useAsyncData` 得到的文章資料 Payload，修改 `title` 屬性值後頁面也會同步響應呈現新的標題文字。

State 或 Data 狀態分類中，每個狀態都擁有兩個圖示按鈕 Refresh View 與 Generate Data Scheme，分別可以重新同步頁面上的狀態及產生狀態的 Scheme。

網站中使用 `useAsyncData` 建立的狀態，也可以在 Data 狀態分類中為每個狀態或全部狀態重新取得一次資料。

11.11 Plugins

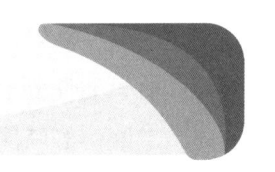

11.11.1 簡介

🔌 Plugins 分頁展示了專案中插件的載入資訊，其中包含使用者自定義插件、套件模組的插件，並依序以條列式呈現每個插件的資訊，也會標記上來自於套件或哪個目錄下的檔案，根據伺服器端、用戶端等插件類型每列資訊也會有不同的標記。

圖 11-21　專案中插件的載入資訊

如圖 11-23，每列資訊的右側標示了各個插件載入執行所花費的時間，最後也會統計所有插件的執行總時間，插件在載入到執行的時間，其實間接的影響到頁面請求回傳的時間，所以如果對於效能要求比較高的網站，使用這個介面提供資訊能輔助追蹤載入較費時的插件來進行效能上的調整與最佳化。

11.12 Timeline

11.12.1 簡介

Timeline 分頁的功能就像是瀏覽器開發者工具的時間線（Timeline），可以追蹤網站載入所耗費時間的分佈，例如 DOM 事件、分頁元件的渲染等。

想要追蹤 Nuxt 網站執行時間線時，只需在 Nuxt DevTools 介面上點擊「**Start Tracking**」按鈕，此動作將啟動追蹤機制，開發者可以自由操作網頁，如點擊連結或進行其他互動，Timeline 將自動記錄這些操作觸發的函式呼叫及其執行時間，這種追蹤方式讓開發者能夠清晰地觀察到網站在不同操作下的效能表現，有助於識別可能的效能瓶頸來最佳化網站。

如圖 11-24，啟動追蹤機制並在網頁上進行操作後，記錄到使用 `useFetch` 函式，同時可以發現文字具有較寬的背景色，背景色越寬表示花費時間相對比較長，代表呼叫了 `useFetch` 函式花費了一點時間，才接續執行了另一個函式 `useState`。

11 視覺化開發工具 Nuxt DevTools

圖 11-22　時間線追蹤資訊

點擊函式的名稱，會顯示函式的呼叫堆疊與函式位於的檔案行數等資訊，如圖 11-22 下方顯示函式的呼叫參數與執行位置等資訊。

在這個介面右上角的圖示，提供以條列方式來顯示函式的呼叫與花費時間或清除所有的紀錄的功能。

預設的情況下，Timeline 是追蹤 Nuxt 內的組合式函式，可以透過修改 Nuxt Config 配置來包含或排除特定的函式。

> **nuxt.config.ts**

```
export default defineNuxtConfig({
  devtools: {
    enabled: true,
    timeline: {
```

11-23

```
    enabled: true,
    functions: {
      include: [
        // 追蹤 useMouse
        'useMouse',

        // 追蹤所有組合式函式名稱開頭為 use
        /^use[A-Z]/,

        // 追蹤所有來自 @vueuse/core 套件的函式
        entry => entry.from === '@vueuse/core',
      ],
      // 排除 useRouter
      exclude: [
        'useRouter',
      ],
    },
  },
 },
})
```

11.13 | Open Graph

11.13.1 簡介

Open Graph 分頁，能幫助開發者在做網頁的 SEO 搜尋引擎最佳化時，檢查網頁設定的 Meta Tags 並提醒與建議所遺漏的 Meta Tags，除了可以透過上方網址列快速跳轉到其他頁面，也使用旁邊的按鈕圖示來開啟檔案、重新整理資料，另外也能透過面板提供的預覽功能，如圖 11-21，檢查的 Open Graph Tags 是否設定正確，同時也以常見的社群媒體預覽不同樣式的外部連結縮圖樣式。

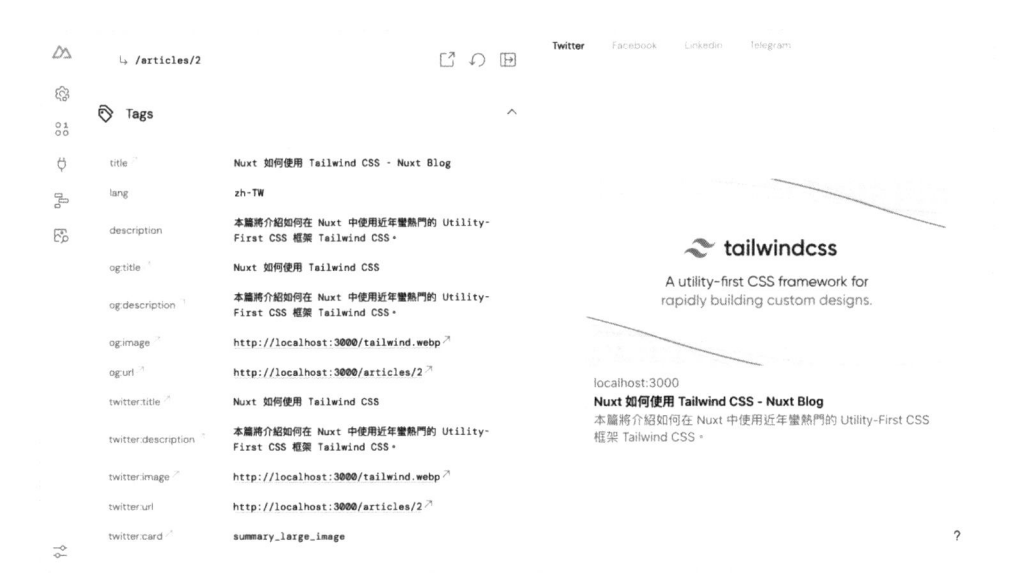

11 視覺化開發工具 Nuxt DevTools

圖 11-23　頁面設定的 Meta Tags

如圖 11-24，面板上不僅會呈現遺漏的建議標籤，也可以透過工具所提供建議的程式碼片段來添加建議的 Meta Tags。

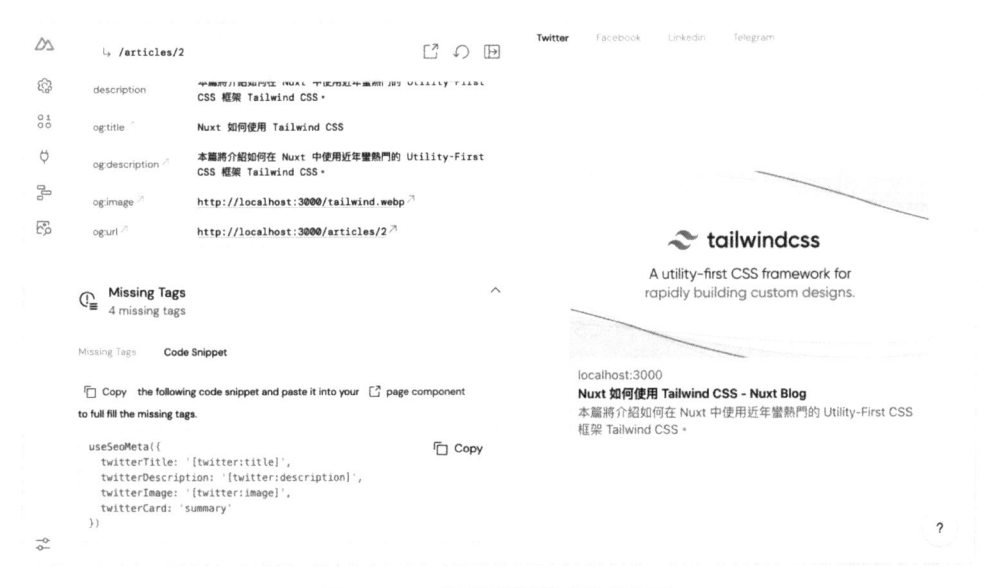

圖 11-24　提示遺漏與建議的標籤

11-25

11.14 Storage

11.14.1 簡介

🗄 Storage 分頁展示了網站伺服器使用到儲存層（Storage Layer）時的資料，這項功能對於有使用 Nuxt 建立內部伺服器 API 與搭配使用 Nitro 提供內建儲存層來抽象檔案系統或資料庫做快取操作等。

圖 11-25　Storage 儲存層資料

如果是首次在 Nuxt DevTools 啟用這項功能，因為在開發環境下使用的儲存層可以使用檔案系統結構來模擬，所以面板上可能會提示需要寫入檔案的權限，只需要填入啟動開發伺服器的終端機上提示的 Token 或點擊連結來授權，就可以開始使用。

同時也可以在面板上隨意的添加 Key-Value 組成的資料，例如，新增一個 Key 值 `foo`，Value 值為純文字的 `'Hello Wrold'`，除此之外，也可以使用 JSON Editor 來幫助調整與修改 JSON 結構資料。

11.14.2 雲端服務的 KV

如果有使用雲端服務或其他 Driver，例如 Cloudflare KV、Vercel KV Store 或 Redis，也可以添加在 Nitro 的設定中。也可以在 Nuxt Config 中區分開發環境與生產環境設定不同的儲存方式。

```ts
// nuxt.config.ts
export default defineNuxtConfig({
  nitro: {
    devStorage: {
      data: {
        driver: 'fs',
        base: './.data/kv',
      },
    },
    storage: {
      data: {
        driver: 'vercelKV',
      },
    },
  },
})
```

11.15 Server Routes

11.15.1 簡介

♁ Server Routes 分頁展示了目前專案內部 Server API，方便開發者針對後端 API 發送與測試 HTTP 請求。

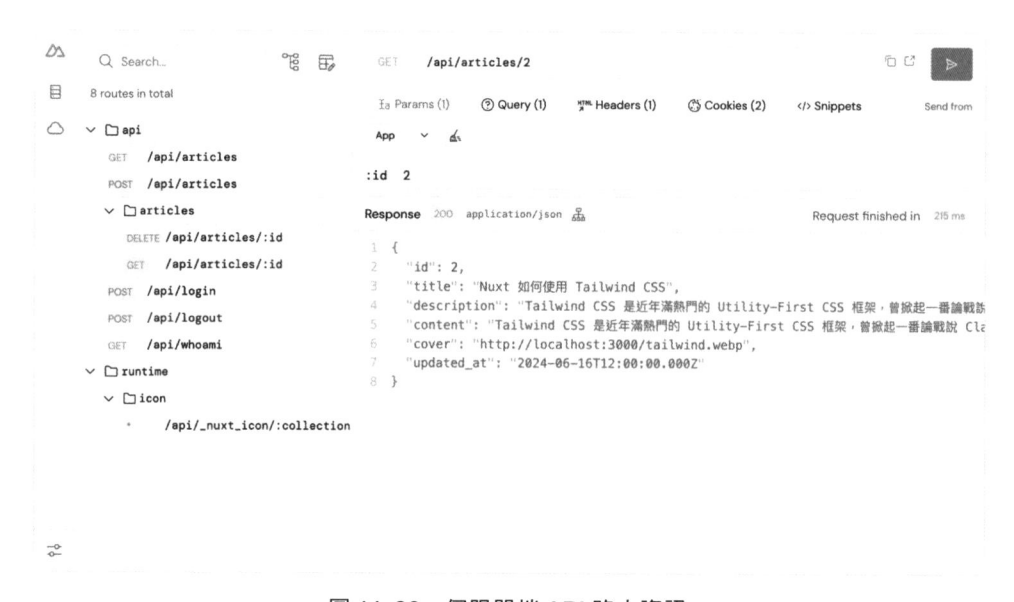

圖 11-26　伺服器端 API 路由資訊

如圖 11-25，面板的左邊會呈現每個 API 的 Endpoint 與請求方法（Request Method），在介面上也可以透過搜尋來篩選 API 或切換條列的呈現方式，針對所有 API 也可以設置預設的 Query、Body 或 Header 等。

11 視覺化開發工具 Nuxt DevTools

面板的右邊呈現的就是選擇的 API Endpoint，如圖 11-25，選擇了 `/api/articles/:id` 這支 API，當建構好想要發送請求的 Payload，點選右上角的發送箭頭圖示按鈕，就可以發送 HTTP 請求來查看指定文章內容的回應資料、狀態碼和花費時間等，也能產生回應資料的對應型別 Schema，操作方式有點類似 Postman 這個專為開發者提供的 API 測試工具，只是功能上比較輕便簡單。

在發送 HTTP 請求時，可以選擇不同的請求方法與建構所需的 Params、Query、Body 或 Header 等 Payload，如以 JSON 格式資料發送登入所需要的 Payload。

如圖 11-27，每支 API 的請求面板上也會提示相對應的程式碼片段提供給開發者做參考，包含使用組合式函式 `useFetch` 與 `$fetch` 的範例程式碼。

圖 11-27　伺服器端 API 端點測試

11-29

11.16 Hooks

11.16.1 簡介

Hooks 分頁展示了網站用戶端與伺服器端使用的 Hooks，分頁上條列各個 Hook 名稱、監聽事件數量、執行數與花費時間，對於模組的作者或更進階的使用，它可以幫助開發者檢查問題與瓶頸進而調整網站的效能。

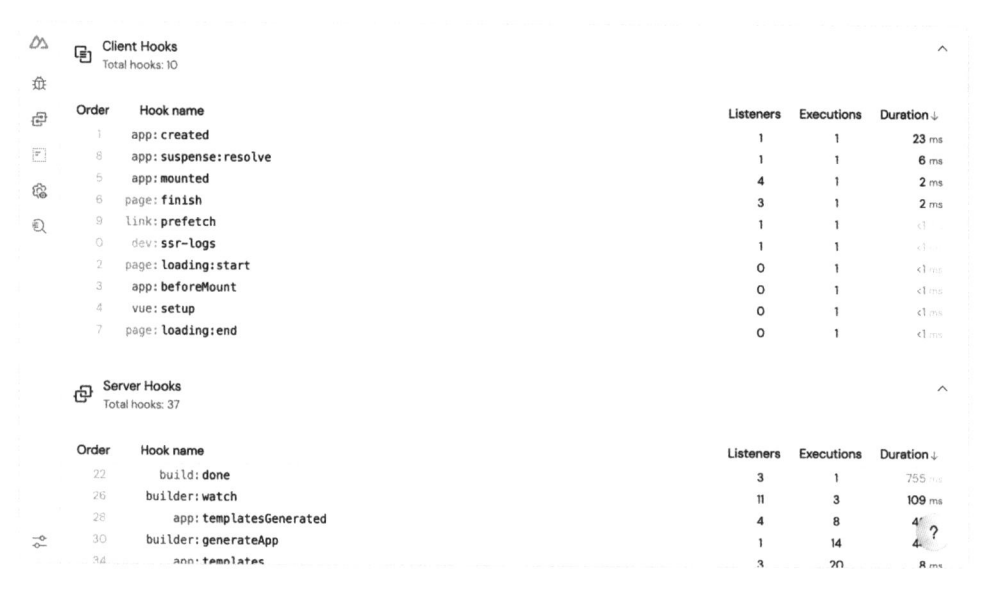

	Client Hooks Total hooks: 10			
Order	Hook name	Listeners	Executions	Duration ↓
1	app:created	1	1	23 ms
8	app:suspense:resolve	1	1	6 ms
5	app:mounted	4	1	2 ms
6	page:finish	3	1	2 ms
9	link:prefetch	1	1	<1
0	dev:ssr-logs	1	1	<1
2	page:loading:start	0	1	<1 ms
3	app:beforeMount	0	1	<1 ms
4	vue:setup	0	1	<1 ms
7	page:loading:end	0	1	<1 ms

	Server Hooks Total hooks: 37			
Order	Hook name	Listeners	Executions	Duration ↓
22	build:done	3	1	755 ms
26	builder:watch	11	3	109 ms
28	app:templatesGenerated	4	8	4?
30	builder:generateApp	1	14	4
34	app:templates	3	20	8 ms

圖 11-28　前後端使用的 Hook 資訊

11.17 | Virtual Files

11.17.1 簡介

Virtual Files 分頁展示了 Nuxt 產生的虛擬文件，虛擬文件是動態產生的，多是由框架、模組開發者或進階使用者，用於實現框架的約定和功能擴展而建立。

這些虛擬檔案雖然在日常開發中通常較不常直接接觸，但它們在框架的運作中扮演著關鍵角色，透過 Nuxt DevTools 揭示了 Nuxt 框架背後的運作機制。

圖 11-29　虛擬檔案資訊

11.18 Inspect

11.18.1 簡介

Inspect 分頁整合了 **vite-plugin-inspect** 插件，主要用於檢視 Vite 插件的中間狀態，這個功能對於開發和測試插件特別有感。它允許開發者深入了解 Vite 插件在處理過程中的各個階段，觀察插件如何轉換、處理程式碼、執行的時間等，介面也可以切換不同的呈現方式，點擊檔案來觀看元件等檔案如何被轉換成瀏覽器能夠執行的 JavaScript。

圖 11-30　Vite 插件檢查工具

11.19 Module Contributed View

11.19.1 簡介

考量了 Nuxt 的生態系統，Nuxt DevTools 的開發與設計上非常的靈活也具擴展性，不管是官方、社群或個人的模組，都可以向 Nuxt DevTools 貢獻自己的工具分頁，使模組也能整合進 Nuxt DevTools 中並提供使用者進行互動。

舉例來說，專案上使用到了 ESLint Config 與 Nuxt Icon 這兩個模組，而且這兩個模組也都有整合至 Nuxt DevTools 的分頁中，通常可以在 Nuxt DevTools 的面板左側就能看到 ESLint Config 與 Nuxt Icon 兩個圖示分頁。

11.19.2 VS Code

VS Code 分頁是 Nuxt DevTools 整合了 Visual Studio Code Server，讓完整的 VS Code 編輯器可以整合至開發工具內，同時也可以安裝 VS Code 的延伸模組及導入個人化的設定。

在使用之前，需要確認本地已經安裝 Visual Studio Code Server，否則會出現需要進行安裝與配置的。如果已經安裝並偵測到相關指令，在 VS Code 面板上會出現「Launch」啟動按鈕，點擊啟動按鈕後，面板會以 iframe 載入預設網址 `http://localhost:3080`。如果順利完成就會開啟 VS Code 並載入專案資料夾，如圖 11-31。

圖 11-31　整合 VS Code 編輯器

首次開始使用時可能有些彆扭，但透過整合的 VS Code 可以更方便的快速修改程式碼與查看結果，這一切都僅需要在瀏覽器就可以做到，算是蠻方便的一項功能，讀者們也可以根據需求再評估是否需要啟用。

11.19.3　ESLint Config

🔍 ESLint Config 模組分頁上提供了規則的套用和篩選。

11 視覺化開發工具 Nuxt DevTools

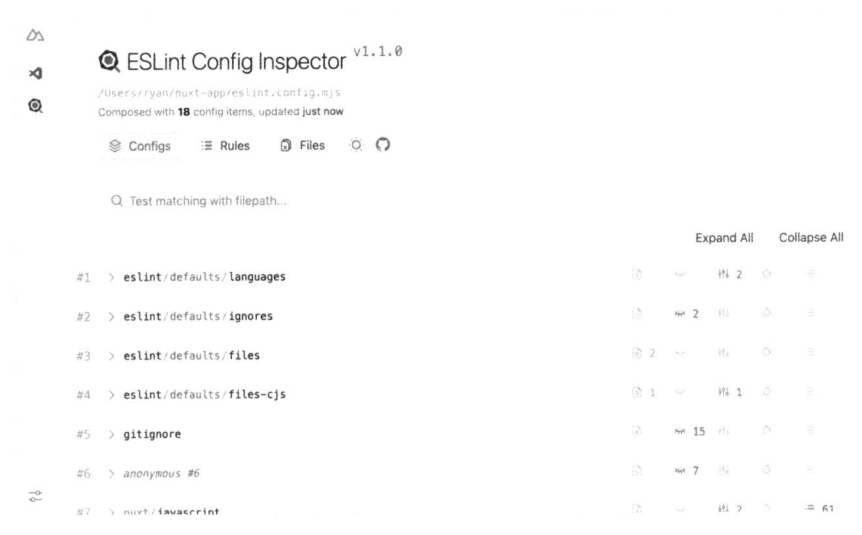

圖 11-32　ESLint Config 設定資訊頁面

11.19.4　Nuxt Icon

ô Nuxt Icon 模組分頁上，可以直接瀏覽 Icon 圖示與使用方法。

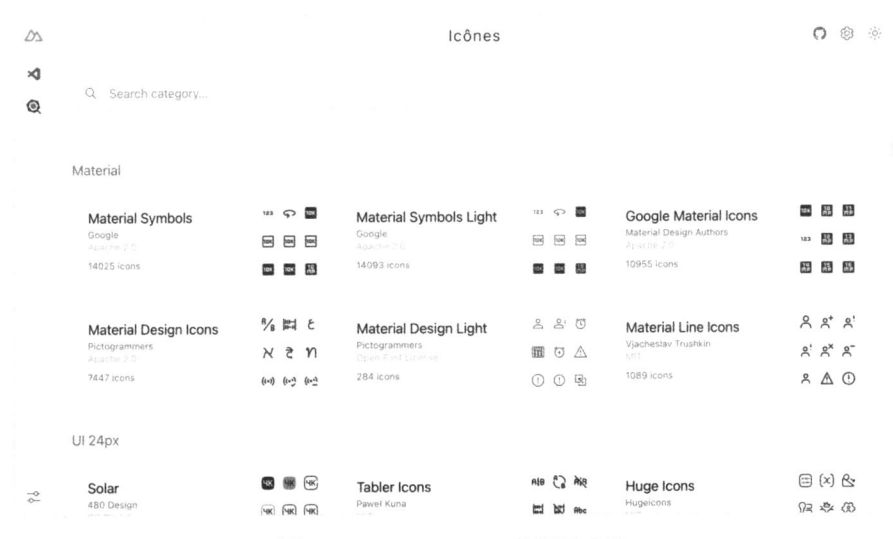

圖 11-33　Nuxt Icon 的圖示查詢

11-35

Note

CHAPTER 12 SEO 搜尋引擎最佳化實戰系列

12.1 簡介

選擇使用 Nuxt 作為網站開發框架的開發者，多數都是為了要使用 SSR 或 SSG 來加強對**搜尋引擎最佳化**（Search Engine Optimization，SEO）設置。Nuxt 作為全端的開發框架，提供豐富的組合式函式可以用於設置網頁的標題、內文、Meta 等，以此來設置搜尋引擎爬蟲或外部連結可能會解析到的標籤與數值內容，加強網站的搜尋引擎最佳化。

這個章節將會介紹搜尋引擎最佳化的基本配置，讓新手也能快速入門 SEO 的概念，接著再結合 Nuxt 社群針對搜尋引擎最佳化的模組，讓 Nuxt 可以更方便與快速的完成一系列的 SEO 配置。

12.2 搜尋引擎最佳化（SEO）入門

在進行網站搜尋引擎最佳化時，Meta Tag 是一個不可忽視的重要元素，Meta Tag 也稱為元標籤或描述標籤，用於提供網頁的額外描述資料，這些標籤通常放置在 HTML 的 `<head>` 區塊中，雖然不會直接顯示在網頁上，但對搜尋引擎的爬蟲來說是至關重要的識別資訊，Meta Tag 不僅影響搜尋引擎對網頁的理解，也是 Facebook 提出的 **Open Graph** 協議的實現位置，能夠確保網頁的標題、描述或縮圖等資訊能被正確解析並顯示，對於網站的 SEO 來說，理解並正確使用 Meta Tag 可以顯著提升網站在搜尋結果中的可見度和點擊率，進而改善整體的搜尋引擎最佳化效果。

舉例來說，將任一網頁以網頁原始碼來查看，多數有針對搜尋引擎最佳化的網站，如圖 12-1，觀察網頁由伺服器首次所回傳的 HTML 內可以發現 `<title>` 與 `<meta name="description" … />` 都有進行設定。

圖 12-1 網頁原始碼內的標題與描述的標籤位置

搜尋引擎爬蟲在收錄網頁時，就會解析網頁內的這些標題標籤或元標籤資訊來收錄網站和建立索引，當使用者搜尋資料時，搜尋結果的呈現資訊也可能會包含到這些標籤內容，如圖 12-2。

圖 12-2　Google 搜尋結果的標題與描述資訊呈現

目前網路上的搜尋引擎並非只有 Google 一家，各家的搜尋引擎爬蟲，雖然都有各自解析的規則，但 SEO 的重點也都有大方向能夠依循，此外就是在針對特定的搜尋引擎加強識別標記，只要遵照官方指引多能幫助提升網站的內容能見度。

12.3　網站的 Open Graph（OG）

Open Graph Protocol[1] 是 Facebook 提出的一種網頁標準，官方中文翻譯為「開放社交關係圖」。在配置網站的 Meta 資訊時，這些標籤通常被稱為 OG Tag。OG 的設計初衷是為了豐富網頁在社群媒體上被分享時的呈現效果。當網頁正確設置了 OG Tag，分享到社群平台時就能顯示更為完整的內容，包括自

1　Open Graph Protocol: https://ogp.me/

定義的標題、描述文字和縮圖等元素。Facebook 為此提供了詳細的網站管理員分享指南，幫助開發者最佳化網頁在社交媒體上的展現形式。有效使用 OG Tag 不僅可以提升網頁在社交平台的吸引力，還能增加使用者點擊和互動的機會，對提高網站流量和知名度具有顯著作用。

舉例來說，當網頁設定了 OG Tag，以連結形式被分享至 Facebook，會呈現如圖 12-3 的資訊，Facebook 會解析網頁內的 OG Tag 將對應的如標題及縮圖等資訊顯示出來。

圖 12-3　Facebook 貼文內外部連結的呈現

其中縮圖依照 Facebook 提出的 Open Graph 的指引，即是對應網頁中的 `<meta property="og:image" … />`。

```
 7  <title>2023 iThome 鐵人賽</title>
 8
 9  <meta name="description" content="2023 iThome 鐵人賽將於 9 月 1 日開賽,今年除了主題競賽、團
    體競賽及自我挑戰等3大類型,還全新推出「iThome 鐵人館」邀請大家一起來參加,無論是挑戰連續 30 天發文不中
    斷、還是來體驗各種 IT 技術學習資源,歡迎一起來參加 IT 界年度盛事!">
10  <meta property="og:url" content="https://ithelp.ithome.com.tw/2023ironman" />
11  <meta property="og:type" content="website" />
12  <meta property="og:title" content="2023 iThome 鐵人賽" />
13  <meta property="og:description" content="2023 iThome 鐵人賽將於 9 月 1 日開賽,今年除了主題
    競賽、團體競賽及自我挑戰等3大類型,還全新推出「iThome 鐵人館」邀請大家一起來參加,無論是挑戰連續 30 天
    發文不中斷、還是來體驗各種 IT 技術學習資源,歡迎一起來參加 IT 界年度盛事!" />
14  <meta property="og:image" content="static/2023ironman/img/fb.jpg" />
15  <link rel="icon" type="image/x-icon" href="/static/2023ironman/img/apple-touch-
    icon.png" />
16  <link href="https://fonts.googleapis.com/css2?
    family=Noto+Sans+TC:wght@400;700&family=Roboto:wght@400;500&display=swap"
    rel="stylesheet">
17  <link rel="stylesheet" href="https://use.fontawesome.com/releases/v5.5.0/css/all.css">
```

圖 12-4　網頁中的 og:image Meta Tag

不只是在 Facebook 上分享連結會有連結預覽的效果,也因為越來越多服務都遵循著 OG Tag 進行實作與解析,所以在其他主流的社群媒體或通訊軟體等也都有跟進解析 Open Graph 相關的標籤內容。例如,在 LINE 通訊軟體中傳送一則包含連結的訊息,訊息的內容會連結的網頁中設置了 OG Tag,也成功被 LINE 解析所以訊息便會出現連結預覽的效果。

圖 12-5　通訊軟體中的訊息顯示外部連結預覽

像 LINE 通訊軟體或其他服務等,多會提供一些指引或文件可以做參考做設置,連結預覽與 `og:title`、`og:description` 和 `og:image` 有著相應的設定關係,只要遵循著標準實作,便可以加強使用者的體驗與效果。

12.4 Nuxt 提供 SEO 使用的組合式函式

使用 Vue 建置出的**單頁式應用程式**（Single Page Application，**SPA**），在沒有特別設定的情況之下，是共用著 `public/index.html` 作為網頁的呈現進入點，雖然執行與渲染上更加的快速，但是當路由切換時可能會需要根據頁面內容調整一下網頁的標題、Meta 標籤甚至是載入外部的 CSS 與 JS，在 Vue 也有一些套件可以達到類似的效果，但整體而言對於 SEO 並不友善。

這其中又以 Meta 標籤與網頁的標題能動態調整更為主流需求，因為在搜尋引擎最佳化的考量與配合上，這是不可獲缺的一部分，甚至在分享網頁連結上的縮圖，Facbook、Twitter 都有各自的 Meta 標籤屬性可以做設置，雖然在 SPA 可以動態的設定這些 SEO 相關標籤，不過搜尋引擎爬蟲或連結解析服務不一定可以支援用戶端渲染或用戶端的動態標籤與內容的修改，最終還是得藉由伺服器端渲染完整的標籤與內容才是最根本的解決方式。

> **補充說明**
>
> 隨著網頁技術的進步，部分搜尋引擎爬蟲已逐漸開始支援動態執行 JavaScript 來解析用戶端渲染的標籤與內容，這一進展使得用戶端渲染（Client-Side Rendering，CSR）的單頁式應用程式（SPA）在搜尋引擎最佳化（SEO）方面變得更加可行，但以現況來說，開發者還是需要審慎評估來決定最佳化的方式。

在 Vue 的網站中動態管理頁面標題和 Meta Tag 仍是 SEO 不可或缺的一步，**vue-meta** 套件曾是這方面的解決方案，它提供了便捷的方法來修改 HTML Head 和 Meta Tag。然而，隨著技術發展，**vue-meta** 已宣布不再積極維護，作為替代，現代 Vue 開發者可以轉向由 unjs 團隊開發的 **Unhead**，這個套件提供了強大的 API 來管理頁面 Meta Tag。

在 Nuxt 框架中已經整合了 **Unhead**，使得在 Nuxt 專案中操作頁面標題和 Meta Tag 變得極為簡單，開發者可以直接使用 Nuxt 提供的組合式函式，輕鬆實現動態修改 HTML Head、Meta Tag 等，無需再額外安裝其他套件。

12.5 組合式函式 useSeoMeta

在 Nuxt 中可以使用 `useHead` 來完全掌握與控制 Meta 標籤的撰寫，不過為了因應各個平台或眾多的自訂標籤，難免會有不小心誤值屬性名稱的問題，而 Nuxt 提供了針對 Meta 標籤專用的組合式函式來解決此問題。

12.5.1 name 與 property

了解 SEO 相關的 Meta Tag 後，使用 Nuxt 提供的 `useHead` 式雖也可以有效地為頁面設置各種 Meta 標籤，包含了 Facebook 使用的 `og:title` 等，但是，像下面這段程式碼包含了一些錯誤，聰明的讀者們能發現嗎？

```
<script setup>
useHead({
  meta: [
    { name: 'title', content: '網站標題' },
    { name: 'description', content: '網站描述' },
    { name: 'keyword', content: 'Nuxt,Vue' },
    { name: 'og:title', content: '網站標題' },
    { name: 'og:description', content: '網站描述' },
    { name: 'og:image', content: '/social.jpg' },
  ],
})
</script>
```

上述的程式碼中 Meta 標籤，`keyword` 應為 `keywords`，而且 `og:` 系列的使用，`name` 屬性應該為 `property`，這些小錯誤可能間接導致標籤無法正確的被解析，等同於沒有正確設定到 Meta 標籤，正確的設置方式應為下面所列程式碼。

```
<script setup>
useHead({
  meta: [
    { name: 'title', content: '網站標題' },
    { name: 'description', content: '網站描述' },
    { name: 'keywords', content: 'Nuxt,Vue' },
    { property: 'og:title', content: '網站標題' },
    { property: 'og:description', content: '網站描述' },
    { property: 'og:image', content: '/social.jpg' },
    { property: 'twitter:card', content: 'summary_large_image' },
  ],
})
</script>
```

這類型的打錯字或屬性錯誤的發生不在少數，除了透過工具檢查，除錯時也需要睜大眼睛。幸好，Nuxt 提供了其他方式來解決這類 SEO 相關 Meta 標籤設定的組合式函式，讓打錯字或誤植屬性的機會可以降到最低，接下來將依序介紹。

12.5.2 useSeoMeta 使用方式與屬性標籤的命名

Nuxt 提供了一個組合式函式 `useSeoMeta`，它允許以一個物件來專門定義網頁的 Meta Tag，並且提供完整的 TypeScript 的支援。

舉例來說，使用 `useSeoMeta` 組合式函式，並只需要傳入一個以 Key-Value 定義的物件就可以設定 SEO 相關標籤。

```
<script setup>
useSeoMeta({
  title: '網站標題',
  description: '網站描述',
  keywords: 'Nuxt,Vue',
  ogTitle: '網站標題',
  ogDescription: '網站描述',
  ogImage: '/social.jpg',
  twitterCard: 'summary_large_image',
})
</script>
```

`useSeoMeta` 的傳入物件的 Key 非常的直觀，一些常用的名稱 `title`、`description` 等，可以直接使用同名 `title`、`description` 等，其他有冒號或連字號的屬性，命名的方式以小駝峰式命名法（Lower camel-case），例如，`og:title` 使用 `ogTitle`、`twitter:card` 使用 `twitterCard`。

使用 `useSeoMeta` 來設定網頁的 Meta 標籤，不僅可以幫助開發者避免常見的錯誤，例如 `property` 誤設成 `name`，一些常見的打字錯誤也能透過已經收錄超過 100 個以上的標籤屬性來提示，並且具有完整的 TypeScript 型別支援及 XSS 安全，總歸來說開發者可以放心的使用 `useSeoMeta` 來設定 SEO 相關的 Meta 標籤。

12.6 組合式函式 useServerSeoMeta

在大多數的情況下，Meta Tag 是不需要具有響應性的，因為提供的 SEO 標籤，搜尋引擎的爬蟲檢索器通常僅會掃描初始的設定值。如果真的非常在意網頁效能，可以使用 `useServerSeoMeta` 來進行 Meta 標籤的設定，如同函式名稱字面上的意思僅會在 Server 伺服器端上執行，在用戶端不會有執行任何操作或回傳 `head` 物件，函式使用上的參數與 `useSeoMeta` 組合式函式完全一致。

```
<script setup>
useServerSeoMeta({
  title: '網站標題',
  description: '網站描述',
  keywords: 'Nuxt,Vue',
  ogTitle: '網站標題',
  ogDescription: '網站描述',
  ogImage: '/social.jpg',
  twitterCard: 'summary_large_image',
})
</script>
```

12.7 使用 Nuxt DevTools 來檢查 SEO Meta Tags

在開發 Nuxt 的專案時，推薦使用 Nuxt DevTools 來幫助網站開發與除錯，進而提升開發者體驗，Nuxt DevTools 的 Open Graph 功能分頁能幫助開發者在做網頁的 SEO 搜尋引擎最佳化時，檢查網頁設定的 Meta Tags 並提醒與建議遺漏或建議的標籤，除了可以透過功能分頁上方網址列快速跳轉到其他頁面，也可以使用旁邊的按鈕圖示來開啟檔案、重新整理資料，另外也透過面板提供的預覽功能，如圖 12-6，可以用來檢查 Open Graph Tags 是否設定正確，也提供常見的社群媒體預覽不同樣式的連結縮圖。

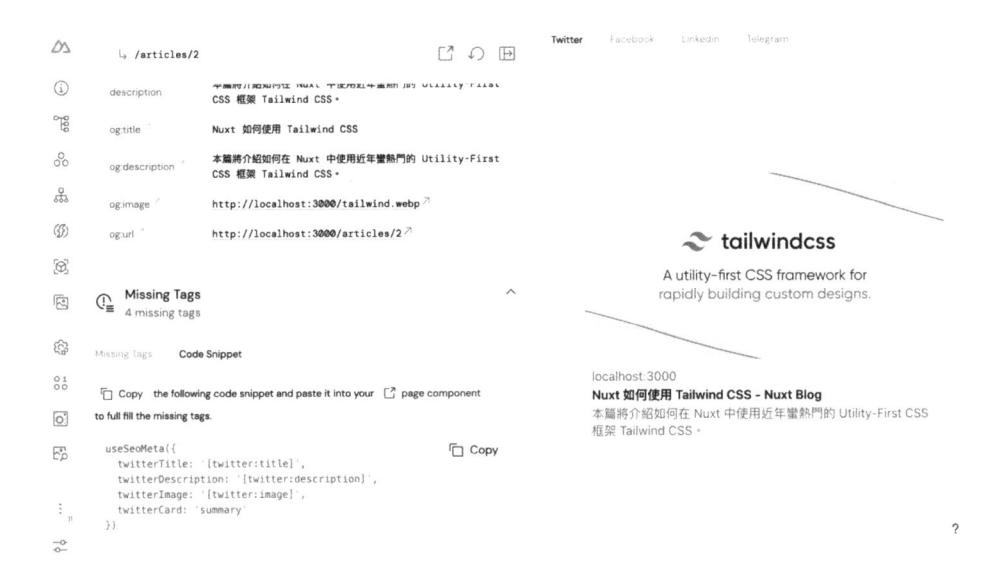

圖 12-6

在頁面中針對有關 SEO 的 Meta Tags 與 Open Graph 的配置，建議可以直接使用 `useSeoMeta`，透過這個組合式函式，能夠大幅降低開發者誤植標記名稱和犯下低級錯誤的機率，除非真的有一些標籤是 `useSeoMeta` 所不支援的，才需要使用 `useHead` 組合式函式來手動的建立 Meta Tags。

12.8 ｜ Nuxt SEO 模組

12.8.1 簡介

隨著 Nuxt 的開發迭代，社群上也專為 Nuxt 在進行搜尋引擎最佳化時，提供了眾多 SEO 相關的模組，而 Nuxt SEO 既是這些模組的集合，也是模組本身。

Nuxt SEO 模組，包含了下列幾個常見的 SEO 相關模組：

- **Nuxt OG Image**：依據特定內容自動產生連結縮圖
- **Nuxt Robots**：用於建立或自動產生 robots.txt
- **Nuxt Sitemap**：用於建立或自動產生 Sitemap 網站地圖
- **Nuxt Schema.org**：管理和建立網站結構化資料標記
- **Nuxt Link Checker**：用於檢查網站內的連結是否正常運作
- **Nuxt SEO Experiments**：Nuxt SEO 模組一些實驗性的新功能

Nuxt SEO 模組將許多與 SEO 相關的模組合併為一個，使得開發者可以更好的整合這些模組和使用 SEO 相關的功能，接下來將會以 Nuxt SEO 模組為例，講解模組內所提供的功能與操作方式。

在開始之前，建議使用一個現有的專案來導入 Nuxt SEO 模組，或者以本書第 10 章實戰部落格網站的專案來做操作，在每個 SEO 功能上比較能感受到實際效果。

12.8.2 Nuxt SEO 安裝與配置

STEP 1 安裝套件

使用 Nuxt CLI 或套件管理工具安裝 Nuxt SEO 模組

```
npx nuxi@latest module add @nuxtjs/seo
```

STEP 2 配置使用模組

確認 Nuxt SEO 模組已經添加在 Nuxt Config 之中，`modules` 屬性陣列中應該要包含 `'@nuxtjs/seo'`。

nuxt.config.ts
```ts
export default defineNuxtConfig({
  modules: ['@nuxtjs/seo'],
})
```

STEP 3 配置 Nuxt Site Config

Nuxt SEO 模組，內建了 Nuxt Site Config 可以用於設定所有 Nuxt SEO 所整合的模組設定，建議可以根據網站與需求進行配置，以達到最好的效果。

nuxt.config.ts
```ts
export default defineNuxtConfig({
  site: {
    url: 'http://localhost:3000',
```

```
    name: 'Nuxt Blog',
    description: '歡迎來到使用 Nuxt 開發的部落格網站',
  },
})
```

除了在 Nuxt Config 設定 Site Config 以外，也可以透過 `.env` 檔案的環境變數來設置 Site Config。

```
NUXT_SITE_URL=http://localhost:3000
NUXT_SITE_NAME=Nuxt Blog
```

12.8.3 自動產生連結縮圖 OG Image

12.8.3.1 網站的 Open Graph（OG）

在做網頁的 SEO 搜尋引擎最佳化時，可以在 Meta Tags 添加 Open Graph 等相關標籤，通常是添加網頁的摘要或者作為行銷推廣圖片，讓搜尋引擎檢索器能夠解析這些標籤資訊來建立索引，使用者在搜尋引擎上搜尋資料時，網頁提供的這些資訊也能提供搜尋引擎更多樣的顯示方式，此外，網頁被以連結的形式分享到社群媒體或通訊軟體時，只要這些服務有支援如 `og:image` 及 `twitter:image` 設定連結縮圖網址的標籤，就能更好的顯示網站預覽效果。

然而並不是每個網頁內容都有這種代表性的圖片或網址可以設置，例如部落格文章可能僅有單純文字沒有任何圖片，所以為了連結縮圖的顯示，可能就需要為每個頁面都製作專屬的圖片。接下來將介紹常見設定 OG Image 縮圖的方式和透過套件依據頁面內容自動產生縮圖，將可以大幅減少人工製作圖片的時間。

12.8.3.2 常見設定縮圖的方式

在還未使用 Nuxt 這類 SSR 框架時，在純 Vue 中可能只能設定一張整個網站共用的連結縮圖，因為整個 Vue 網站是依賴 `public/index.html` 檔案來做用戶端渲染，所以不管首次請求的連結網址為何，伺服器端渲染所回傳的 `og:image` 就會是 `public/index.html` 所設定的，這種方式不僅不利於客製化各個頁面的縮圖，也可能造成頁面共用的縮圖得謹慎挑選，否則可能發生縮圖與實際網頁內容不相符的問題。

在使用 Nuxt 框架後，開發者可以使用更靈活的組合式函式來設定 SEO 相關的標籤，也可以為每個頁面設計不同的連結縮圖，不論圖片放置在靜態檔案的目錄下或外部圖片伺服器，最後將圖片連結與文章內容一起儲存在資料庫內，等待下次使用者或搜尋引擎爬蟲檢索器請求時，再一併渲染縮圖標籤與圖片網址在 `og:image` 與 `twitter:image` 標籤中。

12.8.3.3 自動產生連結縮圖概念

若有一個工具或套件可以依據頁面所具有的資料，如標題、摘要、價格、數量等，並依據這些數值自動產生縮圖，不僅能夠標準化顯示的排版方式，也能大幅減少人工製作圖片的時間。

如果想要實作一個 Server API，依據傳入的文字內容，來製作並回傳一張圖片給前端，同樣也可以達到自動產生縮圖的效果，但仍需要考量下列問題：

- 該 API 為了讓外部搜尋引擎檢索器正確瀏覽，通常是不需驗證且公開，那麼就有可能會被濫用或利用。
- 每次請求都需要重新產圖，如果要提高效率得實作快取機制。
- 自動產生圖片受限於 Server API，不利於前端工程師快速迭代與即時修改呈現或排版方式。

12.8.3.4 Nuxt OG Image 模組

Nuxt OG Image 模組是一個可以依據文字內容和選項，動態產生圖片的 Nuxt 模組，其自訂的模板更可以為不同的類型頁面來制定圖片樣式，讓開發者可以在相同類型的頁面使用相同的模板，僅透過調整圖片文字或呈現的內容來達到動態產生圖片的效果。

如果已經安裝 Nuxt SEO 模組，模組內已經包含了 Nuxt OG Image 模組，可以直接配置做使用，通常會調整 Nuxt Config 為 Nuxt OG Image 模組設定字型選項，使其產生文字能支援中文字型。

▲ nuxt.config.ts

```ts
export default defineNuxtConfig({
  ogImage: {
    fonts: ['Noto+Sans+TC:700'],
  },
})
```

接著就可以在頁面元件中，使用組合式函式 `defineOgImageComponent`，套用自動產生的縮圖，在伺服器端會自動產生圖片連結並自動渲染 `og:image:src` 與 `twitter:image:src` 等標籤，組合式函式的第一個參數可以傳入模板的名稱，`'NuxeSeo'` 為模組中預設的官方模板，第二個參數為傳入模板作處理的參數值。

▼ app/pages/index.vue

```vue
<script setup>
defineOgImageComponent('NuxtSeo', {
  title: '最新文章',
  description: '歡迎來到使用 Nuxt 開發的部落格網站',
  siteName: 'Nuxt Blog',
})
</script>
```

HTML 內產生的 Meta Tag 如下：

```
<meta property="og:image" content="http://localhost:3000/__og-image__/image/og.png">
<meta property="og:image:type" content="image/png">
<meta property="og:image:width" content="1200">
<meta property="og:image:height" content="600">
<meta name="twitter:card" content="summary_large_image">
<meta name="twitter:image" content="http://localhost:3000/__og-image__/image/og.png">
<meta name="twitter:image:src" content="http://localhost:3000/__og-image__/image/og.png">
<meta name="twitter:image:width" content="1200">
<meta name="twitter:image:height" content="600">
```

> **❗重點提示**
>
> Nuxt OG Image 套件渲染 Meta Tag 標籤的實作使用 `useHead` 組合式函式，且只有在首次請求由伺服器端渲染的 HTML 才會出現，如果是在用戶端渲染時期切換頁面是不會產生和重新渲染這些標籤的。

瀏覽產生的連結 `http://localhost:3000/__og-image__/image/og.png`，如圖 12-7，可以看到套件依據傳入的特定文字，所自動產生的縮圖。

圖 12-7　使用特定文字內容產生的縮圖

> **</> 完整範例程式碼**
>
> 透過 Nuxt OG Image 套件建立縮圖 ⇗ https://book.nuxt.tw/r/76

12.8.3.5 產生頁面資料相關的縮圖

舉例來說，`app/pages/articles/[id].vue` 檔案是顯示文章的頁面元件，頁面內容是依據文章的 `id` 來向 API 請求文章資料，所以瀏覽 `/articles/1` 與 `/articles/2` 網址預期可以得到文章 1 與文章 2 的內容，接著便可以在 `defineOgImageComponent` 函式的第二個參數，傳入所取得的文章標題等相關資料來製作縮圖。

```vue
<script setup>
const route = useRoute()
const {
  data: article,
} = await useFetch(`/api/articles/${route.params.id}`)

defineOgImageComponent('NuxtSeo', {
  title: article.value.title,
  description: article.value.description,
  siteName: 'Nuxt Blog',
})
</script>
```

> **</> 完整範例程式碼**
>
> 使用文章內容產生縮圖 ⇗ https://book.nuxt.tw/r/77

12.8.3.6 縮圖連結的結構

透過前面幾個例子可以發現，Nuxt OG Image 套件產生的縮圖連結的網址似乎有特定的格式：

```
// 文章 1 頁面網址
http://localhost:3000/articles/1

// 文章 1 頁面縮圖網址
http://localhost:3000/__og-image__/image/articles/1/og.png
```

Nuxt OG Image 套件內實作了 API，路徑開頭為 `/__og_image__/image` ，路徑的後方會銜接頁面的路由路徑，來表示存取產生縮圖的 API，當直接瀏覽這個規則的縮圖網址，其實就是觸發 Nuxt OG Image 套件製作特定頁面的縮圖。

12.8.3.7 Nuxt OG Image 模組使用模板建立縮圖

Nuxt OG Image 模組支援開發者使用模板元件來建構更複雜的縮圖，建立的步驟如下。

STEP 1 挑選或製作背景圖片

為了更符合實際需求，可以在模板內設定背景圖片，來實現產生固定的背景圖片，再依據頁面內容產生文字描述。這邊使用的圖片如圖 12-8，將準備要使用的模板的景圖片放置在專案的 `public` 目錄下，例如，`public/og-image-template-background.png` 。

圖 12-8

STEP 2 添加 Logo 或其他更多元素

如同背景圖片，也可以添加 Logo 圖示或其他更多的元素在圖片上，使縮圖更具美觀與一致性，例如將準備要使用的 Logo 圖示檔案，放置於 `public/og-image-template-logo.svg`。

STEP 3 建立模板元件

建立 `app/components/OgImage/CustomTemplate.vue` 檔案，需要注意的是模板元件檔案是需要遵循套件約定放置在 `app/components/OgImage` 或 `app/components/OgImageTemplate` 元件目錄下，並在元件內接收 `titile`、`description` 和 `siteName` 屬性來渲染文字。

▼ app/components/OgImage/CustomTemplate.vue

```
<script setup>
defineProps({
  title: {
    type: String,
    default: '',
  },
```

```
    description: {
      type: String,
      default: '',
    },
    siteName: {
      type: String,
      default: 'Nuxt Blog',
    },
  })
</script>

<template>
  <div class="flex size-full flex-col">
    <img
      src="/og-image-template-background.png"
      class="absolute top-0 left-0 z-0 size-full"
    >
    <div class="z-10 mx-16 my-12 flex flex-row items-center">
      <img
        src="/og-image-template-logo.svg"
        class="mr-2 size-16"
      >
      <span class="text-3xl font-extrabold">{{ siteName }}</span>
    </div>
    <div
      class="mx-24 flex flex-col justify-center text-neutral-900"
    >
      <p
        class="line-clamp-2 flex h-24 items-center
          text-5xl font-bold text-ellipsis"
      >
        {{ title }}
      </p>
      <p
        v-if="description"
        class="line-clamp-3 text-3xl text-ellipsis text-neutral-500"
      >
```

```
      {{ description }}
    </p>
   </div>
  </div>
 </template>
```

STEP 4 使用自訂模板

接下來就可以透過組合式函式 `defineOgImageComponent`，將剛才建立的模板檔案與前綴組合成 `'OgImageCustomTemplate'` 作為第一個參數，其他參數屬性則依據 `defineProps` 所定義傳入標題與描述。

```
<script setup>
const {
  data: article,
} = await useFetch(`/api/articles/${route.params.id}`)

defineOgImageComponent('OgImageCustomTemplate', {
  title: article.value.title,
  description: article.value.description,
  siteName: 'Nuxt Blog',
})
</script>
```

STEP 5 產生的縮圖

當瀏覽文章頁面時，便會依據文章內容與自訂模板元件來自動產生縮圖，如圖 12-9，背景與 Logo 會是固定的，只有中間的標題與描述文字，是依據文章內容而產生。

圖 12-9

> **</> 完整範例程式碼**
>
> 使用模板建立縮圖 ⧉ https://book.nuxt.tw/r/78

Nuxt OG Image 模組提供了靈活的自動產生圖片的方式,適用於各種網頁內容類型。對於含有圖片的頁面,可直接將現有圖片用作連結縮圖。而對於以純文字或討論為主的內容,Nuxt OG Image 模組能夠根據頁面文字或相關資訊,自動產生具有模板特色的連結縮圖。這種方法特別適合沒有現成圖片可用的情況,能夠確保所有頁面都有吸引人的視覺呈現。透過使用自定義的模板,開發者可以輕鬆實現網站的視覺風格一致性,同時為每個頁面提供獨特的縮圖,這不僅提升了使用者體驗,還有助於提高社群媒體分享網頁時的點擊率。

12.8.3.8 Nuxt OG Image 模組使用網站畫面建立縮圖

透過 `defineOgImageScreenshot()` 組合式函式,可以截取網站頁面的畫面並將其作為縮圖,這種方式所產生的縮圖,更貼近於使用者所看到的網頁畫面內容。

使用組合式函式時,也可以傳入一個物件來設定截圖的一些配置,包括顏色方案、延遲截圖、刪除特定元素和截取特定元素的選擇器設定。

TS app/pages/index.vue

```
<script setup>
defineOgImageScreenshot({
  colorScheme: 'light',
  delay: 0,
})
</script>
```

由於截圖需要完整渲染網頁,必須依賴 Chromium 進行渲染。因此在使用此功能前,必須確保系統環境中正確安裝並配置好渲染的引擎,建議可以參考套件的說明文件進行配置。

> </> 完整範例程式碼
>
> 使用網站畫面建立縮圖 ➡ https://book.nuxt.tw/r/79

12.8.4 自動產生網站地圖(Sitemap)

12.8.4.1 簡介

網站地圖(Sitemap)基本上都是由網頁開發人員進行製作,網站地圖內容包含了整個網站的連結,例如網站有首頁、文章列表、文章詳細頁面等,這些連結如果想被搜尋引擎收錄,那麼就應該添加在網站地圖內,方便搜尋引擎的爬蟲做蒐集和索引。

當然，並不是所有搜尋引擎提供商都像 Google 有 Search Console 可以來提交網站地圖，所以這份網站地圖製作完成後會放置在網站的某處，這份網站地圖除了可以手動提供給搜尋引擎的服務商，也可以使用網址來進行瀏覽，不受限是 Google 的搜尋引擎的爬蟲才可以來這個路徑下讀取網站地圖，以便收錄至其他搜尋引擎服務商的資料庫之中，通常以網站網址 `/sitemap.xml` 為多數，例如 `https://www.apple.com/sitemap.xml` 就可以看到網 Apple 網站的 Sitemap，網站地圖名稱命名為 `sitemap.xml`，網站地圖的概念最早由 Google 提出，其中以 XML 格式的檔案提供給搜尋引擎和爬蟲為主。

12.8.4.2 製作 Sitemap 對網站 SEO 的影響？能夠提升網站排名？

製作網站地圖最重要的一個優勢就是能夠幫助搜尋引擎檢索器能更快的收錄到網站內容，從而更快的出現在使用者使用搜尋引擎時的搜尋結果頁面當中。

以 Google 為例，搜尋引擎的爬蟲檢索器在網路世界蒐集網頁時，其中一種方式是利用網頁內提及的連結來進行拓展，所以就算沒有製作或手動提交 Sitemap，Google 或其他搜尋引擎仍有機會能夠爬取我們的網站資料，只是時間和機率性的問題，因為這會取決於網站在全世界網頁中揭露的情況。總歸來說，網站沒有提交 Sitemap 這是屬於比較被動的狀況，因為只能被動等待網站被挖掘探勘到。

網站的 Sitemap 是提升搜尋引擎可見度的重要工具，當完成 Sitemap 後，可以主動向 Google 及其他搜尋引擎提交，這一步驟能促使搜尋引擎爬蟲檢索器探索網站內容，加速網頁收錄過程，主動提交 Sitemap 不僅有機會加快網站在搜尋結果中的曝光機會，還能確保最新和最重要的頁面被優先收錄。

製作網站地圖與網站在**搜尋引擎結果頁（Search Engine Results Page，SERP）**的排名並沒有絕對關係，網站排名主要取決於其他更為關鍵的因素，如內容質量、網站結構、外部連結等。製作 Sitemap 的主要功能不在於提升排名，而是在於最佳化搜尋引擎的爬蟲效率，為搜尋引擎提供了網站結構的清晰藍圖，有助於更全面、更迅速地索引網站內容，透過 Sitemap 能夠提高網站的可發現性，確保重要頁面不被遺漏，從而間接影響網站在搜尋結果中的表現，對於大型或結構複雜的網站，Sitemap 尤其重要，它能確保搜尋引擎全面了解網站架構，進而提高整體的搜尋可見度。

12.8.4.3 Sitemap 網站地圖的製作與格式

製作網站地圖時，通常以 Google 的規範作為首要參考標準與實現目標，這種做法不僅能符合最佳實踐，也能最大程度的確保與其他搜尋引擎的相容性，Google 也提供了清晰、詳細的 Sitemap 製作指南，包括必要的 XML 結構和語法規則，遵循這些指南，開發者可以輕鬆建立出符合標準的 Sitemap。

如圖 12-10，擷自 Google 所支援 Sitemap 格式與定義的比較圖，不同的 Sitemap 格式都有其優點和缺點，如果是第一次使用 Sitemap 建議可以選擇實作 XML Sitemap 或文字 Sitemap。

Sitemap 比較		
XML Sitemap	XML Sitemap 是用途最廣泛的 Sitemap 格式，不僅可擴充，也能用來提供圖片、影片和新聞內容相關額外資訊，以及網頁的本地化版本。	
	✓ 優點： • 方便擴充且用途廣泛。 • 可以提供最多關於網站的資訊。 • 大部分的內容管理系統 (CMS) 會自動產生 Sitemap，或者 CMS 使用者可以找到大量 Sitemap 外掛程式。	⊘ 缺點： • 作業上可能會很麻煩。 • 如果網站規模較大，或是其中的網址經常變更，對應關係的維護作業會變得複雜。
RSS、mRSS 和 Atom 1.0	RSS、mRSS 和 Atom 1.0 Sitemap 的結構與 XML Sitemap 類似，但通常最容易提供，因為 CMS 會自動建立這些項目。	
	✓ 優點： • 大多數 CMS 都會自動產生 RSS 和 Atom 動態消息。 • 可用來向 Google 提供您的影片相關資訊。	⊘ 缺點： • 除了 HTML 和其他可建立索引的文字內容之外，只能提供影片的相關資訊，圖片或新聞不行。 • 作業上可能會很麻煩。
文字 Sitemap	最簡單的 Sitemap 格式，只能列出 HTML 和其他可建立索引網頁的網址。	
	✓ 優點： • 易於實作及維護，特別是對大型網站。	⊘ 缺點： • 僅限用於 HTML 和其他可建立索引的文字內容。

圖 12-10

◯ XML Sitemap

XML Sitemap 是 Sitemap 格式中用途最廣泛的，除了可以使用 Google 支援的 Sitemap 擴充元素，也可以提供圖片、影片和新聞內容相關額外資訊，以及網頁的在地化版本。

以下是最基本的 XML Sitemap，只包含單一網址的位置與最後修改時間。在 sitemaps.org 網站 [2] 也可以找到更複雜的範例和完整說明文件。

```xml
<?xml version="1.0" encoding="UTF-8"?>
<urlset xmlns="http://www.sitemaps.org/schemas/sitemap/0.9">
  <url>
    <loc>https://www.example.com/foo.html</loc>
    <lastmod>2023-09-16</lastmod>
  </url>
</urlset>
```

◯ 文字 Sitemap

製作 Sitemap 還有一種更為簡便的方法，特別適合小型網站或剛起步的開發者，這種方法使用純文字檔案，以最基本的形式列出網站的 URL，例如，對於一個只有兩個頁面的小型網站，可以建立一個名為 `sitemap.txt` 的文字檔案，將網頁 URL 逐行列出。

```
https://www.example.com/page1.html
https://www.example.com/page2.html
```

2　sitemaps.org: https://sitemaps.org/

⊙ 其他製作 Sitemap 的方法

如果網站規模比較大一些，那麼條列網址或手動製作網站地圖就會比較花時間，所以有許多線上工具可以產生網站地圖，比較常見與推薦的兩種製作工具如下：

- **XML Sitemaps Generator**：這是一個可以線上製作網站地圖的產生器，只需要提供網站網址，例如 `https://www.example.com/`，產生器就會盡可能的爬取網站中所有的連結，並自動產生一個 Sitemap 檔案提供使用者下載，如果網站規模比較小，就可以考慮使用這個工具所提供的免費額度來製作網站地圖。

- **Screaming Frog SEO Spider Tool**：雖然是需要下載執行的應用程式，但也同樣具備了爬蟲功能與豐富的參數，在搜尋引擎最佳化和 SEO 成效評估算是很實用的工具，這個工具也可以用來製作 XML Sitemap 與圖片 Sitemap，對於電商產品網站或圖片較多的網站會更加方便。

12.8.4.4　Nuxt Sitemap 模組

儘管有許多的線上工具與應用程式可以協助製作網站地圖，但在一些場景下仍不可避免無法自動產生出來，例如網址連結是動態產生或網站內的列表不一定有完全揭露，最常見的如電商網站的產品、部落格文章的文章列表。

除了上述問題外，網站地圖的維護也需要人工介入，如果有工具能契合 Nuxt 的專案來自動產生網站地圖，那麼將可以大幅降低維護的成本，而 Nuxt Sitemap 模組正是能自動產生網站地圖的模組。

Nuxt Sitemap 模組不僅能自動產生網站地圖，也能為 Nuxt 伺服器提供一個網址入口 `/sitemap.xml` 來瀏覽自動產生的網站地圖，其網站地圖更是能依據頁面路由與處理動態連結的製作，在網站進行頁面或連結更新時、需要排除的連結，也都能同步的即時反應，讓維護成本降到最低。

如果已經安裝 Nuxt SEO 模組，模組內已經包含了 Nuxt Sitemap 模組，可以檢查 Nuxt Config 中的 Site Config 配置完成後，便可以開始使用 Nuxt Sitemap 模組。

```ts
// nuxt.config.ts
export default defineNuxtConfig({
  modules: ['@nuxtjs/seo'],
  site: {
    url: 'http://localhost:3000',
    name: 'Nuxt Blog',
  },
})
```

除了在 Nuxt Config 設定 Site Config 以外，也可以透過 `.env` 檔案的環境變數來設置 Site Config。

```
NUXT_SITE_URL=http://localhost:3000
NUXT_SITE_NAME=Nuxt Blog
```

啟動開發伺服器後，瀏覽 `http://localhost:3000/sitemap.xml` 網址，在瀏覽器中就可以看見條列出的網址連結，如圖 12-11，這個 `sitemap.xml` 檔案，便是模組根據頁面路由自動產生的網站地圖。

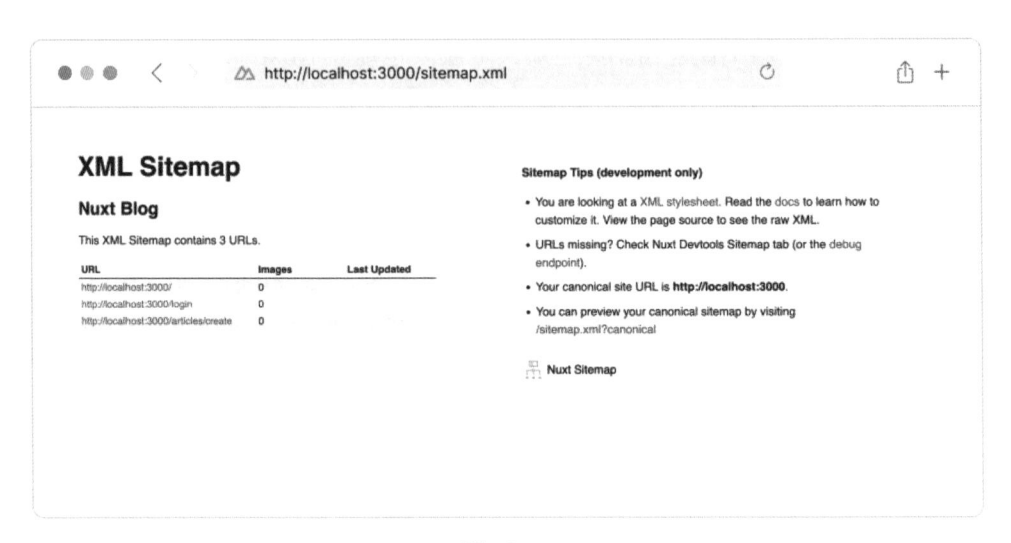

圖 12-11

> **</> 完整範例程式碼**
>
> 自動產生網站地圖範例 ↗ https://book.nuxt.tw/r/80

如圖 12-11，頁面顯示的 Sitemap 是模組自動添加的樣式用來方便瀏覽，如果想要確認原始的網站地圖 XML，可以將 Nuxt Sitemap 模組的選項 `xsl` 設置為 `false` 關閉樣式。

> **⛰ nuxt.config.ts**
>
> ```
> export default defineNuxtConfig({
>   sitemap: {
>     xsl: false,
>   },
> })
> ```

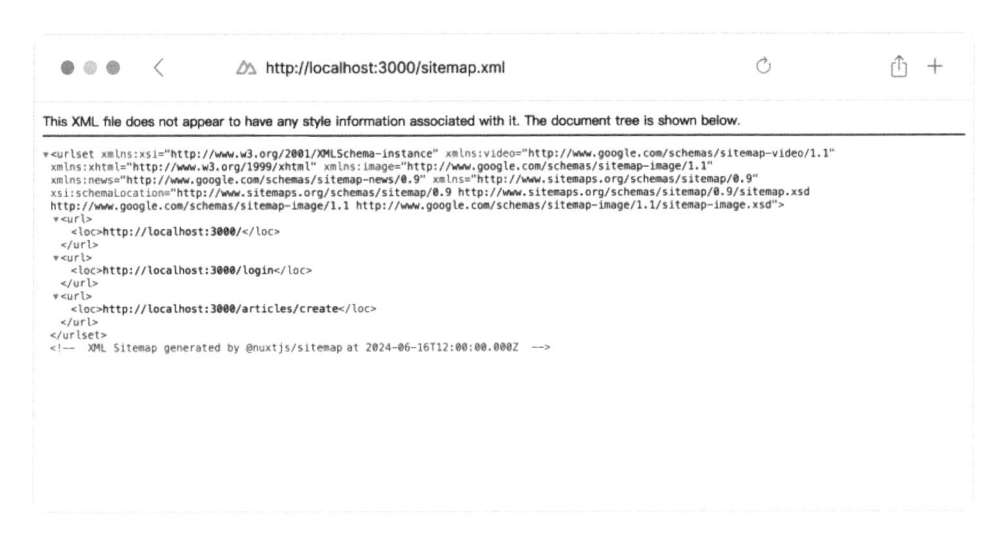

```
This XML file does not appear to have any style information associated with it. The document tree is shown below.

▼<urlset xmlns:xsi="http://www.w3.org/2001/XMLSchema-instance" xmlns:video="http://www.google.com/schemas/sitemap-video/1.1"
  xmlns:xhtml="http://www.w3.org/1999/xhtml" xmlns:image="http://www.google.com/schemas/sitemap-image/1.1"
  xmlns:news="http://www.google.com/schemas/sitemap-news/0.9" xmlns="http://www.sitemaps.org/schemas/sitemap/0.9"
  xsi:schemaLocation="http://www.sitemaps.org/schemas/sitemap/0.9 http://www.sitemaps.org/schemas/sitemap/0.9/sitemap.xsd
  http://www.google.com/schemas/sitemap-image/1.1 http://www.google.com/schemas/sitemap-image/1.1/sitemap-image.xsd">
  ▼<url>
     <loc>http://localhost:3000/</loc>
    </url>
  ▼<url>
     <loc>http://localhost:3000/login</loc>
    </url>
  ▼<url>
     <loc>http://localhost:3000/articles/create</loc>
    </url>
  </urlset>
<!-- XML Sitemap generated by @nuxtjs/sitemap at 2024-06-16T12:00:00.000Z -->
```

圖 12-12

> **補充說明**
>
> 不論 `xsl` 樣式選項是否啟用，`sitemap.xml` 檔案的內容也都還是使用 XML 格式的網站地圖。

> **</> 完整範例程式碼**
>
> 關閉 xsl 樣式的網站地圖 https://book.nuxt.tw/r/81

12.8.4.5 Nuxt Sitemap 運作方式

Nuxt Sitemap 模組可以使用下列三種方始來產生網站地圖內的連結：

- **頁面路由**：預設情況是會使用頁面檔案的路由連結來添加，如果要禁用可以將 `inferStaticPagesAsRoutes` 選項設定為 `false`。

- **動態路由**：針對如 `[id].vue` 這類具有動態參數的路由頁面，可以透過建立額外的內部 API 來產生連結，模組就會將這批連結添加至網站地圖內。

- **預渲染路由**：如果有設定預渲染路由，路由網址也會被添加至網站地圖。

預設情況下 Nuxt Sitamap 套件會將網站內的頁面路由添加至網站地圖內，如果想排除或僅添加特定頁面路由連結，可以使用下列幾種方式來過濾或添加特定連結。

⊙ exclude

Nuxt Sitamap 模組屬性 `exclude` 可以來排除掉特定的路由連結，選項以陣列來表示多個連結的匹配模式，通常是管理頁面或不需要索引頁面等，例如排除掉登入頁面及管理者相關的頁面。

> nuxt.config.ts

```ts
export default defineNuxtConfig({
  sitemap: {
    exclude: ['/login', '/admin/**'],
  },
})
```

⊙ include

Nuxt Sitamap 模組屬性 `include`，以陣列來表示多個連結的匹配模式，當設定了這個屬性，網站地圖僅會列出包含的連結，可以理解為白名單的概念，例如，僅包含首頁 `/`，那麼網站地圖僅會有一個連結 `http://localhost:3000/`。

> nuxt.config.ts

```ts
export default defineNuxtConfig({
  sitemap: {
    include: ['/'],
  },
})
```

12.8.4.6　Nitro 路由規則配置網站地圖

除了 Nuxt Sitemap 模組屬性可以調整外，也可以修改 Nuxt Config 的 `routeRules` 屬性來調整 Nitro 路由規則，在路由規則中可以使用屬性 `sitemap` 來控制路由是否被添加至網站地圖中。

將路由規則 `/admin/**` 的路由規則 `sitemap` 屬性設定為 `false`，表示該路由不會被添加至網站地圖中，舉例來說，將管理相關的頁面 `/admin/**` 的 `sitemap` 屬性設定為 `false`，便不會被添加至網站地圖中。

```
⚛ nuxt.config.ts

export default defineNuxtConfig({
  routeRules: {
    '/admin/**': { sitemap: false },
  },
})
```

如果 `sitemap` 屬性設定為 `true`，路由連結就會被添加至網站地圖，透過路由規則添加網站地圖的方式，就算是不存在的路由，也能添加至網站地圖中。這是和單純使用 Nuxt Sitemap 的 `include` 屬性最大的差異。

```
⚛ nuxt.config.ts

export default defineNuxtConfig({
  routeRules: {
    '/login': { sitemap: false },
    '/articles/create': { sitemap: false },
    '/admin/**': { sitemap: false },
    '/articles/1': { sitemap: true },
    '/articles/2': { sitemap: true },
    '/test': { sitemap: true }, // 不存在的頁面路由連結添加至網站地圖中
  },
})
```

如圖 12-13，動態連結 `/articles/1`、`/articles/2` 與不存在的路由 `/test` 都能添加至網站地圖中。

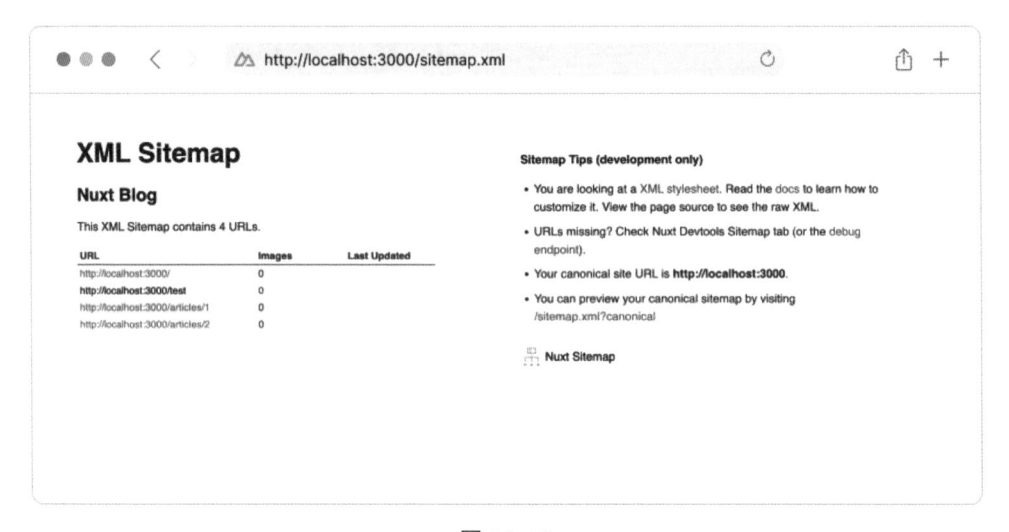

圖 12-13

> **補充說明**
> 如果專案中有安裝 Nuxt Robots 模組，當路由規則屬性 `robots` 為 `false`，網站地圖也會排除掉這項路由連結。

> **</> 完整範例程式碼**
> 透過路由規則添加網站地圖 ☍ https://book.nuxt.tw/r/82

Nuxt Config 的 `routeRules` 屬性可以調整 Nitro 路由規則是否添加至網站地圖，在路由規則中，每個連結的網站地圖 `sitemap` 屬性還可以在做更細部的控制，例如網站地圖中 `<priority>`、`<changefreq>` 和 `<lastmod>` 屬性的值。

```
nuxt.config.ts

export default defineNuxtConfig({
  routeRules: {
    '/': {
      sitemap: {
        changefreq: 'daily',
        priority: 1,
        lastmod: '2025-06-16T12:00:00Z',
      },
    },
    '/about': {
      sitemap: {
        changefreq: 'monthly',
        priority: 0.8,
        lastmod: new Date(2025, 6, 16, 20, 0, 0),
      },
    },
  },
})
```

XML Sitemap 的屬性值注意事項：

- Google 會忽略 `<priority>` 和 `<changefreq>` 屬性值。

- Google 會使用 `<lastmod>` 屬性值，前提是該值必須始終保持準確且可供驗證，例如可將該值與網頁上次修改的版本進行比較。

> 完整範例程式碼
> 設定網站地圖的屬性值 https://book.nuxt.tw/r/83

12.8.4.7 Nuxt Sitemap 模組處理動態參數連結

對於網站內不確定或動態參數的頁面連結，因為無法被解析，所以需要手動添加至網站地圖內，例如透過建立內部 API 的方式來產生這些動態連結，再將這批連結提供給 Nuxt Sitemap 模組做網站地圖的建立。

首先，建立 `server/api/__sitemap__/urls.ts` 檔案，並在 API 處理函式內回傳如下陣列資料。

```ts
// server/api/__sitemap__/urls.ts
export default defineEventHandler(() => {
  return [
    {
      loc: 'http://localhost:3000/articles/1',
      changefreq: 'monthly',
      priority: 0.8,
      lastmod: '2025-06-16T00:00:00+08:00',
    },
    {
      loc: 'http://localhost:3000/articles/2',
      changefreq: 'monthly',
      priority: 0.8,
      lastmod: '2025-06-16T12:00:00+08:00',
    },
  ]
})
```

將建立好的 API Endpoint `/api/__sitemap__/urls` 添加至 Nuxt Config 的 `sitemap.sources` 屬性陣列中。

```
📐 nuxt.config.ts

export default defineNuxtConfig({
  sitemap: {
    sources: [
      '/api/__sitemap__/urls',
    ],
  },
})
```

設定完成後，每當產生網站地圖時，Nuxt Sitemap 模組便會呼叫來源陣列中的 API 取得連結列表，並添加至網站地圖中，如圖 12-14。

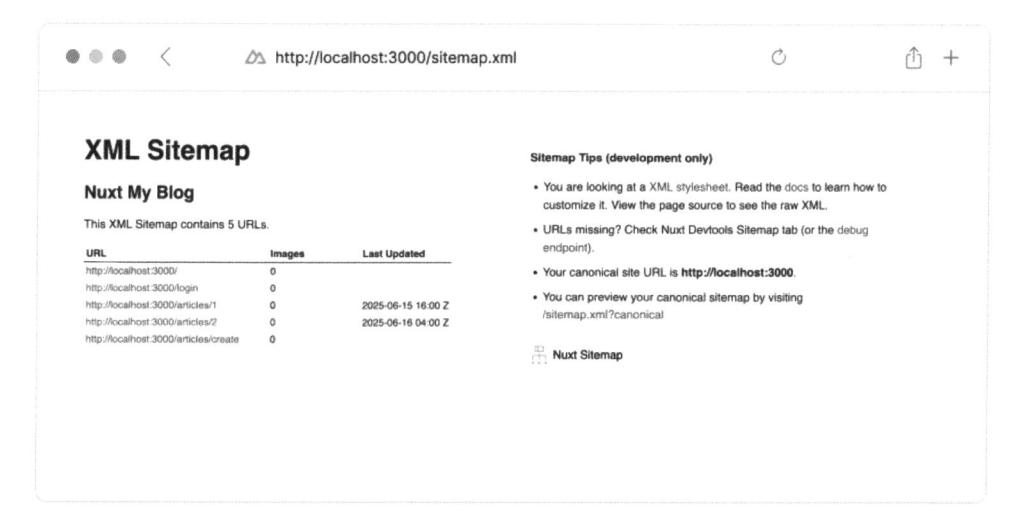

圖 12-14

> </> 完整範例程式碼
>
> 透過內部 API 建立網站地圖 ⧉ https://book.nuxt.tw/r/84

實務上除了在 API 回傳固定的連結陣列外，也可以透過呼叫文章列表、產品列表等 API 來動態組合連結列表，例如下面範例，從文章列表 API 來整合這些連結來建構出網站地圖。

```ts
// server/api/__sitemap__/urls.ts
export default defineSitemapEventHandler(async (event) => {
  const siteConfig = useSiteConfig(event)
  const response = await $fetch('/api/articles')

  return response.items.map(article => ({
    loc: `${siteConfig.url}/articles/${article.id}`,
    lastmod: article.updated_at,
  }))
})
```

> **</> 完整範例程式碼**
>
> 從文章列表 API 建立網站地圖 ↗ https://book.nuxt.tw/r/85

`sitemap.sources` 屬性陣列中，可以靈活地整合多個來源的 URL，這些來源可以是專案內部的後端 API，也可以是外部的 API 服務，如果呼叫的 API 是連結需要驗證，可以使用陣列來添加請求的選項配置。

```ts
// nuxt.config.ts
export default defineNuxtConfig({
  sitemap: {
    sources: [
      '/api/__sitemap__/urls',
      [
        'https://authenticated-api.example.com/pages/urls',
```

```
      { headers: { Authorization: 'Bearer <token>' } }, // 請求選項
    ],
   ],
  },
})
```

12.8.4.8　Nuxt Sitemap 模組自動調整最後修改時間

XML Sitemap 每個條目皆可以設定一個最後修改時間的屬性 `<lastmod>`，預設情況下模組並不會檢查路由頁面檔案的修改時間，但調整模組屬性 `autoLastmod` 為 `true`，可以啟用自動調整最後修改時間的行為。

📁 nuxt.config.ts
```
export default defineNuxtConfig({
  sitemap: {
    autoLastmod: true,
  },
})
```

12.8.5　Nuxt Sitemap 模組的網站地圖快取

預設情況下 Nuxt Sitemap 生產環境中啟用 SWR 快取，將網站地圖快取 10 分鐘，快取將有助於提升效能並減少伺服器的負擔。

可以調整模組屬性 `cacheMaxAgeSeconds`，來調整網站地圖快取的秒數，如果想禁用快取可以將數值設定為 `0`。

```
 nuxt.config.ts

export default defineNuxtConfig({
  sitemap: {
    cacheMaxAgeSeconds: 3600, // 1 小時
  },
})
```

12.8.5.1 小結

Sitemap 網站地圖幾乎是現在網站上線時需要完善的環節之一，特別是對於需要依賴搜尋引擎曝光的網站來說格外重要，當網站規模比較小時還可以手動的來建立網站地圖，但如果是規模比較大或者頻繁更新的網站，在 Nuxt 的專案就可以借助 Nuxt Sitemap 模組來自動產生網站地圖來提昇效率，確保網站在搜尋引擎中獲得最佳可見度，同時大幅減少維護 Sitemap 所需的時間和精力，有關 Nuxt Sitamap 模組更多的選項與配置可以參考官方文件。

12.8.6　Nuxt 管理 robots.txt 與 Robots Tags

12.8.6.1 簡介

搜尋引擎之所以能搜尋到世界各底的網頁，全歸功於網路爬蟲（Web crawler），也有人稱之為網路蜘蛛（Spider），爬蟲是一種機器人即是搜尋引擎檢索器它存在的目的就是編纂網路索引，但因為機器人會對伺服器發送請求，對於伺服器而言也是一個流量負擔，接下來將會介紹 robots.txt 與 Robots Tags 的差異及如何有效的設置來讓搜尋引擎爬蟲讀懂網站設定的規則。

12.8.6.2 什麼是 robots.txt？

當網路爬蟲蒐集到網路世界存在的網址，它將會去瀏覽網頁內容去蒐集更多的網址，以此來拓展網頁的索引資料，最終由搜尋引擎提供使用者搜尋瀏覽，如果網站不想被這些搜尋引擎的網路爬蟲檢索，可以透過一些方式來限制僅能存取網站上的哪些網址，從而減少不必要的請求所造成網站額外的流量負擔。

顧名思義 robots.txt 是以文字的形式來進行描述的檔案，通常遵循著 Google 所提出的規則來進行設定，以下是一個包含兩項簡單規則的 `robots.txt` 檔案。

```
# 1
User-agent: Googlebot
Disallow: /admin/

# 2
User-agent: *
Allow: /

# 3
Sitemap: https://www.example.com/sitemap.xml
```

這個 `robots.txt` 檔案代表以下含義：

1. 名為 **Googlebot** 的使用者代理程式禁止檢索任何以 `/admin/` 開頭的網址。
2. 星號（*）表示任何使用者代理程式，意即任何搜尋引擎爬蟲都可以檢索整個網站。這項規則是預設行為，明確的寫出可以增加清晰度。
3. 指名網站的 Sitemap 檔案位於 `https://www.example.com/sitemap.xml`，有助於搜尋引擎爬蟲能更全面的了解網站結構。

12.8.6.3　Nuxt 產生 robots.txt 與管理 Robots Tags 模組

Nuxt Robots 模組可以幫 Nuxt 網站以程式的方式產生或合併現有的 robots.txt，模組的內建組合式函式能協助管理頁面的 X-Robots-Tag 標頭與 Robots Meta Tag。

如果已經安裝 Nuxt SEO 模組，模組內已經包含了 Nuxt Robots 模組，可以直接做使用。

12.8.6.4　Nuxt Robots 模組預設行為

當配置好 Nuxt Robots 模組後，預設情況下，模組會自動建立 `robots.txt` 或者在預渲染時在 `public` 目錄下建立 `robots.txt` 檔案，可以在瀏覽器瀏覽 `/robots.txt` 檢查自動產生的檔案。

在非生產環境下（即 `process.env.NODE_ENV !== 'production'`），模組將產生一個 `robots.txt` 來禁止任何的搜尋引擎爬蟲檢索。

```
User-agent: *
Disallow: /
```

在生產環境下模組將產生一個 `robots.txt` 來允許所有的搜尋引擎爬蟲檢索。

```
User-agent: *
Disallow:
```

在開發環境下，可以透過 Nuxt Config 中的 `site.env` 選項來將環境設置為生產環境，如此一來就可以在開發時瀏覽 `/robots.txt` 觀察生產環境下自動產生的規則。

📁 nuxt.config.ts

```ts
export default defineNuxtConfig({
  site: {
    env: 'production',
  },
})
```

除了在 Nuxt Config 設定 Site Config 以外，也可以透過環境變數來設置 Site Config。

```
NUXT_SITE_ENV=production
```

在開發環境下可以在瀏覽器瀏覽 `/robots.txt` 時添加查詢參數 `mockProductionEnv=true` 來觀察生產環境下自動產生的 `robots.txt`。此外，只要有使用 Nuxt Sitemap 模組，在 Nuxt Robots 模組無需任何配置，生產環境下模組預設會自動整合 Nuxt Sitemap 的資料，為產生的 `robots.txt` 添加一條網站地圖 Sitemap 路徑，如圖 12-15 框起處。

```
# START nuxt-robots (indexable)
User-agent: *
Disallow:
Sitemap: http://localhost:3000/sitemap.xml
# DEVELOPMENT HINTS:
 - You are mocking a production enviroment with ?mockProductionEnv query.

# END nuxt-robots
```

圖 12-15

> **</> 完整範例程式碼**
>
> 使用 Nuxt Robots 模組產生 robots.txt ⧉ https://book.nuxt.tw/r/86

12.8.7　robots.txt 檔案配置與合併規則

在還沒有使用 Nuxt Robots 模組之前，`robots.txt` 通常會遵循命名，如果使用了 `Robots.txt` 或 `robots` 作為檔案名稱，可能導致無法正確被搜尋引擎爬蟲解析，在非必要情況也建議使用 `robots.txt` 作為檔案名稱，因為這樣更接近標準。

此外 `robots.txt` 檔案通常會放置於，`public/robots.txt` 提供瀏覽，檔案網址也建議放置在根目錄，例如 `http://localhost:3000/robots.txt`。

當啟用了 Nuxt Robots 模組，並且專案中存在 `public/robots.txt` 檔案，這表示與 Nuxt Robots 模組發生了衝突，模組會將該檔案移動並重新命名至 `<rootDir>/public/_robots.txt`，並在瀏覽 `/robots.txt` 時與自動產生的檔案合併規則。

例如，建立 `public/robots.txt` 檔案。

> 📄 **public/robots.txt**
>
> ```
> User-agent: Googlebot
> Disallow: /admin
> ```

在啟動開發伺服器並瀏覽 `/robots.txt`，模組會將原 `public/robots.txt` 檔案移動至 `public/_robots.txt`，而模組所自動產生的規則將會與 `public/_robots.txt` 進行合併，最終產生的 `robots.txt` 檔案內容如圖 12-16。

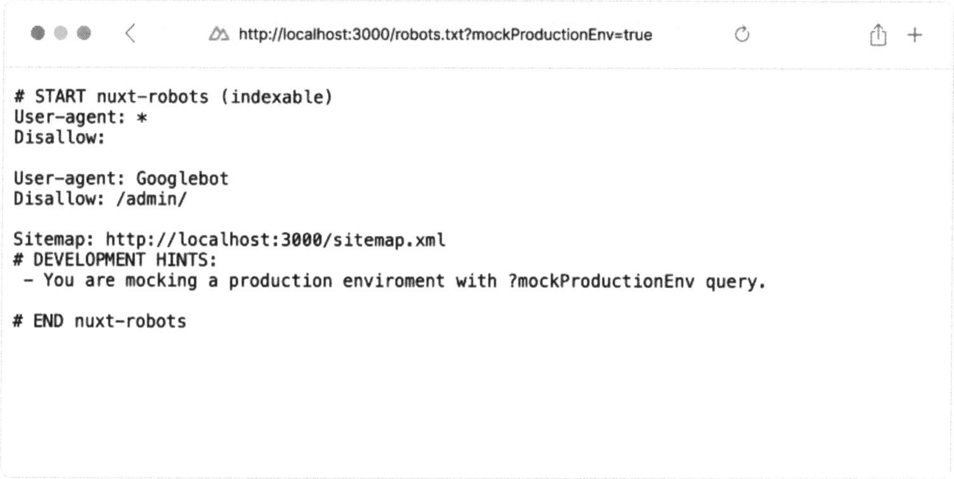

```
# START nuxt-robots (indexable)
User-agent: *
Disallow:

User-agent: Googlebot
Disallow: /admin/

Sitemap: http://localhost:3000/sitemap.xml
# DEVELOPMENT HINTS:
 - You are mocking a production enviroment with ?mockProductionEnv query.

# END nuxt-robots
```

圖 12-16

</> 完整範例程式碼

robots.txt 檔案衝突與合併 ⧉ https://book.nuxt.tw/r/87

如果想手動建立 `robots.txt` 檔案來提供模組進行合併，建議可以調整 Nuxt Config 中模組選項 `mergeWithRobotsTxtPath` 來設置從特定路徑載入 `robots.txt` 檔案。

nuxt.config.ts

```ts
export default defineNuxtConfig({
  robots: {
    mergeWithRobotsTxtPath: 'app/assets/custom/robots.txt',
  },
})
```

> **完整範例程式碼**
>
> 自訂欲合併的 robots.txt 位置 ⧉ https://book.nuxt.tw/r/88

12.8.7.1 從 Nuxt Config 控制產生的 robots.txt

在 Nuxt Config 中，Nuxt Robots 模組選項的 `disallow` 與 `allow` ，可以用來控制規則的產生。

適用所有機器人的通用規則

例如，為所有機器人 `user-agent: *` 提供簡單的禁止規則：

nuxt.config.ts
```ts
export default defineNuxtConfig({
  robots: {
    allow: '/login',
    disallow: ['/secret', '/admin'],
  },
})
```

這將產生下列規則：

```
User-agent: *
Allow: /login
Disallow: /secret
Disallow: /admin
```

以群組方式來配置規則

當需要針對特定機器人時,可以使用 `groups` 選項來建立更精細的控制。

```ts
// nuxt.config.ts
export default defineNuxtConfig({
  robots: {
    groups: [
      {
        userAgent: [
          'AdsBot-Google-Mobile',
          'AdsBot-Google-Mobile-Apps',
        ],
        disallow: ['/admin'],
        allow: ['/login'],
        comment: [
          'Allow Google AdsBot to index the login page but no-admin pages',
        ],
      },
      {
        userAgent: ['*'],
        disallow: ['/secret'],
      },
    ],
  },
})
```

這將產生下列規則:

```
# Allow Google AdsBot to index the about page but no-admin pages
User-agent: AdsBot-Google-Mobile
User-agent: AdsBot-Google-Mobile-Apps
Allow: /login
Disallow: /admin

User-agent: *
Disallow: /secret
```

12.8.7.2 robots.txt 與 Robots Meta Tag

以 Google 檢索器規則來說，很多人會誤以為設定 `robots.txt` 就可以讓特定網頁不被索引和出現在搜尋引擎結果頁 SERP（Search Engine Results Page），其實不然，依據 Google 搜尋引擎的指引，正確的做法應該是要使用 **noindex** 標記，而這個標記需要撰寫在 HTML 的 Meta Tag 或是 HTTP 請求的回應標頭 X-Robots-Tag，可用來防止支援 **noindex** 規則的搜尋引擎（例如 Google）將內容編入索引。

robots.txt 與 Robots Tags 分別告知搜尋引擎爬蟲不同的資訊：

- **robots.txt**：搜尋引擎爬蟲透過這個檔案得知頁面爬取規則的限制，僅有控制是否爬取，而非控制是否建立索引並收錄至搜尋引擎中，`robots.txt` 檔案影響層面為爬取（Crawl），它的主要功能是設定爬蟲瀏覽網站的規則，但並不能直接控制頁面是否被收錄到搜尋引擎的搜尋結果中。

- **Robots Meta Tag**：這些標籤直接影響索引（Index）過程，決定頁面是否被收錄到搜尋引擎資料庫中，以及搜尋引擎是否應該繼續追蹤頁面中的連結，當 Robots Meta Tag 設定為不建立索引時，即使其他網站的外部連結包含指向該頁面，該頁面也不會出現在搜尋結果中，這種機制使網站管理員能夠精細地控制哪些內容應該被搜尋引擎發現和在搜尋結果展示，哪些頁面應該保持隱私不允許被收錄和進一步檢索。

12.8.7.3 建立 Robots Meta Tag

當想為網站中的特定頁面添加 Robots Meta Tag 來禁止搜尋引擎檢索器索引時，根據 Google 官方說明文件可以使用下列兩種方式來實現。

使用 Meta Tag 標記

使用 Meta Tag 來標記控制搜尋引擎檢索器對網頁的處理方式，**noindex** 指示搜尋引擎不要將該頁面納入其索引中，表示頁面不想出現在搜尋結果中；**nofollow** 則告訴搜尋引擎不要追蹤該頁面上的任何連結。

```
<meta name="robots" content="noindex, nofollow">
```

使用 `X-Robots-Tag` HTTP Header

X-Robots-Tag 可做為特定頁面的 HTTP 回應標頭，任何在 Meta Tag 所標記的規則，也可以指定給 X-Robots-Tag。

例如搜尋引擎檢索器發送請求一個網頁，HTTP 請求回應的 X-Robots-Tag 標頭標示為 **noindex** 和 **nofollow**，表示該頁面不要索引也不要追蹤。

```
HTTP/1.1 200 OK
Date: Jun, 16 Sep 2025 08:00:00 GMT
...
x-robots-tag: noindex, nofollow
...
```

在 Nuxt 中建立 Robots Meta Tag 最佳的實踐方式是使用 Nuxt Robots 模組所提供的組合式函式 `useRobotsRule`。

```
<script setup>
const rule = useRobotsRule()
rule.value = 'noindex, nofollow'
</script>
```

`useRobotsRule` 組合式函式，不僅可以來設定頁面的 Meta Tag 也能同時在伺服器端回傳的資料中回應 X-Robots-Tag 標頭。

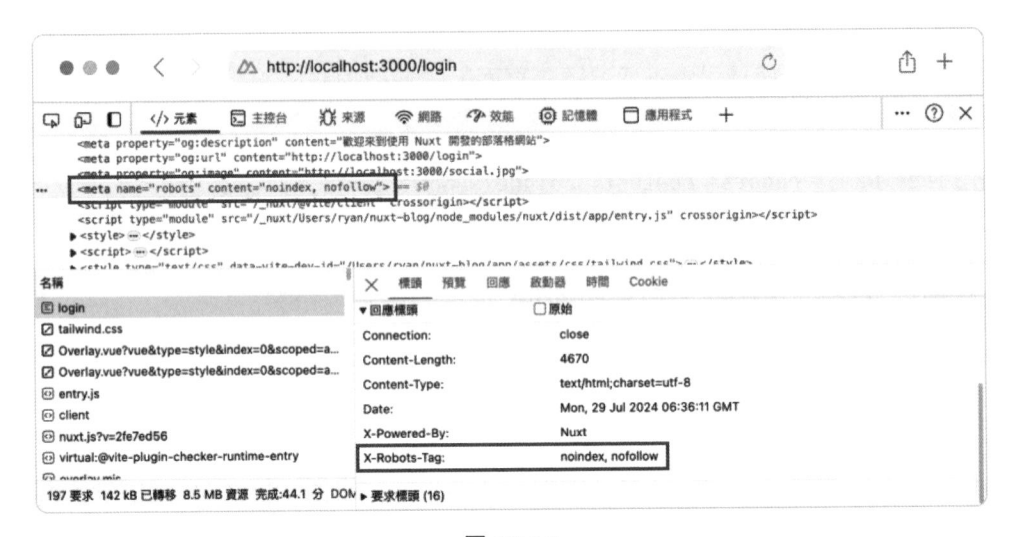

圖 12-17

> **完整範例程式碼**
>
> 建立 Robots Meta Tag　https://book.nuxt.tw/r/89

Robots Meta Tag 標籤規則以 `name` 表示提供給特定搜尋引擎爬蟲，通常將值設為 **robots** 能適用多數搜尋引擎的爬蟲，而標籤 `content` 則表示規則，常見的規則有 **all**、**noindex**、**nofollow**、**nosnippet**、**none** 等，詳細的規則與說明可以參考 Google 提供的有效的索引建立和摘要提供規則。

> **小提醒**
>
> 在 Nuxt 框架中雖然也可以選擇使用 `useHead` 或 `useServerHead` 組合式函式來產生頁面的相關標記，但是 X-Robots-Tag 回應標頭就需要額外實現，所以推薦直接使用 Nuxt Robots 模組所提供的方法來操作。

12.8.7.4 Nitro 路由規則配置 Robots 規則

當使用 Nuxt Robots 模組，可以透過 Nitro 路由規則，添加 `robots` 的選項設定來讓特定路由自動產生 X-Robots-Tag。

舉例來說，當爬蟲爬取到 `/secret` 頁面，就算爬取了也不要索引收錄至搜尋引擎資料庫內，搜尋結果也就不會有這個頁面。

> **nuxt.config.ts**
```
export default defineNuxtConfig({
  routeRules: {
    '/secret': { robots: 'noindex' },
  },
})
```

若在 Nitro 路由規則，將特定路由的 `robots` 選項設定為 `false`，則等同於設定模組 `robotsDisabledValue` 的值，預設為 `'noindex, nofollow'`。

舉例來說，當爬蟲爬取到管理相關 /admin 開頭的頁面，頁面請求將會回傳 `noindex` 和 `nofollow` 標記，意即就算爬取了也不要索引及不要繼續前進網頁內的其他連結。

> **nuxt.config.ts**
```
export default defineNuxtConfig({
  routeRules: {
    // 所有 /secret/ 開頭的路由，禁止索引
    '/secret/**': { robots: false },
    // 為個別路由設置索引
    '/secret/visible': { robots: true },
    // 當需要更精細的控制時，使用字串設置 robots 規則
    '/custom-robots': { robots: 'index, follow' },
  },
})
```

12.8.7.5 Robots Meta Tag 和 robots.txt 使用時機

Robots Meta Tag，通常是在管理網站內容的可見性方面，對於尚未完成、處於測試階段、後台管理頁面或包含敏感訊息的網頁，使用 Robots Meta Tag 來禁止索引是建議實作的，不僅可以有效防止不適合公開的內容出現在搜尋引擎結果中，也能避免潛在的問題或資訊洩漏。

`robots.txt` 通常也會設定禁止一些敏感的後台、私密或需要登入的情況才能瀏覽資料的頁面，但是這個規則並沒有辦法控制爬蟲不索引與收錄頁面，`robots.txt` 只是為了提醒爬蟲這些特定頁面不應該爬取，限制這些頁面多數情況是為了降低伺服器的負擔。

Robots Meta Tag 與 robots.txt 所關注的與使用的方式都有點不大一樣，前者較關注的是索引（Index），而後者是在爬取（Crawl）層面的限制，而 Nuxt Robots 模組可以幫助處理這兩者設定上的瑣事，更多的 API 與配置也可以參考官方文件。

12.8.8 Nuxt 管理網站結構化資料標記（Structured Data Markup）

12.8.8.1 簡介

在搜尋引擎最佳化 SEO 中，其中有一個最佳化項目是**結構化資料標記**（**Structured Data Markup**），如果網站的頁面具有設定好的結構化資料，將有助於搜尋引擎的爬蟲爬取網頁時理解網頁內容，並能夠更有效的分類與索引，在 Google 的搜尋引擎規則下，經過結構化標記的網頁在搜尋引擎結果頁 SERP（Search Engine Results Page），有機會以複合式的搜尋結果呈現。

12.8.8.2 什麼是結構化資料標記？

結構化資料顧名思義就是具有格式、欄位與數值的資料，通常有一定的標準來固定這些資料結構與欄位，例如一篇標準化的食記文章，可以固定欄位出現文章標題、文章作者、發布日期、評分、價格等，這些欄位都具有特別的意義與順序，也需要依據規範來填入相對應類型的值，以此稱為具有結構化的資料。

結構化資料標記也是在做搜尋引擎最佳化中的一環，那麼標記結構化資料對網站 SEO 有什麼幫助呢？最主要的差異就是在搜尋引擎結果頁 SERP（Search Engine Results Page）。

一般來說，當使用者在 Google 搜尋引擎以關鍵字搜尋網頁時，搜尋的結果最常出現圖 12-18 這種形式呈現，包含了網站的圖示、名稱、標題、摘要等。

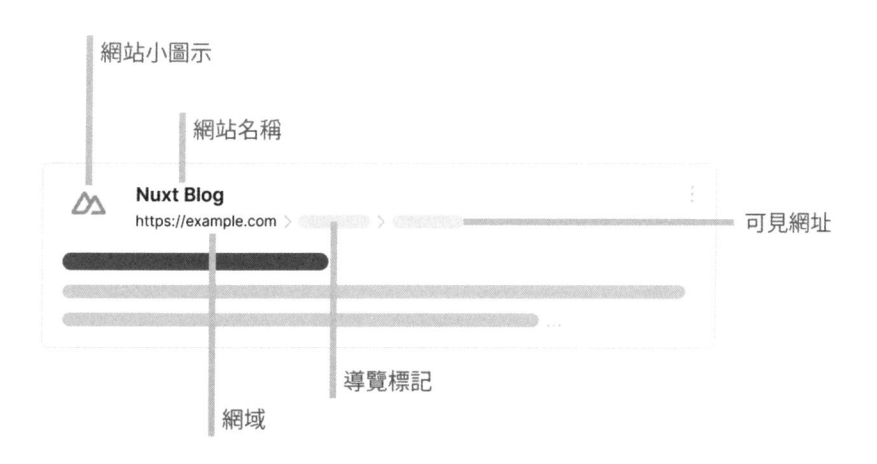

圖 12-18

如果網頁有經過結構化資料的標記，在 Google 搜尋引擎的結果上，有可能會以複合式搜尋結果呈現，複合式搜尋結果能提供更多資訊與呈現方式的改變，使用者就能以更好的體驗來瀏覽查詢結果，如圖 12-19，複合式搜尋結果多出了由結構化資料所描述的評價星星數與評價數量。

圖 12-19

舉個實際的例子，在 Google 搜尋「嘉義火雞肉飯」，如果網頁的結構化資料做得好，搜尋的結果呈現就可能以複合式搜尋結果呈現，如圖 12-20 的 Google 搜尋結果，框起來的部分就是以結構化資料標記的評論摘錄。

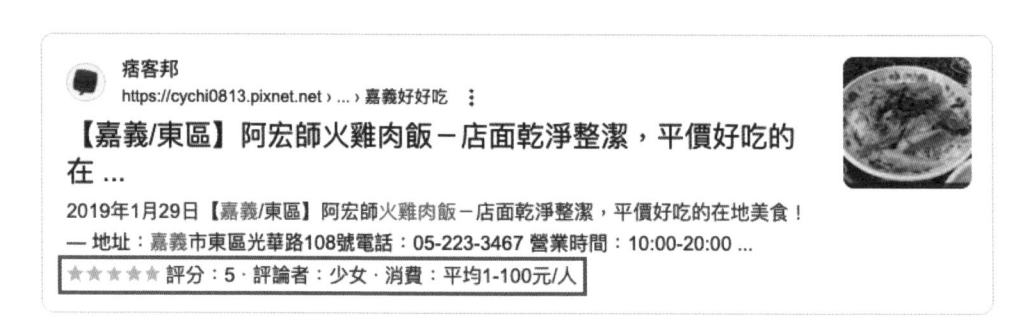

圖 12-20

當使用者看到能提供更豐富資訊的網頁，點擊進入網頁的可能性就會增加，如此網頁曝光和流量便能大幅提升，這也正是 SEO 的目的之一。

12.8.9 結構化資料的格式與功能

網頁使用的結構化資料格式與功能，在搜尋結果的豐富性上多以遵循 Google 所提供的功能與建議，開發者也可以在 Schema.org 網站 [3] 尋找許多與 SEO 相關的結構化資料格式，Schema.org 是由全球四大搜尋引擎龍頭 Google、Microsoft、Yahoo 和 Yandex 共同建立的結構化標記規範網站。

Google 的搜尋引擎支援三種資料格式分別為，JSON-LD、RDFa 與微資料，其中 Google 建議使用 JSON-LD 的結構化資料，因為它簡單也適合大規模的導入與維護。

```html
<html>
  <head>
    <!-- ... -->
    <script type="application/ld+json">
    {
      "@context": "https://schema.org/",
      "@type": "Recipe",
      "name": " 提拉米蘇食譜 ",
      "description": " 在家也能輕鬆做出輕鬆做出餐廳等級的提拉米蘇！",
      "aggregateRating": {
        "@type": "AggregateRating",
        "ratingValue": "4.8",
        "ratingCount": "666"
      }
    }
    </script>
  </head>
</html>
```

3　Schema.org: https://schema.org/

在網頁開始使用結構化資料標記時,建議可以先了解 Google 所支援的標記類型,也就是可以支援的功能,最後根據網站或網頁的類別來個別設定不同的結構化資料標記功能,以下摘錄幾個 Google 官方文件提及的結構化資料功能介紹和圖片。

文章

多種複合式搜尋結果功能(例如文章標題和比縮圖大的圖片)中顯示的新聞、體育或部落格文章。

圖 12-21

輪播介面

這種複合式搜尋結果能以連續清單或圖片庫的形式,顯示來自單一網站的一系列資訊卡。這項功能必須與下列其中一種功能合併使用:食譜、課程、餐廳或電影。

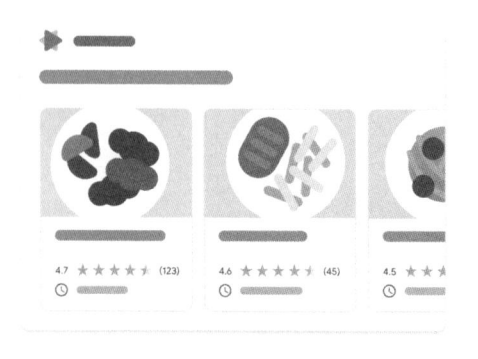

圖 12-22

根據 Google 官方文件所説明的結構化資料標記功能，共有多達 30 多種可以做使用，更多功能説明可以參考官方文件 [4]。

12.8.10 產生 Schema.org 結構化資料標記模組

透過 Nuxt Schema.org 模組可以為 Nuxt 網站頁面添加結構化資料標記，模組並非單純只提供函式來進行標記，而是為了減少標記的步驟盡可能重複使用頁面現有的 Meta Tag 資料，例如網頁標題，就可能會直接利用在某個結構化資料標記類型的標題中，這個過程會在執行時期自動推斷應該使用哪些資料。

如果已經安裝 Nuxt SEO 模組，模組內已經包含了 Nuxt Schema.org 模組，可以直接使用。

12.8.10.1 Nuxt Schema.org 模組預設結構化資料標記

預設情況下 Nuxt Schema.org 模組會使用組合式函式 `useSchemaOrg` 來添加結構化資料，包含使用 `defineWebSite` 和 `defineWebPage` 來添加 WebSite 和 WebPage 類型的資料。

```
useSchemaOrg([
  defineWebSite({
    name: 'Nuxt My Blog',
    inLanguage: 'zh-TW',
  }),
  defineWebPage(),
])
```

4　Google 搜尋支援的結構化資料標記：https://developers.google.com/search/docs/appearance/structured-data/search-gallery

以文章頁面來說，預設所產生出來的結構化資料標記如圖 12-23 所示。

```
13  <script type="application/ld+json" id="schema-org-graph" data-hid="3437552">{
14    "@context": "https://schema.org",
15    "@graph": [
16      {
17        "@id": "http://localhost:3000/#website",
18        "@type": "WebSite",
19        "inLanguage": "zh-TW",
20        "name": "Nuxt My Blog",
21        "url": "http://localhost:3000"
22      },
23      {
24        "@id": "http://localhost:3000/articles/2/#webpage",
25        "@type": "WebPage",
26        "description": "本篇將介紹如何在 Nuxt 中使用近年當熱門的 Utility-First CSS 框架 Tailwind CSS。",
27        "name": "Nuxt 如何使用 Tailwind CSS",
28        "url": "http://localhost:3000/articles/2",
29        "isPartOf": {
30          "@id": "http://localhost:3000/#website"
31        },
32        "potentialAction": [
33          {
34            "@type": "ReadAction",
35            "target": [
36              "http://localhost:3000/articles/2"
37            ]
38          }
39        ]
40      }
41    ]
42  }</script></body></html>
```

圖 12-23

> **</> 完整範例程式碼**
>
> 使用 Nuxt Schema.org 模組產生結構化資料標記　https://book.nuxt.tw/r/90

如果想要關閉預設的結構化資料，可以調整 Nuxt Config 的 `schemaOrg.defaults` 屬性為 `false`。

nuxt.config.ts
```ts
export default defineNuxtConfig({
  schemaOrg: {
    defaults: false,
  },
})
```

12.8.10.2 為頁面添加結構化資料標記

不論是否有關閉預設的結構化資料，在頁面會元件上都可以使用模組提供的組合式函式 `useSchemaOrg` 來添加結構化資料，並傳入一個定義結構化資料的函式陣列來定義結構化資料標記，而定義結構化資料的函式模組中已經封裝好多種類型可以使用，函式的名稱也相當的直觀，例如要定義 **Article** 類型對應的函式為 `defineArticle`；**Person** 類型對應的函式為 `definePerson`。

```
<script setup>
// ...
useSchemaOrg([
  defineArticle({
    inLanguage: 'zh-TW',
  }),
  definePerson({
    name: 'Ryan',
  }),
])
</script>
```

當使用 `defineWebPage` 等模組提供的函式來建立結構化資料，預設模組將會自動關聯一些欄位數值，如果需要自訂欄位值也可以傳入數值或響應式狀態來修改，如圖 12-24 瀏覽文章頁面時 Nuxt Schema.org 模組將產生的 JSON-LD 的結構化資料標記。

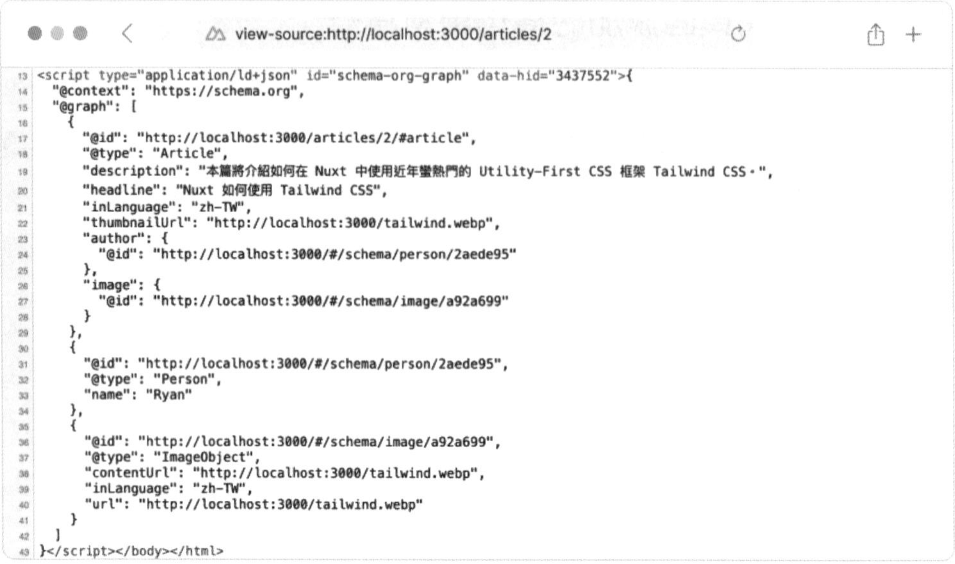

```
                    view-source:http://localhost:3000/articles/2

13  <script type="application/ld+json" id="schema-org-graph" data-hid="3437552">{
14    "@context": "https://schema.org",
15    "@graph": [
16      {
17        "@id": "http://localhost:3000/articles/2/#article",
18        "@type": "Article",
19        "description": "本篇將介紹如何在 Nuxt 中使用近年蔚為熱門的 Utility-First CSS 框架 Tailwind CSS。",
20        "headline": "Nuxt 如何使用 Tailwind CSS",
21        "inLanguage": "zh-TW",
22        "thumbnailUrl": "http://localhost:3000/tailwind.webp",
23        "author": {
24          "@id": "http://localhost:3000/#/schema/person/2aede95"
25        },
26        "image": {
27          "@id": "http://localhost:3000/#/schema/image/a92a699"
28        }
29      },
30      {
31        "@id": "http://localhost:3000/#/schema/person/2aede95",
32        "@type": "Person",
33        "name": "Ryan"
34      },
35      {
36        "@id": "http://localhost:3000/#/schema/image/a92a699",
37        "@type": "ImageObject",
38        "contentUrl": "http://localhost:3000/tailwind.webp",
39        "inLanguage": "zh-TW",
40        "url": "http://localhost:3000/tailwind.webp"
41      }
42    ]
43  }</script></body></html>
```

圖 12-24

> **完整範例程式碼**
>
> 為頁面添加結構化資料標記 https://book.nuxt.tw/r/91

12.8.10.3 自訂結構化資料標記節點

Nuxt Schema.org 模組所提供的節點標記方法多達數十種，如果需要添加未實現的節點方法或結構，也可以透過自訂的方式來建立，使用上也非常容易，只需要使用物件的方式來定義就能完成。

```
<script setup>
// ...
useSchemaOrg([
  {
    '@type': 'DefinedTerm',
```

```
    'name': 'Nuxt Schema.org',
    'description': 'Quick and easy Schema.org graphs.',
    'inDefinedTermSet': {
      '@type': 'DefinedTermSet',
      'name': 'Nuxt Modules',
    },
  },
])
</script>
```

> </> 完整範例程式碼
> 自訂結構化資料標記節點 ⧉ https://book.nuxt.tw/r/92

12.8.10.4　使用複合式搜尋結果測試來檢查網頁結構化資料標記

當設定好網頁的結構化資料後一定要做檢查，除了可以檢查網頁渲染的原始碼，也可以至 Google 提供的「**複合式搜尋結果測試**」服務 [5] 來檢查設定好的結構化標記。

進入複合式搜尋結果測試工具後，如果網站已經上線並具有公開網址可以瀏覽，就可以選擇使用「**網址**」來測試，如圖 12-25，輸入想要測試的網址。

5　複合式搜尋結果測試：https://search.google.com/test/rich-results

圖 12-25

如果網站還處於開發階段或尚未擁有公開瀏覽的網址可以供 Google 獲取資料，也可以選擇將網頁產生的 JSON-LD 結構化資料貼至「**代碼**」的文字框中進行測試。

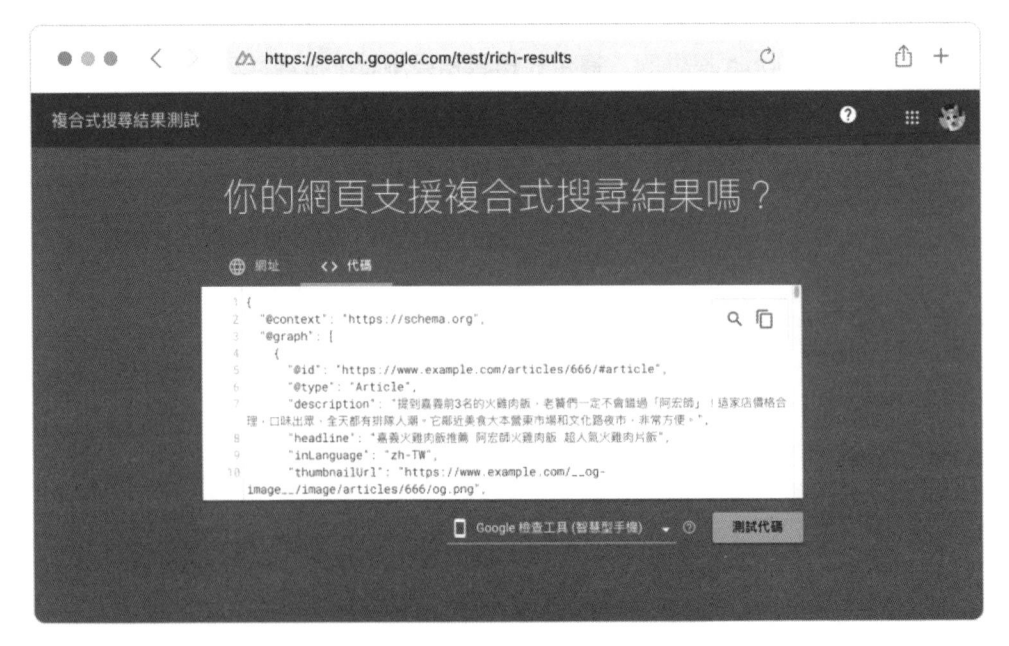

圖 12-26

如圖 12-27，測試的結果將會列出有效的項目，點擊偵測到的結構化資料類型，可以觀察解析出來的數值為何來做檢查。

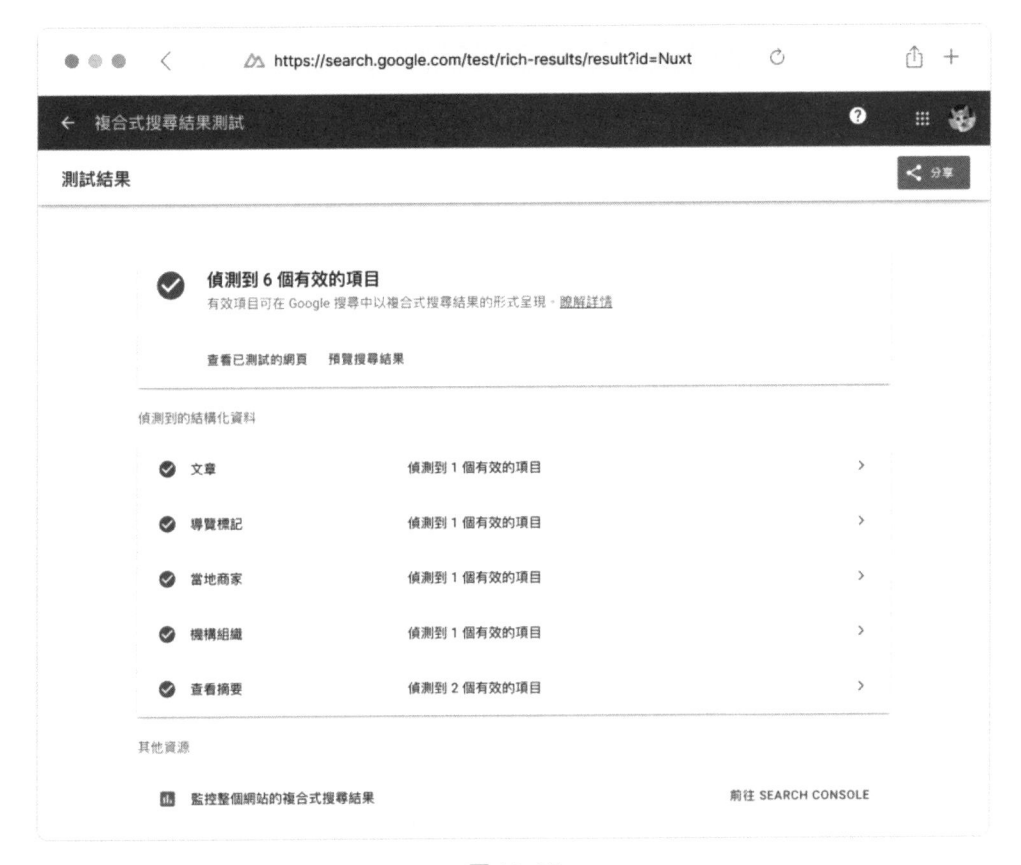

圖 12-27

12.8.10.5 如何選擇結構化資料類型

以搜尋引擎最佳化來說，能提供給予搜尋引擎爬蟲越多有效資訊，對於網站的排名當然是會有加分的，針對結構化資料，Google 提供了 30 餘種的功能可以做設置，開發者可以根據網站內容的類型來自行選擇要添加的結構化資料類型，但是一些沒幫助的或是與網頁無關的結構化資料，建議不要做添加，以免被搜尋引擎判定為不相關或惡意操作導致排名降低而減少曝光。

因為網站的類型非常多種，但根據我的經驗整理了幾個方向給讀者們參考：

- 詳閱 Google 結構化資料功能指南，從中挑選有相關的功能來標記結構化資料。

- 結構化資料的類型越多越好，但是不相關的千萬不要做設置，常見的網站類型如部落格、電商等，至少同時可以設置 4～6 種以上的標記。

- 添加的資料標記類型除非搜尋引擎服務商有特別支援，否則盡量使用 Schema.org 定義的類型與屬性名稱。

- 使用結構化資料檢查工具或整合 Google Search Console 來觀察是否有遺漏的部分來適時補充調整，也可以使用複合式搜尋結果測試等工具，來觀察競爭對手或其他網頁的結構化資料標記設定，說不定有遺漏的類型可以設定，以此參考並加強網站的使用。

CHAPTER 13 多國語系 Nuxt I18n

13.1 簡介

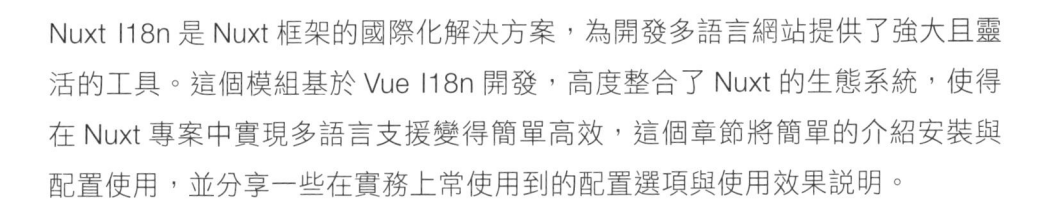

Nuxt I18n 是 Nuxt 框架的國際化解決方案，為開發多語言網站提供了強大且靈活的工具。這個模組基於 Vue I18n 開發，高度整合了 Nuxt 的生態系統，使得在 Nuxt 專案中實現多語言支援變得簡單高效，這個章節將簡單的介紹安裝與配置使用，並分享一些在實務上常使用到的配置選項與使用效果說明。

本章節的範例專案將延續前面章節所介紹的方法進行建置。可以參考本書 2.2 章節，建立 Nuxt 初始專案並配置開發環境，接著，根據 2.3 章節的說明，將 Tailwind CSS 整合到專案中。在此基礎上，將逐步導入 Nuxt I18n 模組，展示如何在 Nuxt 中實現多國語系的支援。無論是全新的專案還是現有的網站，都可以輕鬆地整合這個模組。對於已有的 Nuxt 專案，同樣可以按照本章節的說明範例，將 Nuxt I18n 導入到網站中。

13.2 多國語系模組 Nuxt I18n 的基礎入門

13.2.1 安裝與配置 Nuxt I18n

首先，安裝 Nuxt I18n 模組的步驟如下：

STEP 1 安裝套件

使用 Nuxt CLI 或套件管理工具安裝 Nuxt I18n 模組。

```
npx nuxi@latest module add i18n
```

STEP 2 配置使用模組

在 Nuxt Config 中確認 `modules` 屬性，包含模組的名稱 `'@nuxtjs/i18n'`。

`nuxt.config.ts`
```
export default defineNuxtConfig({
  modules: ['@nuxtjs/i18n'],
})
```

STEP 3 配置 i18n 設定

通常需要在 Nuxt Config 中配置模組的選項，才能更高效的來建立多國語系的支援，建議初次使用時可以使用下列配置來進行測試。

🅜 nuxt.config.ts

```ts
export default defineNuxtConfig({
  modules: ['@nuxtjs/i18n'],
  i18n: {
    restructureDir: 'i18n',
    langDir: 'locales',
    locales: [
      {
        code: 'en',
        language: 'en-US',
        file: 'en.json',
      },
      {
        code: 'zh-tw',
        language: 'zh-TW',
        file: 'zh-tw.json',
      },
    ],
    defaultLocale: 'zh-tw',
  },
})
```

STEP 4 建立語系翻譯目錄

在 i18n 的配置中，根據 `restructureDir: 'i18n'` 和 `langDir: 'locales'` 聲明了語系翻譯檔案目錄位置，所以需要建立一個 `i18n/locales` 目錄，如圖 13-1。

```
∨ nuxt-app
  ∨ 📇 app
    └── ▼ app.vue
  ∨ 📂 i18n
    └── > 📂 locales
```

圖 13-1　語系翻譯檔案目錄

STEP 5 建立語系翻譯檔案

接著 i18n 的配置中 `locales` 屬性陣列中,物件的 `code` 屬性值依序為 `'en'` 和 `'zh-tw'`,對應了翻譯檔案 `en.json` 與 `zh-tw.json`,可以在這兩個檔案中,建立對應的翻譯內容。

```json
{} i18n/locales/en.json

{
  "hello": "Hello!",
  "language": "Language",
  "home": "Home",
  "about": "About"
}
```

```json
{} i18n/locales/zh-tw.json

{
  "hello": "你好!",
  "language": "語言",
  "home": "首頁",
  "about": "關於"
}
```

STEP 6 設置預設語系

在 i18n 的配置中,添加 `defaultLocale` 選項,用來配置預設的語系代碼 `'zh-tw'`,表示繁體中文語系,這個設定值需要對應 `locales` 內元素的 `code` 語系代碼。

STEP 7 設置預設語系

完成配置之後，就可以在頁面或元件中，使用組合式函式或 Helper 來顯示多國語系的翻譯內容。

13.2.2　Nuxt I18n 基本使用方法

13.2.2.1　使用全域 Helper $t 來取得對應語系翻譯

在 Vue SFC 的 `<template>` 中使用 `$t` 函式來傳入一個字串選項，來取得對應語系的翻譯。

▼ app/app.vue

```
<template>
  <div class="flex flex-col items-center">
    <h1 class="mt-24 text-8xl font-medium text-blue-500">
      {{ $t('hello') }}
    </h1>
  </div>
</template>
```

預設語系為 zh-tw，使用 `$t('hello')` 就會取得 `app/locoles/zh-tw.json` 所定義的 `hello` 屬性的值，頁面也就顯示了「你好！」翻譯文字，如圖 13-2。

13-5

图 13-2　顯示繁體中文語系對應文字翻譯

> **</> 完整範例程式碼**
>
> 使用 $t 取得翻譯內容 ⧉ https://book.nuxt.tw/r/93

13.2.2.2　使用 locale 響應式狀態切換語系

在元件中可以使用 Nuxt I18n 提供的組合式函式 `useI18n` 解構回傳物件中的 `locale` 屬性，獲取一個語系響應式狀態。

```
<script setup>
const { locale } = useI18n()
</script>
```

這個 `locale` 的狀態數值，將會是一個網站中目前所使用語系的語系代碼（對應 i18n 配置內的 `locals` 陣列元素的 `code` 屬性）。

```
{
  locales: [
    {
      code: 'en', // 語系代碼
      language: 'en-US',
      file: 'en.json',
    },
    {
      code: 'zh-tw', // 語系代碼
      language: 'zh-TW',
      file: 'zh-tw.json',
    },
  ],
}
```

可以透過修改 `locale` 這個響應式狀態,來切換網站中使用的語系。

▼ app/app.vue

```
<script setup>
const { locale } = useI18n()
</script>

<template>
  <div class="flex flex-col items-center">
    <h1 class="mt-24 text-8xl font-medium text-blue-500">
      {{ $t('hello') }}
    </h1>
    <div class="my-8 flex flex-row justify-center">
      <label class="text-gray-600">{{ $t('language') }}</label>
      <span class="ml-2 font-bold text-gray-800">{{ locale }}</span>
    </div>
    <div class="flex gap-4 font-medium">
      <button
        class="rounded-md bg-blue-100 px-4 py-2 text-blue-700"
        @click="locale = 'en'"
```

```
      >
        English
      </button>
      <button
        class="rounded-md bg-blue-100 px-4 py-2 text-blue-700"
        @click="locale = 'zh-tw'"
      >
        繁體中文
      </button>
    </div>
  </div>
</template>
```

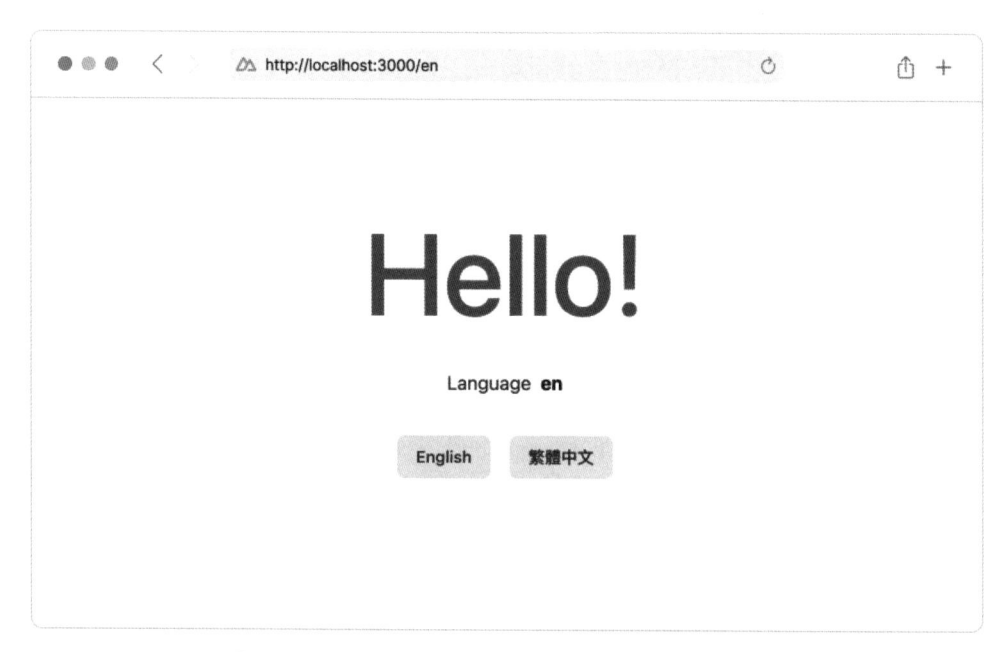

圖 13-3　使用 locale 響應式狀態來切換為英語語系

> **</> 完整範例程式碼**
>
> 使用 locale 響應式狀態切換語系 ⧉ https://book.nuxt.tw/r/94

13.2.2.3 使用 setLocale 函式切換語系

透過組合式函式 `useI18n` 來解構回傳物件中的 `setLocale` 屬性,獲取一個可以設定語系的函式。

```
<script setup>
const { setLocale } = useI18n()

setLocale('zh-tw')
</script>
```

使用 `setLocale` 來切換語系。

▼ app/app.vue

```
<script setup>
const { locale, setLocale } = useI18n()
</script>

<template>
  <div class="flex flex-col items-center">
    <h1 class="mt-24 text-8xl font-medium text-blue-500">
      {{ $t('hello') }}
    </h1>
    <div class="my-8 flex flex-row justify-center">
      <label class="text-gray-600">{{ $t('language') }}</label>
      <span class="ml-2 font-bold text-gray-800">
        {{ locale }}
      </span>
    </div>
    <div class="flex gap-4 font-medium">
      <button
        class="rounded-md bg-blue-100 px-4 py-2 text-blue-700"
        @click="setLocale('en')"
      >
        English
```

```
      </button>
      <button
        class="rounded-md bg-blue-100 px-4 py--2 text-blue-700"
        @click="setLocale('zh-tw')"
      >
        繁體中文
      </button>
    </div>
  </div>
</template>
```

透過 `setLocale` 函式除了切換語系外，在預設的配置下還會將語系的代碼同步保存至瀏覽器 Cookie 中做語系偏好的持久化，當網頁關閉或重新載入，Nuxt I18n 模組將會嘗試讀取這個 Cookie 來恢復使用者上一次所選擇的偏好語系。

圖 13-4　語系偏好會儲存在 Cookie 中

如果想關閉語系偏好會自動儲存的特性或調整保存的 Cookie Key，可以透過配置 `detectBrowserLanguage` 選項來調整。

▲ nuxt.config.ts

```ts
export default defineNuxtConfig({
  i18n: {
    // ...
    detectBrowserLanguage: {
      // useCookie 預設為 true，表示使用 setLocale 會保存語系代碼至 Cookie
      useCookie: true,

      // 保存的 Cookie Key 名稱
      cookieKey: 'i18n_redirected',
    },
  },
})
```

> </> 完整範例程式碼
>
> 使用 setLocale 函式切換語系 ↗ https://book.nuxt.tw/r/95

13.2.3 路由語系前綴

如果採用前面基礎使用方法的預設配置，應該會發現在使用 `setLocale` 函式時，瀏覽器的網址路徑，會根據切換語系來添加一個語系的層級路徑，如圖 13-5，在首頁時路由路徑為 `/en`，en 即為語系的層級路徑。

圖 13-5　語系層級路徑

預設語系 **zh-tw** 會隱藏層級路徑，首頁網址為 `http://localhost:3000/`。

語系 **en**，首頁網址為 `http://localhost:3000/en`。

這是 Nuxt I18n 預設的策略所導致，模組會為每個語系的頁面建立一個路由的前綴，例如英文語系的語系代碼 **en**，前綴路徑就是 `/en`。

如果想調整或取消這個特性，可以透過配置 `strategy` 選項來調整。

nuxt.config.ts
```ts
export default defineNuxtConfig({
  i18n: {
    // ...
    strategy: 'prefix_except_default', // 預設策略
  },
})
```

`strategy` 共有四種數值可以設定：

prefix_except_default

預設值，啟用路由前綴，但是預設的語系不產生前綴路由，也就是預設語系 zh-tw，不會產生 `/zh-tw`，而是在 `/` 路徑下套用預設語系。

prefix_and_default

啟用路由前綴，且預設語系 zh-tw，也會產生 `/zh-tw` 前綴路由，最終網站將擁有 `/zh-tw` 與 `/` 路徑可以瀏覽繁體中文語系的頁面。

prefix

啟用路由前綴，各個語系皆需要使用路由前綴來進行瀏覽，`/` 路徑瀏覽時將會重新導向至預設語系 `/zh-tw` 路徑。

no_prefix

禁用路由前綴，所有頁面檔案不會產生前綴路由，皆透過 `/` 路徑瀏覽，所以需要使用修改 `locale` 響應式狀態或呼叫 `setLocale` 函式等方式來切換不同的語系。

13.2.4 根據偏好或預設語系重新導向

`detectBrowserLanguage` 屬性物件中，包含一個 `redirectOn` 的屬性，它將用來配置網站依據偏好或預設語系時重新導向的判斷依據，可以設定為 `'root'`、`'no prefix'` 或 `'all'` 其中之一，預設值為 `'root'`。

```
 nuxt.config.ts
export default defineNuxtConfig({
  i18n: {
    // ...
    detectBrowserLanguage: {
      // ...
      redirectOn: 'root',
    },
  },
})
```

root

當 `redirectOn` 屬性值為 `'root'` 時，表示進入網站時，如果使用的是根路徑 `/` 例如透過 `http://localhost:3000/` 網址進入網站（不包含根路徑下任何頁面，就是僅有路徑 `/` ），那麼 Nuxt I18n 模組，將會判斷偏好或預設的語系代碼，重新導向至相對應的具有語系前綴的路由路徑。

舉例來說，使用者上次瀏覽網頁已經偏好 en 語系，語系代碼也儲存在了 Cookie 之中，下次在進入網站根路徑網址 `http://localhost:3000/` 時，就會自動的重新導向至 `http://localhost:3000/en`。

no prefix

當 `redirectOn` 為 `'no prefix'` 時，表示進入網站時，使用的網址路徑是 `/` 或根路徑開頭的頁面，例如 `/about`，就會依據儲存在 Cookie 中的偏好語系代碼 en，路徑 `/` 將重新導向至 `/en`；路徑 `/about` 將重新導向至 `/en/about`。

在這個 `redirectOn: 'no prefix'` 設定下，如果 **strategy** 選項為 `'prefix_and_default'` 或 `'prefix'`，那麼就會有個效果，因為語系 zh-tw 與 en 會產生 `/zh-tw` 與 `/en` 路徑前綴，所以當使用者語系偏好為 en，在前往沒有語系前綴路徑的 `/about` 網址時，會重新導向至 `/en/about`；但使用 `/zh-tw/about` 則不會重新導向至 `/en/about`。

all

當 `redirectOn` 為 `'all'` 時，所有進入網站各種語系的頁面路徑，只要能正常訪問，皆會因為 Cookie 中的偏好語系代碼 en，而重新導向至 `/en` 路徑下，例如使用 `/zh-tw/about` 則重新導向至 `/en/about`。

以上這三種 `redirectOn` 選項的效果，需要確保 `strategy` 選項不能設定為 `'no_prefix'`，重新導向的效果才能正確生效。因為 `strategy` 選項設定為 `'no_prefix'`，表示沒有路由語系前綴，而如果沒有路由語系前綴了，也就無需進行重新導向。

如果不知道該如何選擇，推薦可以遵照官方的指引將 `redirectOn` 設置為 `'root'`，只在根目錄進行偏好語系的重新導向，這也是預設配置，使得網站更有利於 SEO 搜尋引擎最佳化，而路由前綴策略 `strategy` 選項，則可以搭配使用 `'prefix_except_default'` 來排除預設語系的路由前綴產生，這樣網址也會看起來乾淨一些。

透過 Nuxt I18n 模組可以很方便的在 Nuxt 中使用 Vue I18n 的功能，基本的使用只需要定義好翻譯檔案與策略，I18n 就會處理好路由的產生並透過 `$t` 的 Helper 來呈現不同語系的翻譯內容，透過 `serLocale` 函式來切換語系，也能很輕易的將使用者所偏好的語系進行持久化，最後結合不同的路徑語系前綴與重新導向 的策略，就能使得網站更加靈活的來支援多國語系的呈現方式

13.2.5 使用 useSwitchLocalePath 產生切換語系的連結

如果想要在提供切換語系的按鈕或元件上，讓滑鼠游標懸停時可以得知即將前往的網址或超連結的效果，可以使用呼叫 `useSwitchLocalePath` 組合式函式產生的 `switchLocalePath` 函式，接著就可以使用這個 `switchLocalePath` 函式傳入語系代碼，就能得到目前路由頁面對應語系代碼的路由連結。

例如有一個檔案 `app/pages/about.vue` 內容如下：

▼ app/pages/about.vue

```
<script setup>
const switchLocalePath = useSwitchLocalePath()
</script>

<template>
  <div class="m-4 flex justify-center gap-4">
    <NuxtLink :to="switchLocalePath('en')">English</NuxtLink>
    <NuxtLink :to="switchLocalePath('zh-tw')">繁體中文</NuxtLink>
  </div>
</template>
```

`switchLocalePath('en')`：將會得到路由路徑 `/en/about`

`switchLocalePath('zh-tw')`：將會得到路由路徑 `/about`

如此一來，元件上就真正擁有一個路由連結可以用來切換頁面，也就表示頁面渲染出來的 HTML，搜尋引擎爬蟲也能分析到這個元件的連結，來進行索引或收錄。

甚至對於使用者來說，也能透過滑鼠游標懸停來預覽即將前往的連結網址，也能直接使用瀏覽器針對連結可以使用右鍵來開啟新分頁的功能。

> **</> 完整範例程式碼**
>
> 使用 useSwitchLocalePath 產生切換語系的連結 ⧉ https://book.nuxt.tw/r/96

13.2.6　使用 useLocalePath 產生切換語系的連結

如果在網站上已經存在一些路由連結，在導入 Nuxt I18n 後，會發現預設啟用的路由語系前綴，可能會導致使用者切換路由頁面時，始終沒有套用到路由語系前綴，那麼就需要使用 `useLocalePath` 組合式函式產生一個 `localePath` 函式，接著使用這個函式傳入路由路徑，就可以產生目前所使用語系的對應路由連結。

例如，現在頁面於英文語系前綴路徑下 `/en`，頁面中的路由連結，會因為使用 `localePath` 函式，而產生的路徑將會不一樣。

▼ app/pages/index.vue

```vue
<script setup>
const localePath = useLocalePath()
</script>

<template>
  <div class="m-4 flex justify-center gap-4">
    <!-- 這個路由路徑僅會是 /about -->
    <NuxtLink to="/about">{{ $t('about') }}</NuxtLink>

    <!-- 若頁面位於英文語系前綴 /en，將產生 /en/about 的路由路徑 -->
    <NuxtLink :to="localePath('about')">
      {{ $t('about') }}
    </NuxtLink>
  </div>
</template>
```

使用 `localePath` 函式時，仍然可以傳入 Vue Router 所接受的路徑屬性。

```vue
<script setup>
const localePath = useLocalePath()
</script>

<template>
  <div>
    <!-- 若頁面位於英文語系前綴 /en，將產生 /en/authors/1 的路由路徑 -->
    <NuxtLink
      :to="
        localePath({
          name: 'authors-authorId',
          params: { authorId: 1 },
        })
      "
    >
      {{ $t('aboutTheAuthor') }}
    </NuxtLink>
  </div>
</template>
```

也可以在 `localePath` 函式傳入語系代碼，來表示回傳不同語系的路由路徑。

▼ app/pages/index.vue

```vue
<script setup>
const localePath = useLocalePath()
</script>

<template>
  <div class="m-4 flex justify-center gap-4">
    <NuxtLink :to="localePath('/', 'en')">{{ $t('home') }}</NuxtLink>
    <NuxtLink :to="localePath('/', 'zh-tw')">{{ $t('home') }}</NuxtLink>
  </div>
</template>
```

此外，也可以使用 Nuxt I18n 提供的 `<NuxtLinkLocal>` 元件來建立路由連結。

```
<template>
  <div class="m-4 flex justify-center gap-4">
    <NuxtLinkLocale to="/" locale="en">
      {{ $t('home') }}
    </NuxtLinkLocale>
    <NuxtLinkLocale to="/" locale="zh-tw">
      {{ $t('home') }}
    </NuxtLinkLocale>
  </div>
</template>
```

> **</> 完整範例程式碼**
>
> 使用 useLocalePath 產生切換語系的連結 ➜ https://book.nuxt.tw/r/97

13.2.7 每個元件中的獨立翻譯

如果想為每個頁面或元件中，定義特定的翻譯，可以使用 `useI18n` 組合式函式回傳的 `t` 函式來使用翻譯內容，並且可以使用 I18n 自訂的區塊來定義翻譯。

在使用 `useI18n` 組合式函式時，可以傳入選項 `useScope: 'local'` 與 `messages` 屬性來定義在元件中使用的翻譯，接著從 `useI18n` 組合式函式回傳的物件中，解構出 `t` 函式來做使用（沒有金錢符號 $），就可以在 `<template>` 中使用 `t('hello')` 來呈現元件中翻譯的文字「Hello, World!」或「你好，世界！」。

13-19

▼ app/app.vue

```vue
<script setup>
const { t } = useI18n({
  useScope: 'local',
  messages: {
    en: {
      hello: 'Hello, World!',
    },
    zh: {
      hello: '你好，世界！',
    },
  },
})
</script>

<template>
  <div class="flex flex-col items-center">
    <h1 class ="mt-24 text-8xl font-medium text-blue-500">
      {{ t('hello') }}
    </h1>
  </div>
</template>
```

也可以在 SFC 中使用 I18n 自訂的區塊來定義翻譯，例如 `<i18n lang="json">`。

```vue
<script setup>
const { t } = useI18n({
  useScope: 'locale',
})
</script>

<i18n lang="json">
{
  "en": {
```

```
    "hello": "Hello, World!"
  },
  "zh-tw": {
    "hello": "你好,世界!"
  }
}
</i18n>

<template>
  <div class="flex flex-col items-center">
    <h1 class="mt-24 text-8xl font-medium text-blue-500">
      {{ t('hello') }}
    </h1>
  </div>
</template>
```

自訂的區塊除了 JSON 也支援 YAML 格式語法。

```
<i18n lang="yaml">
en:
  hello: 'Hello, World!'
zh-tw:
  hello: '你好,世界!'
</i18n>
```

> </> **完整範例程式碼**
>
> 每個元件中的獨立翻譯 ⧉ https://book.nuxt.tw/r/98

13.2.8 格式化翻譯

翻譯檔案內定義翻譯文字時，可以使用具名變數的方式提供後續做格式化文字使用，例如 `{name}`。

```
{
  "message": {
    "hello": " 你好，{name} ！"
  }
}
```

在 `<template>` 中使用 `$t` 時傳入具名的變數 `{ msg: 'Ryan' }`，來傳入可能會變動的文字變數。

```
<template>
  <div class="flex flex-col items-center">
    <h1 class="mt-24 text-8xl font-medium text-blue-500">
      {{ $t('message.hello', { name: 'Ryan' }) }}
    </h1>
  </div>
</template>
```

最終就會輸出「你好, Ryan！」。

也可以透過數字的方式來建立匿名變數模板，最終將會對應列表的元素索引。

```
{
  "message": {
    "welcome": " 你好，{0} ！歡迎參加 {1} 年 {2}，預祝 {0} 順利完賽～ "
  }
}
```

在 `<template>` 中使用 `$t` 時傳入一個陣列,來依序組合對應索引的文字。

```
<template>
  <div class="flex flex-col items-center">
    <p class="mt-8 text-xl font-medium text-gray-800">
      {{ $t('message.welcome', ['Ryan', 2025, 'iThome 鐵人賽']) }}
    </p>
  </div>
</template>
```

最終就會輸出「你好,Ryan!歡迎參加 2025 年 iThome 鐵人賽,預祝 Ryan 順利完賽~」。

Nuxt I18n 整合的 Vue I18n 也有其他豐富實用的格式化方式與自訂格式化的方法,可以參考 Vue I18n 的文件。

> **</> 完整範例程式碼**
> 格式化翻譯 ⧉ https://book.nuxt.tw/r/99

13.2.9 自訂語系的路由路徑

在某些情況下,除了使用多國語系的路由語系前綴來區分不同語系的頁面外,可能還會需要針對 URL 進行翻譯,例如中文網址,這時可以透過 i18n 的配置來進行自訂路由。

nuxt.config.ts

```ts
export default defineNuxtConfig({
  i18n: {
    // ...
    customRoutes: 'config',
    pages: {
      about: {
        'zh-tw': '/關於',
        'en': '/about-us',
        'fr': '/a-propos',
        'es': '/sobre',
      },
    },
  },
})
```

這些自訂的路由，都需要以 `/` 開頭，且不需要包含路由語系前綴，透過這些語系的頁面路由，都能用來瀏覽 About 頁面。其中 zh-tw 為預設語系，所以 `/關於`，不需要路由語系前綴。

路由設定	語系	頁面路由
'zh-tw': '/關於'	zh-tw	/關於
'en': '/about-us'	en	/en/about-us
'fr': '/a-propos'	fr	/fr/a-propos
'es': '/sobre'	es	/es/sobre

此外，如果使用了自訂語系的路由路徑，就可以透過 `localePath` 函式來取得正確的路由路徑，但是需要以具名路由的方式來傳入路由屬性。

```
<script setup>
const localePath = useLocalePath()
</script>

<template>
  <div>
    <NuxtLink :to="localePath({ name: 'about' })">
      {{ $t('about') }}
    </NuxtLink>
  </div>
</template>
```

自訂語系的路由路徑很適合來做在地化的 URL 連結。

13.3 Nuxt I18n 的 SEO 搜尋引擎最佳化

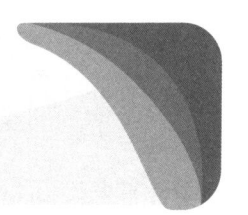

可以透過 `useLocaleHead` 組合式函式，來產生 SEO 相關的 Meta Tag 以針對搜尋引擎最佳化來控制頁面中國際化的 Head 的相關設定。

首先將專案 Nuxt Config 中的 i18n 配置調整如下：

> nuxt.config.ts

```
export default defineNuxtConfig({
  modules: ['@nuxtjs/i18n'],
  i18n: {
```

```
    baseUrl: 'http://localhost:3000',
    restructureDir: 'i18n',
    langDir: 'locales',
    locales: [
      {
        code: 'en',
        language: 'en-US',
        file: 'en.json',
      },
      {
        code: 'zh-tw',
        language: 'zh-TW',
        file: 'zh-tw.json',
      },
    ],
    defaultLocale: 'zh-tw',
    strategy: 'prefix_except_default',
  },
})
```

建立所需要的翻譯檔案 `i18n/locales/en.json` 與 `i18n/locales/zh-tw.json`。

{ } i18n/locales/en.json

```
{
  "hello": "Hello!",
  "language": "Language",
  "home": "Home",
  "about": "About"
}
```

```
{} i18n/locales/zh-tw.json
```

```json
{
  "hello": "你好!",
  "language": "語言",
  "home": "首頁",
  "about": "關於"
}
```

接著，可以在頁面元件中來使用 `useLocaleHead` 函式，並傳入選項 `addSeoAttributes: true` 表示產生 SEO 相關屬性。

```
<script setup>
const i18nHead = useLocaleHead({
  addSeoAttributes: true,
})
</script>
```

`i18nHead` 物件將會依據目前的偏好語系代碼 `zh-tw`，來產生 SEO 相關的屬性。

```json
{
  "htmlAttrs": {
    "lang": "zh-TW"
  },
  "link": [
    {
      "hid": "i18n-alt-en",
      "rel": "alternate",
      "href": "http://localhost:3000/en",
      "hreflang": "en"
    },
    {
      "hid": "i18n-alt-en-US",
```

```json
      "rel": "alternate",
      "href": "http://localhost:3000/en",
      "hreflang": "en-US"
    },
    {
      "hid": "i18n-alt-zh",
      "rel": "alternate",
      "href": "http://localhost:3000/",
      "hreflang": "zh"
    },
    {
      "hid": "i18n-alt-zh-TW",
      "rel": "alternate",
      "href": "http://localhost:3000/",
      "hreflang": "zh-TW"
    },
    {
      "hid": "i18n-xd",
      "rel": "alternate",
      "href": "http://localhost:3000/",
      "hreflang": "x-default"
    },
    {
      "hid": "i18n-can",
      "rel": "canonical",
      "href": "http://localhost:3000/"
    }
  ],
  "meta": [
    {
      "hid": "i18n-og-url",
      "property": "og:url",
      "content": "http://localhost:3000/"
    },
    {
      "hid": "i18n-og",
      "property": "og:locale",
      "content": "zh_TW"
```

```
    },
    {
      "hid": "i18n-og-alt-en-US",
      "property": "og:locale:alternate",
      "content": "en_US"
    }
  ]
}
```

接著就可以透過 i18nHead 物件內所提供的值,來添加網頁的 Head。

```
<script setup>
const localeHead = useLocaleHead({
  addSeoAttributes: true
})

useHead({
  htmlAttrs: {
    lang: localeHead.value.htmlAttrs.lang,
  },
  link: [...(localeHead.value.link || [])],
  meta: [...(localeHead.value.meta || [])],
})
</script>
```

透過 `useHead` 設定 `htmlAttrs.lang`,渲染出的 HTML 就會在 `<html>` 標籤添加 `lang` 屬性及語系,例如 `<html lang="zh-TW">`。

透過 `useHead` 設定網頁 Head 中的 `<link>`,來為添加頁面連結與 `hreflang` 標籤屬性,例如 `<link rel="alternate" href="http://localhost:3000/en" hreflang="en">`,為搜尋引擎提供各個語系的指路路標。

透過 `useHead` 設定 Head 中的 Meta Tag 則包含了 Open Graph 語系相關的標記。

`useLocaleHead` 函式所產生 `htmlAttrs.lang` 屬性與 `hreflang` 標籤屬性的語系代碼，會依據目前的語系與定義在 i18n 配置內的 `language` 屬性所產生，所以為了 SEO 及遵守最佳化的規則，各國語系代碼所定義的 `language` 屬性，一定要遵照標準，例如 Google 支援的語言與地區代碼，使用第一個代碼是語系代碼（採 ISO 639-1 格式），後面接著選用的第二個代碼，代表替代網址的地區代碼（採 ISO 3166-1 Alpha 2 格式）。

13.3.1 Nuxt I18n 的 SEO 搜尋引擎最佳化

首先將專案 Nuxt Config 中的 i18n 配置調整如下：

nuxt.config.ts

```ts
export default defineNuxtConfig({
  modules: ['@nuxtjs/i18n'],
  i18n: {
    baseUrl: 'http://localhost:3000',
    restructureDir: 'i18n',
    langDir: 'locales',
    locales: [
      {
        code: 'en',
        language: 'en-US',
        file: 'en.json',
      },
      {
        code: 'zh-tw',
        language: 'zh-TW',
        file: 'zh-tw.json',
      },
    ],
    defaultLocale: 'zh-tw',
    strategy: 'prefix_except_default',
  },
})
```

建立所需要的翻譯檔案 `i18n/locales/en.json` 與 `i18n/locales/zh-tw.json`。

```json i18n/locales/en.json
{
  "layouts": {
    "default": {
      "title": "{title} - My Blog"
    }
  },
  "pages": {
    "home" : {
      "title": "Home",
      "description": "This is home.",
      "language": "Language"
    }
  }
}
```

```json i18n/locales/zh-tw.json
{
  "layouts": {
    "default": {
      "title": "{title} - 我的部落格 "
    }
  },
  "pages": {
    "home" : {
      "title": " 首頁 ",
      "description": " 這裡是首頁 ",
      "language": " 語言 "
    }
  }
}
```

為了避免重複的程式碼及最好的開發體驗，建議使用布局模板來搭配路由頁面來進行全域的設置，此外在預設的布局模板中，將 `useHead` 所設定的頁面標題 `title`，以提供路由頁面可以使用 `definePageMeta` 函式傳入 `title` 屬性與 `layouts.default.title` 翻譯文字的模板進行組合，來設定具有多國語系支援的頁面標題。

▼ app/layouts/default.vue

```
<script setup>
const route = useRoute()
const { t } = useI18n()
const localeHead = useLocaleHead({
  addDirAttribute: true,
  identifierAttribute: 'id',
  addSeoAttributes: true,
})

useHead({
  htmlAttrs: {
    lang: localeHead.value.htmlAttrs.lang,
    dir: localeHead.value.htmlAttrs.dir,
  },
  title: () => t('layouts.default.title', {
    title: t(route.meta.title ?? ''),
  }),
  link: [...(localeHead.value.link || [])],
  meta: [...(localeHead.value.meta || [])],
})
</script>

<template>
  <div>
    <slot />
  </div>
</template>
```

接著，就可以建立路由首頁 `app/pages/index.vue`，頁面使用多國語系的翻譯文字 `$t('pages.home.description')` 與 `$t('pages.home.language')`，頁面上同時提供一個可以切換除目前使用的語系外的路由連結，來切換至不同的語系。最後也使用了 `definePageMeta` 函式傳入這個頁面的名稱所要使用的翻譯選項（ `pages.home.title` ），這樣預設布局模板就會組合頁面名稱，來實現頁面標題的多國語系支援。

▼ app/pages/index.vue

```vue
<script setup>
definePageMeta({
  title: 'pages.home.title',
})

const { locale: currentLocale, locales } = useI18n()
const switchLocalePath = useSwitchLocalePath()

const availableLocales = computed(() => {
  return locales.value.filter(i => i.code !== currentLocale.value)
})
</script>

<template>
  <div class="flex flex-col items-center bg-white">
    <h1 class="mt-24 text-6xl font-medium text-blue-500">
      {{ $t('pages.home.description') }}
    </h1>
    <<div class="my-8 flex flex-row justify-center">
      <label class="text-gray-600">
        {{ $t('pages.home.language') }}
      </label>
      <span class="ml-4 font-bold text-gray-800">
        {{ currentLocale }}
      </span>
    </div>
```

```
  <nav class="flex flex-row gap-2">
    <template
      v-for="(locale) in availableLocales"
      :key="locale.code"
    >
      <NuxtLink
        class="rounded bg-blue-100 px-4 py-2 text-blue-700"
        :to="switchLocalePath(locale.code)"
      >
        {{ locale.name ?? locale.code }}
      </NuxtLink>
    </template>
  </nav>
  </div>
</template>
```

最後,不要忘了在 `app/app.vue` 檔案內添加 `<NuxtLayout>` 與 `<NuxtPage>` 元件。

▼ app/app.vue

```
<template>
  <div>
    <NuxtLayout>
      <NuxtPage />
    </NuxtLayout>
  </div>
</template>
```

Nuxt I18n 模組提供了豐富而靈活的功能,能夠滿足各種多語言網站的需求。開發者可以根據專案特性自由選擇語言切換的實現方式,對於需要根據語系動態調整路由的情況,Nuxt I18n 提供了專門的函式,能夠基於命名路由自動生成對應語言的 URL,這一特性使得多語言網站的導航變得簡單而直觀。

此外，Nuxt I18n 支援為不同語系建立在地化的 URL 結構，這不僅提高了網站的友好程度，也能提升搜尋引擎最佳化（SEO）效果。官方文件也提供了詳盡的使用指南和進階技巧，供開發者深入學習和探索，透過充分利用 Nuxt I18n 模組的各項功能，開發者可以構建出功能完備、使用者體驗良好的多國語系網站，為國際化業務拓展提供強有力的技術支援。無論是小型項目還是大型企業網站，Nuxt I18n 都能夠適應不同規模和複雜度的國際化需求，幫助開發者輕鬆實現多語言網站的搜尋引擎可見性，成為打造全球化網站的得力助手。

> **完整範例程式碼**
>
> Nuxt I18n 的 SEO 搜尋引擎最佳化 https://book.nuxt.tw/r/100

Note

CHAPTER 14 部署

14.1 簡介

預設情況下，Nuxt 專案需要部署在支援 Node.js 的環境中，也得利於 Nuxt 採用了 Nitro 引擎，使得部署選項更加多樣化，開發者可以選擇將專案部署到 Nitro 引擎支援的各種雲端平台或無伺服器（Serverless）運算服務上，如 Vercel 或 Cloudflare Workers。這種靈活性使得 Nuxt 應用能夠適應不同的基礎設施需求，從傳統的伺服器環境到現代的雲端服務，為開發者提供了豐富的部署選擇，以最佳化網站效能和降低維運成本。

14.2 Nuxt 的渲染模式

在部署之前，建議可以先瞭解 Nuxt 的多種渲染模式。Nuxt 框架提供多種網頁渲染方式，既可根據實際業務需求進行選擇，也可混合不同模式搭配使用。渲染模式的選擇不僅左右網站效能與使用者體驗，更會決定最終部署環境的要求。以下簡要介紹 Nuxt 的渲染模式。

14.2.1 通用渲染（Universal Rendering）

通用渲染（Universal Rendering），是結合伺服器端渲染（SSR）和用戶端渲染（CSR）的技術，主要是為了提供更好的 SEO 支援、加快首次網頁內容呈現速度，也同時充分利用 CSR 的優點來接手後續渲染與互動操作。

Nuxt 預設使用通用渲染，目的在於在效能、SEO 與開發效率之間取得平衡，讓開發者能更專注於業務邏輯的實作。

14.2.2 靜態網站生成（Static Site Generation）

靜態網站生成（Static Site Generation，SSG）是在建構打包階段（Build Time）就將網站頁面預先渲染成靜態檔案的一種方式。這些事先產生的 HTML、CSS 和 JavaScript 檔案可直接部署於靜態伺服器或內容傳遞網路（CDN）上供使用者瀏覽，無需在使用者瀏覽網頁時時進行即時的伺服器端渲染，進而提升網頁響應速度。

由於頁面已經預先渲染完成，所以不論在首次請求的速度與內容的完整性上，都是非常高效的，同時，靜態的網頁 HTML 對搜尋引擎檢索器更友善，爬蟲對網站的抓取效率與解析的完整性，更有助於網站內容的收錄與搜尋排名。

在 Nuxt 中，可以使用指令來快速的生成靜態網站，幫助開發者在建構網站時省去許多繁瑣的配置與步驟。

14.2.3 SWR (Stale-While-Revalidate)

SWR（Stale-While-Revalidate，SWR）是一種 HTTP 快取策略，這種策略的核心就是直接使用快取資料確保網頁的響應速度，讓用戶端能快速獲得網頁內容，在每次請求後伺服器會在背景中，驗證快取是否過期來重新取得最新的資料，並更新到快取中提供給未來的請求做使用。

SWR 的策略可以用一句話來傳達「**先使用舊資料頂著先，再默默進行資料的更新**」，使用者快速獲得的資料或許不是最新，但只要觸發了檢查過期的機制，後續使用者的請求，就能獲得最新的資料，既保持了快速的使用者體驗也確保了資料的新鮮度。

14.2.4 ISR (Incremental Static Regeneration)

當網站中有數以千計以上的產品資訊，可能會嘗試預先渲染這些頁面，來降低使用者瀏覽頁面的等待時間，但如果這些頁面的價格等內容，因為時間而新增或變動時，就可能要重新建構一次網站的靜態渲染，這顯然非常花費時間。

ISR（Incremental Static Regeneration）是靜態網站生成 SSG（Static Site Generation）技術的改良，它可以在伺服器中定時重新產生這些頻繁變動或新增的頁面，以確保頁面資料的新鮮程度。

舉例來說，網站中存在一個 `/top100-products` 的頁面，這個頁面的資料用來呈現前 100 個熱門的商品，它會隨著時間與銷量而進行變化，如果網站只對這個頁面單純的做 SSG 那麼將無法取得最新的排名狀況，而單純使用 SSR 則可能每次請求都需要等待渲染這個頁面的時間。

ISR 的核心設計理念在於實現按需求生成與漸進化更新的靜態化方案，開發者可以根據需求來決定頁面定期重新渲染的時間，例如熱門商品頁面可設定每半小時重新渲染一次，這樣的設計結合邊緣網路（Edge Network）與內容傳遞網路（CDN）快取最新的靜態內容，並在後台自動更新頁面而無需重新部署，不僅有效確保資料即時性，同時也維持極佳的效能與使用者體驗。

14.2.5 混合渲染（Hybrid Rendering）

除了通用渲染、靜態網站生成（SSG）與客戶端渲染（CSR）等，Nuxt 也支援混用這些不同的渲染模式，來實現混合渲染（Hybrid Rendering），開發者可以根據專案特性選擇最合適的方案。

舉例來說，可以將著陸頁（Landing Page）和部落格文章使用 SSR 或 SSG，登入後的管理介面使用 SPA 等來實現混合渲染（Hybrid Rendering），使得網站兼顧 SEO、動態功能或後台管理等複雜情境。

這種方案對於初學者來說，代表不需要維護多份程式碼或切換不同的專案架構，只要在同一套程式碼基礎上就能根據實際需求進行調整或部署。透過這樣彈性且靈活的配置方式，無論網站要一次性生成全部頁面，抑或需要即時獲取資料並動態渲染，都能在 Nuxt 框架中根據需求自由選擇渲染模式，讓開發者能輕鬆應對各種場景。

舉例來說，透過 Nuxt Config 可以根據路由規則來使用不同的渲染方式。

```ts
// nuxt.config.ts
export default defineNuxtConfig({
  routeRules: {
    // 首頁在建構打包時預渲染
    '/': { prerender: true },
    // 管理相關頁面關閉 SSR，表示只需要在客戶端進行渲染（CSR）
    '/admin/**': { ssr: false },
    // 產品首頁使用 SWR 渲染模式
    '/products': { swr: true },
    // 產品頁面使用 SWR 渲染模式，過期時間為 600 秒（10 分鐘）
    '/products/**': { swr: 600 },
    // 文章首頁使用 ISR 渲染模式，每 3600 秒（1 小時）重新渲染
    '/articles': { isr: 3600 },
```

```
    // 文章頁面使用 ISR 渲染模式
    '/articles/**': { isr: true },
    // Top 100 的頁面使用 ISR 渲染模式，每 30 分鐘重新渲染
    '/top100-products': { isr: 1800 },
  },
})
```

在 Nuxt Config 中可以透過 `routeRules` 屬性，來設定路由的規則，包含渲染模式、快取策略、重新導向或添加標頭等。

routeRules 路由規則傳入的參數

- **prerender**：boolean 型別的值，預設為 `false`，若設定為 `true`，該頁面會在建構打包時預渲染頁面內容，並將其作為靜態資源包含在專案打包內容中。

- **ssr**：boolean 型別的值，預設為 `true` 表示使用伺服器端渲染（SSR），若設定為 `false`，表示使用用戶端渲染（CSR）。

- **swr**：boolean 或 number 型別的值，將快取標頭添加在伺服器回傳中，並在伺服器或反向代理上快取可配置的 TTL。當 TTL 過期時，頁面將重新生成並更新快取。如果使用 `true`，則會新增一個不帶 MaxAge 的 `stale-while-revalidate` 標頭。

- **isr**：boolean 或 number 型別的值，在支援這個屬性的平台上（例如 Netlify 或 Vercel）可以將網頁回應新增到內容傳遞網路（CDN）快取之中，直至特定秒數過期後再次渲染更新。如果使用 `true`，則內容會持續快取在 CDN 之中，直至下一次重新部署更新。

其他如 `cors`、`headers` 等參數可以再參考官方文件說明。

14.3 部署前的準備

14.3.1 編譯打包與測試

當網站開發完成準備發布網站前,通常會將 Nuxt 網站專案透過 Nuxt CLI 提供的指令來建構出正式環境所需要的版本和專案程式碼,這個建構的過程可以理解為專案將會打包需要的依賴套件、編譯、壓縮和轉換相關的 Vue SFC 與樣式等,這些繁瑣的過程都透過 Nuxt 的建構指令來完成,使得整個部署流程大幅簡化。

透過執行 Nuxt CLI 所提供的 `build` 指令後,會開始進行編譯打包整個 Nuxt 網站,完成後會在專案下產生 `.output` 的目錄,這個目錄便是要部署的專案程式碼目錄。

```
npm run build
```

為了避免部署到正式環境時發生問題,建議在部署前先在本地模擬執行正式環境的網站版本,或在比較謹慎的部署流程中建立預覽版本的網站來做正式上線前的測試。

```
├── .output/server/chunks/routes/api/articles.post.mjs.map (1.12 kB) (321 B gzip)
├── .output/server/chunks/routes/api/articles/_id_.delete.mjs (1.22 kB) (607 B gzip)
├── .output/server/chunks/routes/api/articles/_id_.delete.mjs.map (993 B) (309 B gzip)
├── .output/server/chunks/routes/api/articles/_id_.get.mjs (967 B) (521 B gzip)
├── .output/server/chunks/routes/api/articles/_id_.get.mjs.map (749 B) (284 B gzip)
├── .output/server/chunks/routes/api/login.post.mjs (1.37 kB) (700 B gzip)
├── .output/server/chunks/routes/api/login.post.mjs.map (1.1 kB) (342 B gzip)
├── .output/server/chunks/routes/api/logout.post.mjs (440 B) (251 B gzip)
├── .output/server/chunks/routes/api/logout.post.mjs.map (247 B) (161 B gzip)
├── .output/server/chunks/routes/api/whoami.get.mjs (1.12 kB) (543 B gzip)
├── .output/server/chunks/routes/api/whoami.get.mjs.map (789 B) (292 B gzip)
├── .output/server/chunks/routes/renderer.mjs (18.6 kB) (5.57 kB gzip)
├── .output/server/chunks/routes/renderer.mjs.map (424 B) (225 B gzip)
├── .output/server/chunks/runtime.mjs (248 kB) (62.2 kB gzip)
├── .output/server/chunks/runtime.mjs.map (5.83 kB) (1.25 kB gzip)
├── .output/server/chunks/virtual/_virtual_spa-template.mjs (94 B) (100 B gzip)
├── .output/server/chunks/virtual/_virtual_spa-template.mjs.map (112 B) (111 B gzip)
├── .output/server/chunks/virtual/child-sources.mjs (84 B) (86 B gzip)
├── .output/server/chunks/virtual/child-sources.mjs.map (104 B) (102 B gzip)
├── .output/server/chunks/virtual/global-sources.mjs (1.22 kB) (379 B gzip)
├── .output/server/chunks/virtual/global-sources.mjs.map (152 B) (104 B gzip)
├── .output/server/index.mjs (373 B) (227 B gzip)
└── .output/server/package.json (1.88 kB) (855 B gzip)
Σ Total size: 21 MB (9.74 MB gzip)
✓ You can preview this build using node .output/server/index.mjs
>
```

圖 14-1　編譯打包的結果

預覽測試的方式，可以根據編譯完成後終端機的提示，使用下列指令來啟動預覽網站的服務。

```
node .output/server/index.mjs
```

或者也可以使用 Nuxt CLI 的 `preview` 指令來啟動。

```
npm run preview
```

執行預覽服務時，若要變更監聽的 Port 或 Host 等設定，可以透過環境變數來進行設置，例如變更預設監聽的 Port 為 3001。

```
PORT=3001 npm run preview
```

更多可以使用的變數或選項可以參考 Nuxt 或 Nitro 的官方文件。

14.4 部署至具有 Node.js 的執行環境

14.4.1 編譯打包

目前 Nitro 所支援的 Runtime 除了 Node.js 以外，也可以選擇 Bun 或 Deno。為了方便起見，本書以 Node.js 為例來進行部署。首先執行下列指令進行專案的編譯打包。

```
npm run build
```

14.4.2 使用 PM2 啟動網站服務

當編譯打包完成後，部署時，可以直接將整個 `.output` 目錄上傳至正式環境的機器上，並使用 Node.js 做執行，但為了防止服務因為異常而導致 Node.js 服務意外崩潰，建議可以使用像 PM2 這類的 Process 的 Daemon 來將服務常駐，意外崩潰時能自動重啟，來維持整個網站的正常服務，除此之外 PM2 可以啟用叢集（Cluster）的功能結合請求的負載平衡，來讓多核心的機器提升資源的利用率與效能，同時 PM2 也提供多項數據監測功能，非常適合在正式環境中使用。

首先在正式環境的機器上確認已經安裝 Node.js，並使用套件管理工具安裝 PM2。

```
npm install -g pm2
```

在 `.output` 目錄外，建立 `ecosystem.config.cjs` 檔案。

```js
// ecosystem.config.cjs
module.exports = {
  apps: [
    {
      name: 'NuxtAppName',
      exec_mode: 'cluster',
      instances: '-1',
      script: './.output/server/index.mjs'
    }
  ]
}
```

接著使用 PM2 來執行服務。

```
pm2 start ecosystem.config.cjs --env production
```

```
> pm2 start ecosystem.config.cjs --env production
[PM2] Applying action restartProcessId on app [NuxtAppName](ids: [
  0, 1, 2, 3,
  4, 5, 6
])
[PM2] [NuxtAppName](0) ✓
[PM2] [NuxtAppName](1) ✓
[PM2] [NuxtAppName](3) ✓
[PM2] [NuxtAppName](2) ✓
[PM2] [NuxtAppName](5) ✓
[PM2] [NuxtAppName](4) ✓
[PM2] [NuxtAppName](6) ✓
```

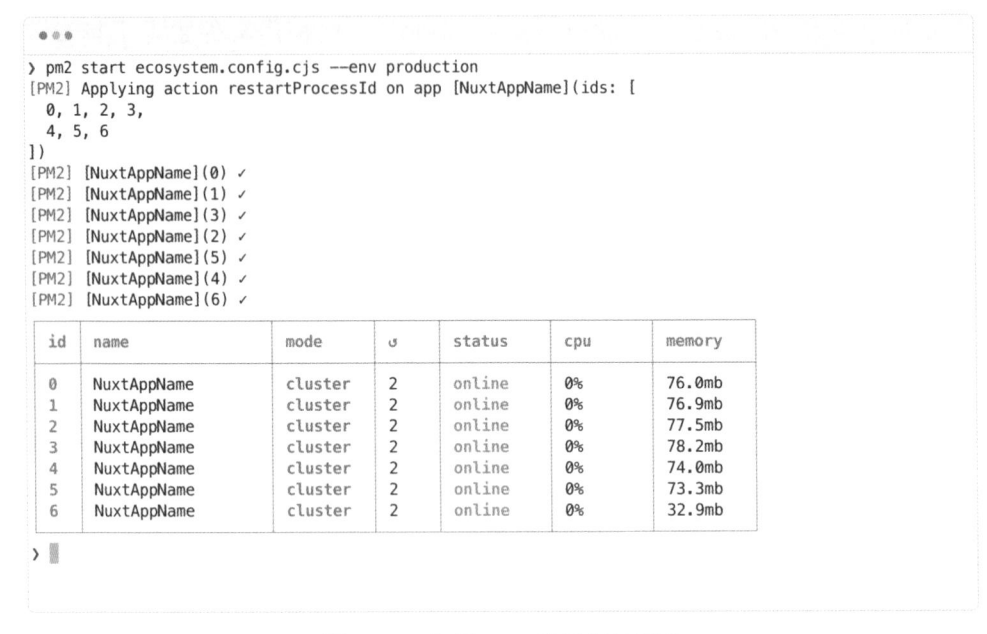

id	name	mode	↺	status	cpu	memory
0	NuxtAppName	cluster	2	online	0%	76.0mb
1	NuxtAppName	cluster	2	online	0%	76.9mb
2	NuxtAppName	cluster	2	online	0%	77.5mb
3	NuxtAppName	cluster	2	online	0%	78.2mb
4	NuxtAppName	cluster	2	online	0%	74.0mb
5	NuxtAppName	cluster	2	online	0%	73.3mb
6	NuxtAppName	cluster	2	online	0%	32.9mb

圖 14-2　使用 PM2 啟動網站服務

14.4.3 結合 Docker 使用 PM2 啟動網站服務

目前使用 Docker 來部署服務的也不在少數，作者平時也是採用容器化來啟動網站服務並整合 CI/CD 自動化的流程來建構與部署 Nuxt 專案，以下將列出作者常使用的 Dockerfile，有興趣讀者們可以再參考看看。

建立 `Dockerfile` 檔案，內容如下。

```
FROM node:22-slim AS builder

RUN mkdir -p /nuxt-app
WORKDIR /nuxt-app
COPY . .
```

```
RUN npm install && npm cache clean --force
RUN npm run build


FROM node:22-slim

RUN mkdir -p /nuxt-app/.output
WORKDIR /nuxt-app
COPY --from=builder /nuxt-app/.output /nuxt-app/.output
COPY ./ecosystem.config.cjs /nuxt-app

RUN npm install -g pm2 --production

ENV HOST=0.0.0.0
ENV PORT=3000

EXPOSE 3000

CMD ["pm2-runtime", "start", "./ecosystem.config.cjs"]
```

接著在 Dockerfile 所在的目錄下執行製作 Docker Image 的指令。

```
docker build -t nuxt-app .
```

當開始製作 Docker Image 時，會依照 Dockerfile 來建置，主要分成兩個部分，首先我會先在 node:22-slim 容器環境中執行建構（build）的指令，並將需要部署的目錄 `.output` 複製至 node:22-slim 容器環境中，這樣最終使用 PM2 執行服務的 Image 大小就會稍微小一些。

當 Docker Image 製作完畢後，可以再藉由 `docker run` 指令、Docker Compose 或 Kubernetes 來啟動服務後，再由如 NGINX 提供反向代理服務連接到內部的 Nitro Server。

例如建立 `docker-compose.yml` 檔案，搭配 Docker Compose。

```yml
# docker-compose.yml
services:
  app:
    image: nuxt-app
    container_name: nuxt-app
    restart: always
    build: .
    env_file:
      - ./.env
    ports:
      - 3000:3000
```

使用 Docker Compose 啟動服務。

```
docker compose up -d
```

14.5 將 Nuxt 部署至 Vercel

14.5.1 Vercel 是什麼？

Vercel 是一個現代化的雲端平台，專為前端和全端應用程式提供高效能的託管和部署解決方案，它以其簡單的使用體驗、自動化的部署流程和強大的全球內容傳遞網路（CDN）而聞名。Vercel 支援多種熱門的框架可以進行部署，其中包括 Nuxt，提供了無縫整合和最佳化部署的體驗。

Vercel 對 Nuxt 提供的支援，能夠自動檢查並最佳化 Nuxt 專案的配置，進而簡化了部署流程，Vercel 的全球 CDN 網路及邊緣運算，使得 Nuxt 網站能擁有更低的延遲與更快速的載入體驗，此外，Vercel 提供了自動持續部署和復原（Rollback）至成功的部署功能，大幅降低了維護成本，對於需要伺服器端渲染（SSR）或靜態網站生成（SSG）的 Nuxt 應用程式，Vercel 都能提供出色的性能和可擴展性，使得開發者可以專注於網站開發，而將複雜的基礎設施管理交給 Vercel 處理。

14.5.2 使用 GitHub 作為專案程式碼儲存倉庫

在部署至 Vercel 之前，需要先將專案上傳至 GitHub，後續在進行自動化部署時會更加方便，

首先在 GitHub 上建立一個全新的專案，例如 ryan-nuxt-blog，並依循網頁上或下列命令，將 Nuxt 專案推送至儲存倉庫，這裡有關版本控制 Git 指令的使用就不再贅述。

```
git init
git add .
git commit -m "首次提交"
git branch -M main
git remote add origin git@github.com:<username>/<repository>.git
git push -u origin main
```

至此就完成了 Nuxt 專案託管至程式碼儲存倉庫的步驟，除了 GitHub 以外，也可以選擇 Gitlab 和 Bitbucket 具有版本控制的程式碼儲存倉庫。

14.5.3 透過 Vercel 部署 Nuxt 專案

首先,在 Vercel 上註冊一個新的帳號,註冊完成並登入 Vercel 後台後,可以選擇新增一個新專案,並會前往部署新項目的頁面,如圖 14-3。

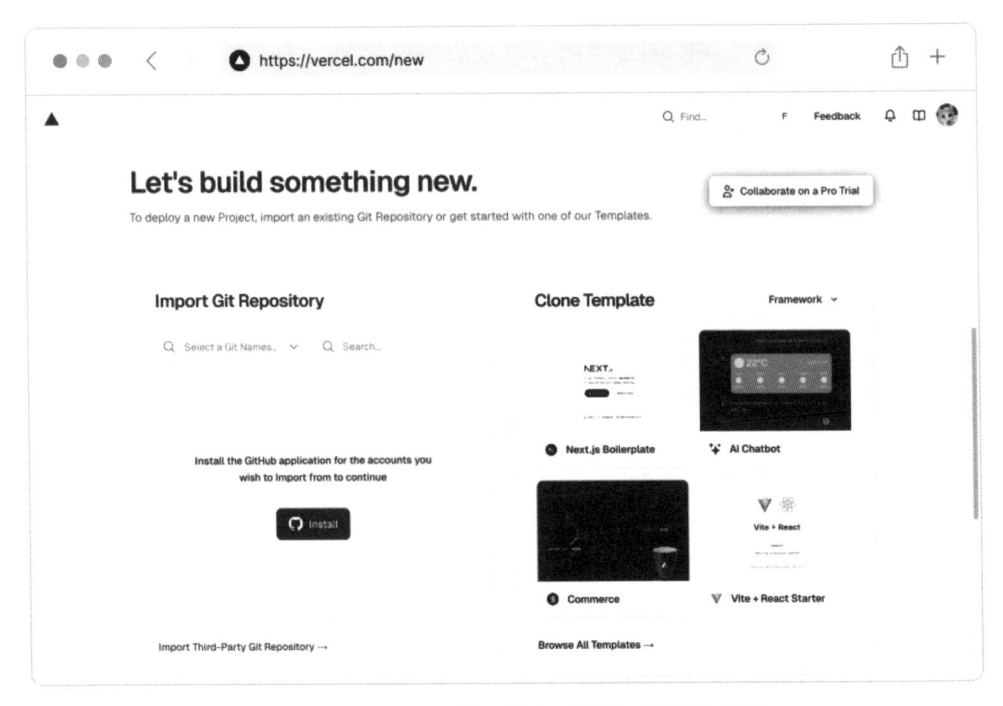

圖 14-3　Vercel 支援多種 Git 儲存倉庫匯入專案

如圖 14-3 頁面上,可以選擇不同的程式碼儲存倉庫來進行匯入,這裡選擇 GitHub 後,在網頁上會彈出一個視窗提示進行驗證授權,如圖 14-4,可以選擇「All repositories」來授權全部的儲存倉庫,也可以選擇「Only select reposiories」選項來授權存取特定的儲存倉庫,這裡選擇前面所建立的 GitHub 儲存倉庫「ryan-nuxt-blog」,確認好要匯入的專案後,最後點擊「Install」按鈕。

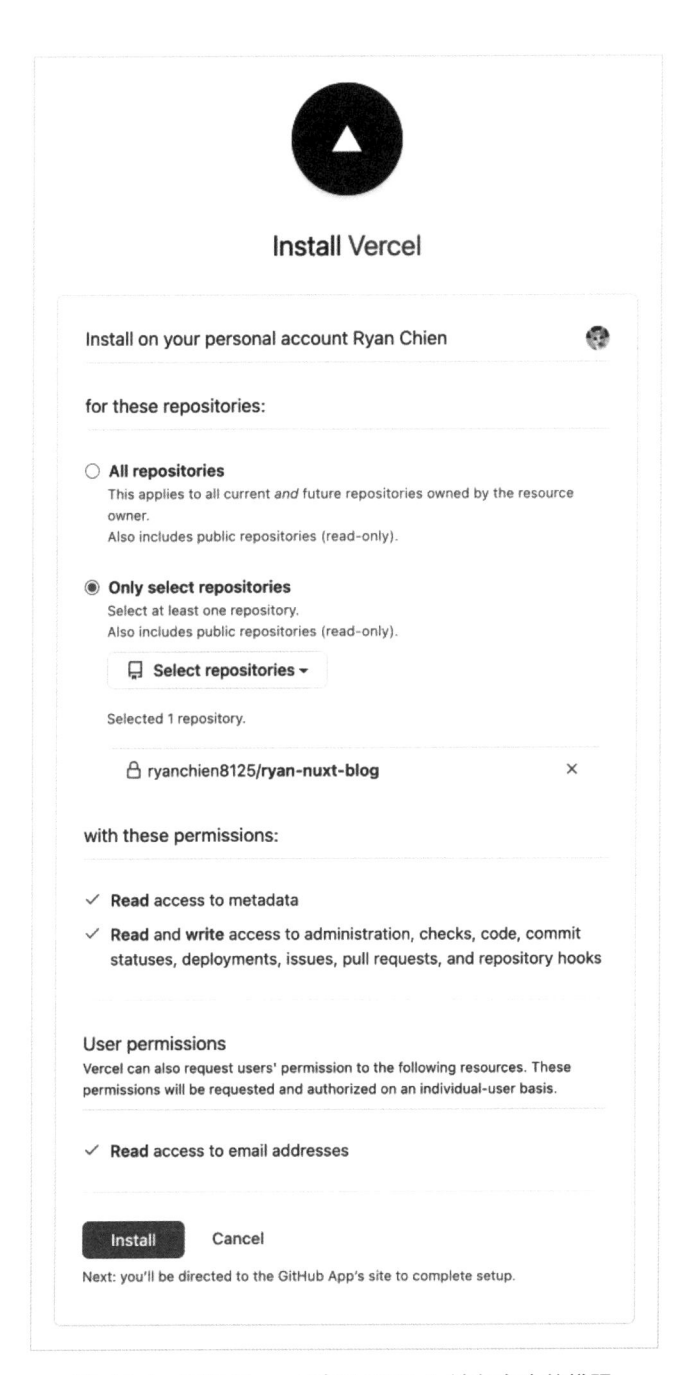

圖 14-4　授權 Vercel 訪問 GitHub 儲存倉庫的權限

完成授權後，可以看到如圖 14-5，畫面上匯入的區塊內多了剛才所授權的儲存倉庫，同樣選擇 ryan-nuxt-blog 項目的「Import」按鈕進行匯入與部署的操作。

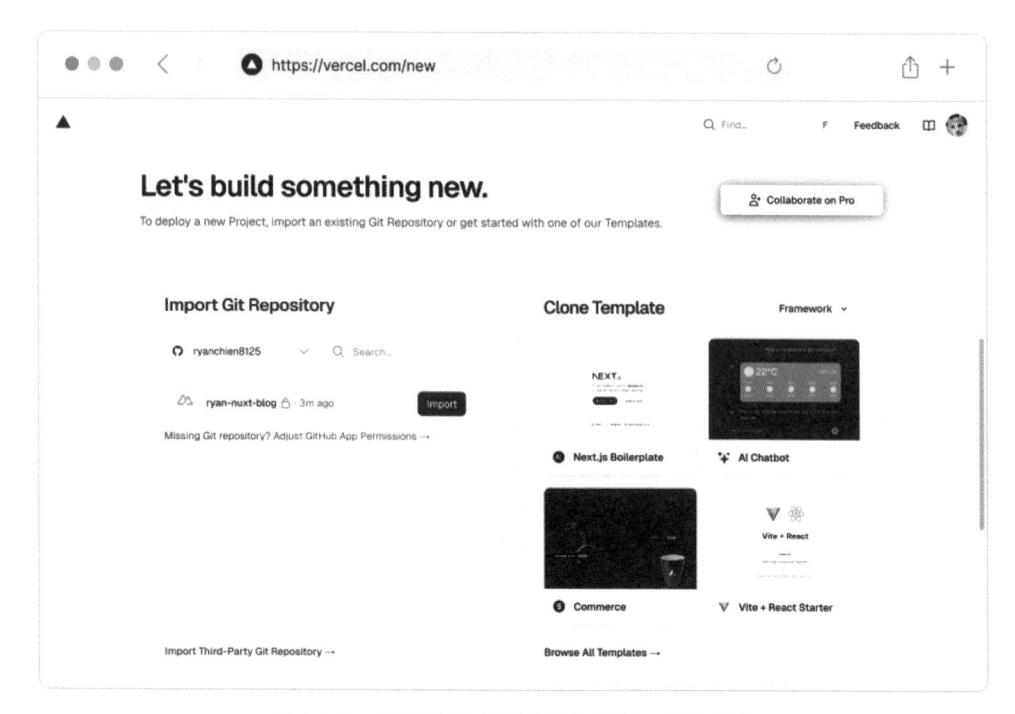

圖 14-5　選擇具有訪問權限的儲存倉庫做匯入

如圖 14-6，匯入儲存倉庫成功後，可以為配置專案設定，包括專案名稱、框架、編譯設定和環境變數等等，預設情況在框架的欄位會自動辨識出專案使用的是 Nuxt.js 框架。

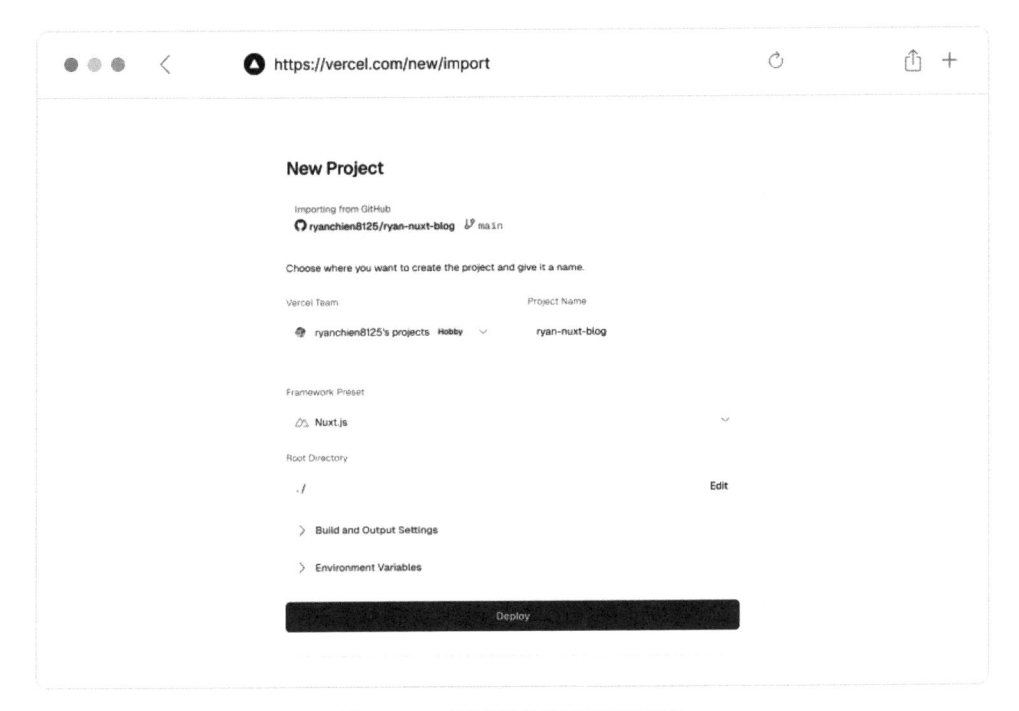

圖 14-6　部署前的專案相關設定

如圖 14-7，在 Build and Output Settings 的設定區塊中，可以選擇要使用的編譯命令和打包後輸出命令設定，這裡可以保持預設即可，如果專案中有調整渲染模式或其他配置，可以再根據需求調整。

圖 14-7　設定部署時專案建構與輸出設定

在 Environment Variables 的設定區塊中，可以設定環境變數，例如在 Nuxt 專案中，所建立的 .env 檔案內容，在正式環境中也會依據環境進行相對應的配置，如圖 14-8，添加了 Neon 資料庫 URL 的環境變數，讓 Nuxt 可以操作正式環境的資料庫。

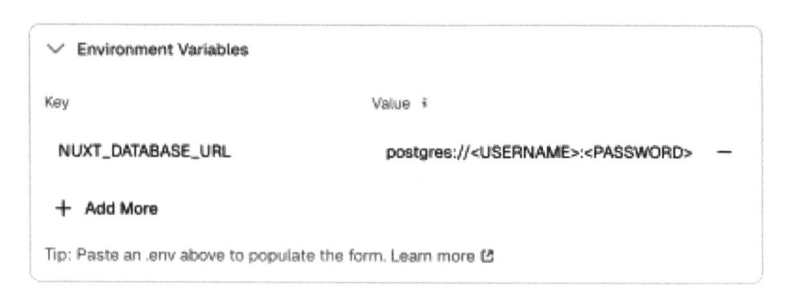

圖 14-8　設定環境變數

確認部署配置沒問題後，就可以點擊 Deploy 按鈕開始進行部署，這個過程會依據專案規模與相依套件的多寡而花費相應時間，通常小專案約莫在一分鐘內就能部署完畢，在部署的區塊內也能在網頁上觀察編譯與部署的相關紀錄。

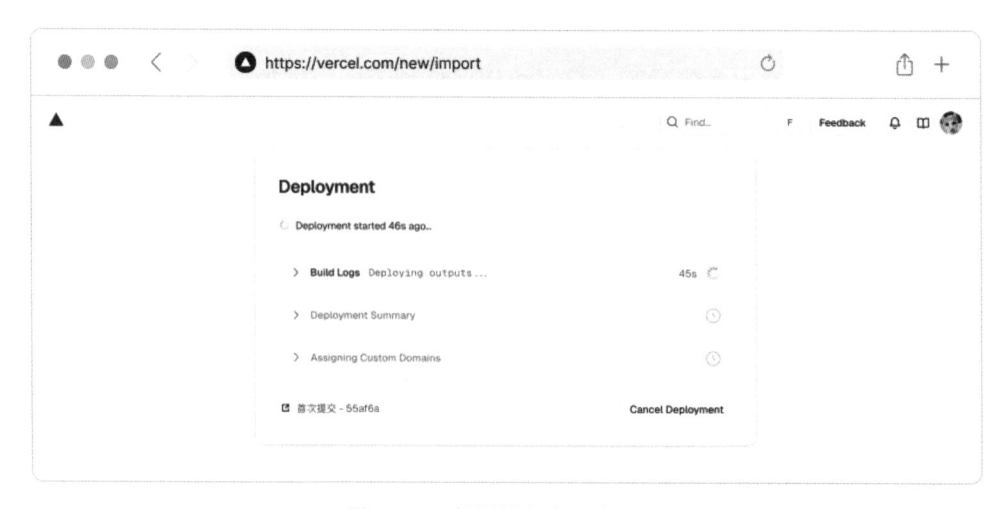

圖 14-9　部署過程與詳細記錄

當部署完成後，網頁會重新導向至恭喜的頁面，並出現部署完成的網站首頁快照，接下來可以回到專案的控制面板，為網站添加網域或使用 Vercel 提供的開發測試用的網域來瀏覽部署好的網站。

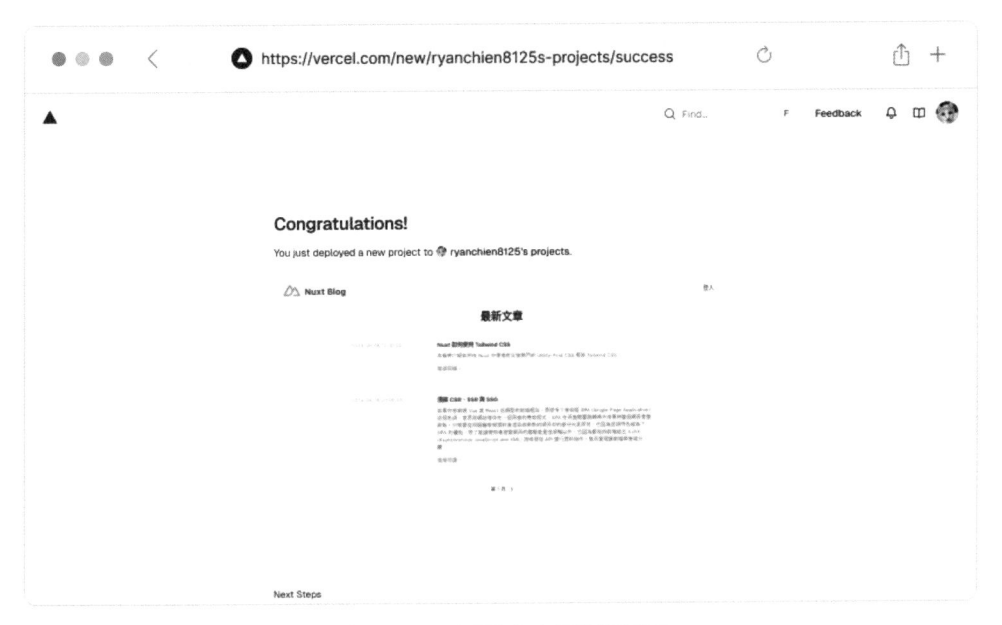

圖 14-10　部署成功的資訊頁面

透過 Vercel 可以很輕易的完成 Nuxt 專案部署，Vcrcel 結合程式碼儲存倉庫和版本控制機制，實現了自動化部署流程，當專案有新的版本進行提交推送時，Vercel 會自動偵測到這些變更，並觸發新版本的部署流程，這種自動化機制大幅簡化了開發者的工作流程，也讓部署變得更加順暢和高效。

如圖 14-11，Vercel 的部署管理頁面，可以看到版本分支每次提交的紀錄，如果新版本測試發生問題，也可以透過復原（Rollback）功能，將目前的版本復原至指定的部署版本。

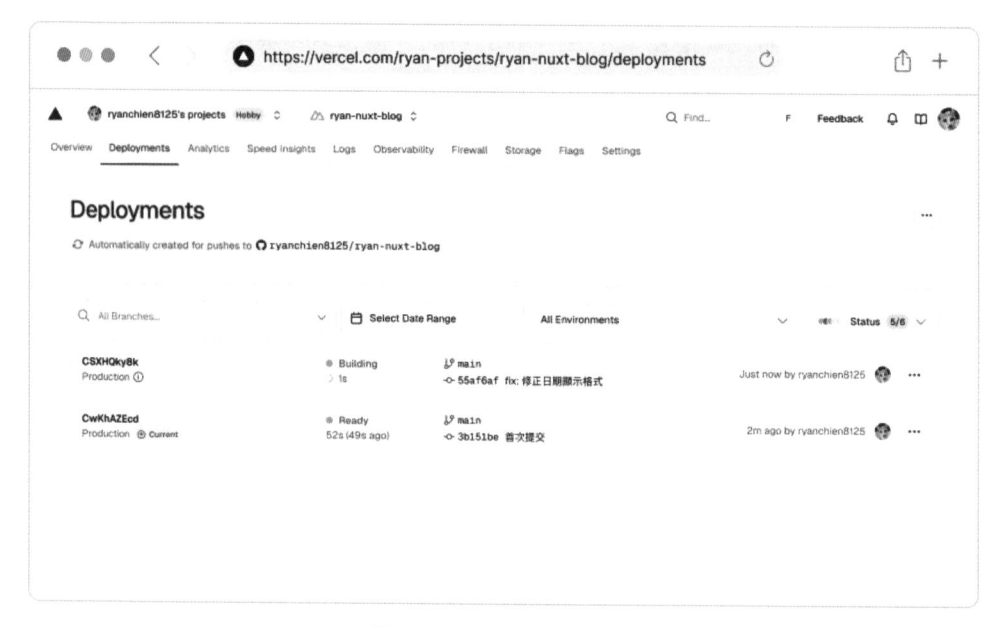

圖 14-11　專案部署紀錄

14.6 ｜ 靜態網站部署 - Cloudflare Pages

14.6.1 簡介

透過 Nuxt 產生的靜態頁面，會在建構階段將所有頁面所需要的 JavaScript、樣式等檔案進行組織與預渲染（Pre-rendering），最重要的是將頁面或元件內需要透過 API 請求資料的地方，一併在建構時取得這些資料，並添加進各自的 HTML 頁面與對應的 Payload 內。

全靜態頁面的網站，可以直接部署至任何靜態託管服務，例如 Netlify、Cloudflare Pages、GitHub Pages 等，也可以直接使用 Nginx 或其他 Web Server 提供服務；由於是靜態的 HTML，SSG 很適合做內容不會有太常變化的靜態網站，對於 SEO 的搜尋引擎爬蟲解析或 CDN 快取頁面來提升網站效能都是非常友善的。

14.6.2 Nuxt 專案渲染靜態網頁

當 Nuxt 專案想進行靜態網站的生成與部署，可以先執行下列指令進行全站的頁面渲染。

```
npm run generate
```

```
✓ Server built in 737ms
ℹ Initializing prerenderer
ℹ Prerendering 3 initial routes with crawler
  ├─ /404.html (18ms)
  ├─ /200.html (17ms)
  ├─ / (859ms)
  ├─ /_payload.json?57c77ed1-579b-42e5-bc14-ade48a521aae (5ms) (skipped)
  ├─ /_payload.json (6ms)
  ├─ /login (24ms)
  ├─ /login/_payload.json?57c77ed1-579b-42e5-bc14-ade48a521aae (1ms) (skipped)
  ├─ /login/_payload.json (1ms)
  ├─ /articles/create (36ms)
  ├─ /?page=2 (249ms) (skipped)
  ├─ /?page=2/_payload.json?57c77ed1-579b-42e5-bc14-ade48a521aae (2ms) (skipped)
  ├─ /?page=2/_payload.json (1ms) (skipped)
  ├─ /?page=1 (11ms) (skipped)
  ├─ /?page=1/_payload.json?2e4cc2d7-f351-4432-997d-707468806135 (1ms) (skipped)
  ├─ /?page=1/_payload.json (1ms) (skipped)
  ├─ /articles/1 (321ms)
  ├─ /articles/1/_payload.json?b01826b4-ae83-4b18-bd95-01afef251ccc (2ms)
  └─ /articles/1/_payload.json (1ms)
ℹ Prerendered 9 routes in 1.143 seconds
✓ Generated public .output/public
✓ You can preview this build using npx serve .output/public
✓ You can now deploy .output/public to any static hosting!
›
```

圖 14-12　靜態網站生成的結果

指令執行成功後，專案目錄下會產生可以用來部署的資料夾 `.output` 與 `dist`，其中 dist 目錄是一個軟連結的捷徑，`dist` 目錄會指向 `.output/public` 目錄，意即這兩個資料夾的檔案內容相同，稍微檢查一下檔案結構如圖 14-13。

```
∨ nuxt-app
  ∨ .output
    ∨ public
      > _nuxt
      ∨ articles
        ∨ 1
          {} _payload.json
          🅗 index.html
        > create
      ∨ login
        {} _payload.json
        🅗 index.html
      {} _payload.json
      🅗 200.html
      🅗 404.html
      ★ favicon.ico
      🅗 index.html
      🤖 robots.txt
    {} nitro.json
```

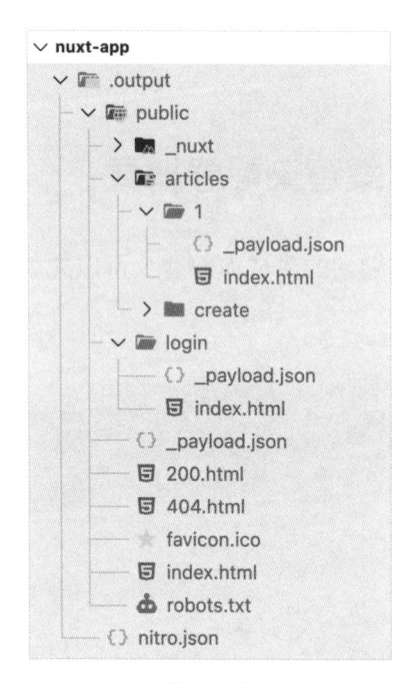

圖 14-13　靜態網站生成的目錄結構

網站生成完成後，可以根據終端機的提示，如圖 14-12 使用下列指令來啟動預覽靜態網站的服務，來測試一下產生網頁是否符合預期。

```
npx serve .output/public
```

或者也可以直接將 `.output/public` 目錄，部署至靜態託管平台或由 Web Server 提供網站服務。

14.6.3 建立 Cloudflare Pages 專案

首先，前往 Cloudflare 的主控台，點擊如圖 14-14 左方選單的「Workers 和 Pages」選項前往開始使用 Workers 和 Pages，並選擇 Pages 分頁。

圖 14-14　開始使用 Workers 和 Pages

接著點擊如圖 14-14 畫面下方的「上傳資產」按鈕。

第一次使用時，需要為專案來建立名稱，例如填寫 **ithome2025-nuxt-blog**，專案的名稱也會影響 Cloudflare 提供的開發測試網址 Domain。

上傳專案以部署網站

命名專案並上傳您的網站資產，包含要部署的 HTML、CSS 和 JS 檔案。

① 為專案建立名稱：

專案名稱

`ithome2025-nuxt-app`   [建立專案]

您的專案將部署到 ithome2025-nuxt-app.pages.dev。

② 上傳您的專案資產：

圖 14-15　建立部署網站的專案名稱

接著點擊「建立專案」的按鈕，準備上傳專案資產，將剛才所產生的靜態檔案目錄 `.output/public` 或 `dist` 直接進行上傳，也可以將目錄內的檔案進行壓縮來進行上傳部署。

> 📎 補充說明
>
> 使用壓縮檔上傳時，記得直接壓縮目錄內的所有檔案，而非外層的目錄，否則可能會導致無法瀏覽網站。

上傳完成後，網頁上可以展開目錄或壓縮檔來檢查這些檔案是否有遺漏。

圖 14-16　上傳部署網站的專案資產

確認沒問題後，就可以點擊如圖 14-16 中右下的「部署網站」按鈕來進行網站的部署。

> 🐰 小技巧
>
> 在上傳要部署的網站時，若產生的檔案數量較多，建議可以將 `.output/public` 目錄內的所有檔案壓縮後再上傳部署。同時也要注意特別注意，不要直接壓縮外層的 `public` 目錄，否則部署完成後可能會導致網站無法正常瀏覽。

如果順利完成部署，可以透過如圖 14-17 中所提示的網址連結，來瀏覽部署好的網站。

圖 14-17　靜態網站部署完成

> **小提醒**
>
> 在首次部署完成後，使用 Cloudflare 提供的開發測試連結時，可能會因 DNS 尚未能解析而無法正常訪問網站。此時可耐心等待 DNS 更新，或嘗試使用其他 DNS 服務來解析網域名稱。待網站順利載入後，即表示 Nuxt 靜態網站已部署成功。

如果網站有新版本需要部署，只需要重新產生靜態頁面後，再次回到 Cloudflare Pages 中的專案概覽，來上傳新版本的專案資產便能進行網站的更新。

除了手動上傳專案的靜態檔案以進行部署更新外，也可以將 Cloudflare Pages 的專案與 GitHub 這類程式碼倉庫進行連動，讓儲存在 Git 版本控制倉庫中的專案能直接由 Cloudflare Pages 取得並生成靜態網站和自動完成部署，同時也能擁有自動部署新版本的功能，對於專案後續的開發與部署能省下不少時間。

> **補充說明**
>
> 使用 Nuxt 全靜態網站生成（SSG）時，必須特別留意是否在網站中呼叫到 Nuxt 的伺服器 API；由於靜態網站本身並不包含 Nitro 所提供的後端服務，因此所有動態呼叫 API 取得資料的功能在產生為全靜態後就無法再透過伺服器端 API 取得資料，若專案中仍需要存取後端功能，便須透過其他方式（如外部 API 或使用支援伺服器功能的部署模式）確保網站能正常運作。

14.7 部署至具有其他執行環境

14.7.1 在 Nuxt 專案設定中指定 Preset

得利於 Nuxt 的 Nitro 引擎，除了預設的 Node.js 執行環境外，Nuxt 專案也可以執行在其他環境或雲端供應商上，在編譯打包時可以根據欲部署的平台或執行環境，來變更 Nitro 的 `preset` 的屬性，例如 Nuxt Config 中 `nitro.preset` 的屬性預設為 `'node-server'`，所以 Nuxt 專案是為 Node.js 的執行環境在編譯打包的。

```ts [nuxt.config.ts]
export default defineNuxtConfig({
  nitro: {
    preset: 'node-server',
  },
})
```

如果想變更不同的執行環境，可以使用 Nirto 支援的 Runtime 執行環境來做設定。

- Node.js：`preset: 'node-server'`
- Deno：`preset: 'deno-server'`
- Bun：`preset: 'bun'`

若要將專案部署至 Vercel 或 Cloudflare Workers 等雲端服務供應商，也是需要調整 `nitro.preset` 的屬性，在 Nitro 有支援的執行環境或雲端供應商下，可以使得 Nuxt 專案獲得最佳的測試和最少的配置來進行部署。

14.7.2 在環境變數中指定 Preset

除了在 Nuxt Config 中設定 `nitro.preset` 的屬性以外，也可以在執行編譯指令時透過環境變數來設置 Preset。

在編譯時透過環境變數 `NITRO_PRESET` 來設定部署時的執行環境，在編譯的過程中會依據執行環境來編譯出相對應的 Nuxt 應用程式。

```
NITRO_PRESET=node-server npm run build
```

> **！重點提示**
>
> 預設情況下會是編譯成 `node-server` 的執行環境之下,如果要將網站服務在不同的執行環境或部署的雲端平台,一定要變更執行環境的設定才能正確的執行網站服務。

Note

Note

Note

Note

Note

博碩文化

博碩文化

博碩文化

博碩文化